卫星定位与导航系列丛书

卫星导航定位与抗干扰技术

陈　军　黄静华　安新源　李运宏　刘　睿　孙　吉　编著

電子工業出版社
Publishing House of Electronics Industry
北京 • BEIJING

内 容 简 介

卫星导航定位在社会生活和军事领域的作用日益显著，从日常的定位到军事的精确制导均离不开导航。随着卫星导航定位技术应用领域和环境的日益复杂化，其抗干扰技术也成为相关研究和应用的焦点。本书重点关注卫星导航定位的基本原理和抗干扰技术，全书内容丰富，全面、系统地介绍了导航定位的概念、卫星导航系统的组成和发展、卫星信号的捕获跟踪技术、卫星导航系统的干扰与抗干扰技术，以及导航和定位在各领域的应用。

本书深入浅出、通俗易懂、理论与实际相结合、实用性强，对于从事导航、导航对抗相关领域的专业人士及科技人员非常有帮助，是一本很值得向有关工程技术人员和高等院校推荐的专业书籍和教学参考书。

图书在版编目（CIP）数据

卫星导航定位与抗干扰技术 / 陈军等编著. —北京：电子工业出版社，2016.6
（卫星定位与导航系列丛书）
ISBN 978-7-121-29150-0

Ⅰ. ①卫… Ⅱ. ①陈… Ⅲ. ①卫星导航－全球定位系统－抗干扰措施 Ⅳ. ①TN967.1②P228.4

中国版本图书馆 CIP 数据核字（2016）第 140339 号

策划编辑：宋 梅
责任编辑：张 京
印 刷：北京虎彩文化传播有限公司
装 订：北京虎彩文化传播有限公司
出版发行：电子工业出版社
北京市海淀区万寿路 173 信箱 邮编 100036
开 本：787×980 1/16 印张：16.25 字数：346 千字
版 次：2016 年 6 月第 1 版
印 次：2023 年 4 月第 4 次印刷
定 价：58.00 元

凡所购买电子工业出版社图书有缺损问题，请向购买书店调换。若书店售缺，请与本社发行部联系，联系及邮购电话：（010）88254888，88258888。

质量投诉请发邮件至 zlts@phei.com.cn，盗版侵权举报请发邮件至 dbqq@phei.com.cn。

本书咨询联系方式：mariams@phei.com.cn。

出版说明

对定位和导航的需求伴随着人类文明的发展史，进入21世纪以来，人类社会对这种需求却从未像今天这样迫切。定位和导航技术在国防和军事上的重要性不言而喻，同时在民用领域也已经展现了巨大的应用前景和广阔的商业市场，势必在不远的将来改变我们每个人的思维方式和生活习惯。随着现代科学技术的发展，尤其是通信、航天和半导体技术的飞速发展，基于卫星的无线电导航系统已经成为目前主流的定位和导航系统的系统架构。目前，全世界已经投入运行的卫星定位和导航系统有美国的GPS和俄罗斯的GLONASS，正在发展的有欧盟的伽利略系统和中国的北斗卫星导航系统。从系统构成的角度分析，基于卫星的定位和导航系统主要由空间卫星网络、地面控制中心和用户终端构成；从技术的角度分析，卫星定位和导航系统包括卫星姿态控制、卫星通信、原子钟技术、控制理论、微电子技术、系统状态参数估计和测绘测量等诸多现代科技分支。总体而言，基于卫星的定位和导航系统是现代科技多分支的有机结合，体现了一个国家的综合技术实力，是当前世界大国和主要利益集团之间竞相发展和竞争的热点科技领域。

在这样的背景下，为了推进祖国卫星定位和导航技术的快速发展，同时共享世界上已经成熟的相关理论和应用，我们携手业界知名专家和相关技术人员，借鉴了在学术界和工业界都已经成熟的卫星定位和导航理论，注重实际经验的总结与提炼，策划出版了这套面向21世纪的“卫星定位与导航系列丛书”。本套丛书中除了有国内专家、学者创作的技术专著外，还包括我们精挑细选从国外引进的一些精品图书。丛书的作、译者都是当今站在卫星定位和导航技术前沿的专家、学者及相关技术人员，丛书凝聚了他们在理论研究和实践工作中的大量经验和体会，以及电子工业出版社编辑的心血和汗水。丛书立足于卫星定位和导航系统中所涉及的最新和成熟技术，以实用性、工具性、可读性强为特色，注重读者在实际工作和学习中最关心的问题，涵盖了从初学者到具有一定水平的工程技术开发人员和学术研究人员的不同需求，对卫星定位和导航技术的基本概念、多学科的技术细节和实现，以及未来技术展望进行了深入浅出的翔实论述。其宗旨是将卫星定位和导航技术中最实用的知识、最经典的技术应用奉献给业界的广大读者，使读者通过阅读本套丛书得到某种启示，在日常工作中有所借鉴。

本套丛书的读者定位于卫星定位和导航相关产业的工程技术人员、技术管理人员，高等院校相关专业的高年级本科生、研究生，以及所有对卫星定位和导航技术感兴趣的人。

在本套丛书的编辑出版过程中，我们得到了业界许多专家、学者的鼎力相助，丛书的作、译者为之付出了大量的心血，对此，我们表示衷心感谢！同时，也热切欢迎广大读者对本套丛书提出宝贵意见和建议，或推荐其他优秀的选题（E-mail：mariams@phei.com.cn），以帮助我们在未来的日子里，为广大读者及时推出更多、更好的卫星定位和导航技术类优秀图书。

电子工业出版社
2015 年 12 月

前　言

导航定位应用之广泛超乎人们的想象，导航定位技术产生的效能及在民用和军用中发挥的作用极其显著，导航定位用户群体迅速扩展。尤其是随着导航卫星系统的发展，如GPS、GLONASS、Galileo及我国北斗卫星导航系统，导航定位领域经历了重大变革，导航定位技术融入了我们每个人的生活，使我们的生活发生了极大的变化。而在战争越来越表现为体系对抗的今天，导航定位系统成为对手图谋打击的重点目标。导航领域里的控制与反控制、破坏与反破坏的斗争和行动将在现代战争中频繁出现，“导航战”也备受人们的关注，卫星导航干扰及抗干扰问题已成为各国的研究热点。为了使用户和科研人员详细了解定位及抗干扰技术的相关内容，特此编写了《卫星导航定位与抗干扰技术》一书。

本书共由8章组成。第1章绪论，主要介绍导航定位的概念、发展历史及抗干扰技术的概况。第2章全球导航卫星系统，主要介绍GPS、GLONASS和Galileo卫星导航系统的概况和发展情况。第3章专门介绍传统的卫星信号捕获与跟踪技术。第4章重点讲解位置、速度和时间（PVT）结果的计算技术，以及与位置计算相关的坐标系和时间系统。第5章介绍软件接收机技术，从软件接收机硬件设计、关键模块的软件化设计及关键参数的计算等方面阐述了软件接收机的工程实现方法。第6章讨论了卫星导航系统中的干扰技术，包括潜在干扰和人为干扰，最后重点对压制干扰的效果进行分析。第7章主要介绍卫星导航系统中的抗干扰技术，包括主要的抗干扰技术及接收机的抗干扰技术，重点讲解了自适应调零天线抗干扰技术、卫星导航/INS组合导航。第8章介绍卫星导航和定位在各个领域的应用。

在本书编写过程中，参考了大量的中外专业文献，也参考了部分相关互联网资料，在此向原作者表示感谢。由于文献较多，部分文献可能因为疏忽而未被列入本书的参考目录，敬请原谅。

本书主要由陈军、黄静华、安新源、李运宏、刘睿、孙吉编写。此外，芦秀伟、李飞、张耀春、王大明、窦赛、商向永、李鹏、崔建勇、黄璞、陈海波、黄晓可、邱超、赵彬等同志在编写和审校过程中做了大量的工作。在此，对他们的辛勤付出表示深深的感谢。

编写本书的作者都是长期从事卫星导航系统研究和研发的专业人士，在查阅了大量资料的基础上，结合实践经验丰富了本书内容。由于导航新技术的不断大量涌现，书中难免有疏漏或不当之处，恳请广大读者和从事导航定位技术研究的专家同行不吝指正。

编　者

目　录

第1章 绪　论

自从有了探索新地域的想法，人类就有了知道自己所处位置及目的地位置的需求。最初，人们只是希望找到回家的路。在地面上做一些特殊“标记”，就能够帮助人们回家。后来，人们开始在海上运输货物，海上航行也成了人们乐于选择的旅行方式。由于在海上没办法做标记，航海家选择沿着海岸线的陆地做标记，而在海岸不可视情况下，就需要寻求其他定位方法，这一需求的变化促进了地理定位技术的发展。

1.1 导航概述

1.1.1 导航的定义

导航是一个技术门类的总称，它最基本的作用是引导载体（如飞机、舰船、车辆、个人）沿着所选定的路线安全、准确、准时地到达目的地。导航的英文为 Navigation，其词源为拉丁语的 navis（boat）和 agire（guide），意为“海船移动”、“海船引导”。从其词源可以看出，传统的导航是关于引导船或其他水上运载器从一个地方到另一个地方的技术。现代导航泛指引导陆地、空中、水面、水下、太空等运载器安全、准确地沿所选定的路线、准时地到达目的地的技术。现代导航不仅要解决运动载体移动的目的性，更要解决其运动过程的安全性和有效性。

根据引导的载体不同，导航可以分为航空导航、舰船导航、陆地导航及航天制导等。根据导航手段的不同，又可以分为天文导航、惯性导航、无线电导航和卫星导航等。

1.1.2 导航的作用

导航的基本作用是回答“在哪里？”、“去哪里？”、“如何去？”三个方面的问题。导航的最基本要素就是载体的实时位置（坐标）、运动速度、运动方位（航向）或已运动的距离等。例如，希望一架飞机从一个机场起飞，准确地飞到另一个机场，除了要知道机场的位置坐标外，更重要的是需要实时了解飞机在空中的实时位置、航向和速度。因为只有明确了飞机当前的运动参数，才能借助机上和地面的导航设备或人工目视协同，正确引导飞机飞向目的地。

导航由导航系统完成，导航系统提供的导航信息一般包括：载体的位置信息（经度、纬度、高程)、航向（方位)、速度、距离、时间、航偏距和航偏角等。

1.1.3　导航与定位的关系

无论是导航还是定位，它们的目的都是确定一点的几何位置，其基本技术手段都是借助观测建立未知点（待测点或导航用户点）与已知点间的数学关系，从已知的点位求解未知的点位。这种观测量可以是方向（光学技术)，也可以是距离或距离差（距离变化率，如利用无线测距技术)；已知点可以是恒星（方向)，也可以是地面点（控制点或导航台站)；已知点、未知点和观测量之间的数字关系可称为数字模型，通常是建立在几何基础上的数学关系式（方程)，通过观测取得一定数量的方程，进而解算未知点的位置。在发展过程中，它们都与观测技术手段密切相关。

导航与定位的工作条件不同、技术要求不同，因而具体技术应用范围和发展也有所不同。一般测量定位要求的定位精度较高（如厘米级甚至更高)，导航所要求的精度相对较低。测量定位的点位大多处于静止状态，它一般允许采用多次观测以取得较好的精度，允许事后处理取得定位结果。导航用户点大多处于运动状态，因而它要求实时提供定位结果，一般不能通过多次观测以提高精度。测量定位的作用范围可以较大（如数千千米)，也可以较小（如数千米、几十千米)。现代导航还提供测速功能，定位则一般处于零速状态。导航一般作用距离较大，并且要求在时间上提供连续服务，而定位不作要求。总体来讲，两者在时域和空域方面的要求存在差异，也存在不同的发展过程和方式。

1.2　导航定位技术发展概况

1.2.1　导航定位技术的早期起源

最早的导航痕迹可以追溯到公元前 4000 年的新石器时代沉积物和闪族人墓穴。那时，导航没有任何仪器可以借助，只局限于保持海岸线可见，多数探险家极有可能在远离可视海岸线时丢掉自己的性命。

最初，航海者通过白天观察太阳的高度、夜间观察北极星的方位来判断所处的纬度，也就是主要依靠天体来判断方向。这就是早期的天文导航，是通过观测天空中的星体来确定载体位置的导航方法。那时，航海家用一种很简单的仪器来测量天体角度，这种仪器被称为“雅各竿”。观测者使用两根竿子将顶端连接起来，底下一根与地平线平行，上面一根对准某个天体（星星或太阳)，就能量出偏角，如图 1.1 所示。然后利用偏角差来计算纬度和航程。天文定位只能给出某点的纬度，这种技术称作“等纬度航行”，测量纬度比较简单，但确定经度非常困难。尽管如此，“等纬度航行”的方法仍在西欧被普遍地采用，航海者使自己处于与目的地相同的纬度线上，然后保持在这条纬度线上航行，就能到达目的地。不过这并不是非常科学的。即使在今天，利用天文定位误差仍会在 1～2 海里左右。可以想象，当时几乎没有像样儿的航海工具，误差之大也就不言而喻了。随后希腊天文学家喜帕恰斯创造了第一个航海星历表，并建立了第一个著名的星盘（约公元前二世纪），表里载有 1022 颗恒星的位置，后来由托勒密抄传下来。这说明现代导航基本理论在很早之前就有了，随后只是技术方面的改进。例如，当前的全球导航卫星系统利用参考星（人造卫星）和星历表（使接收机能够计算卫星的实际位置），能够进行非常精确的测量。

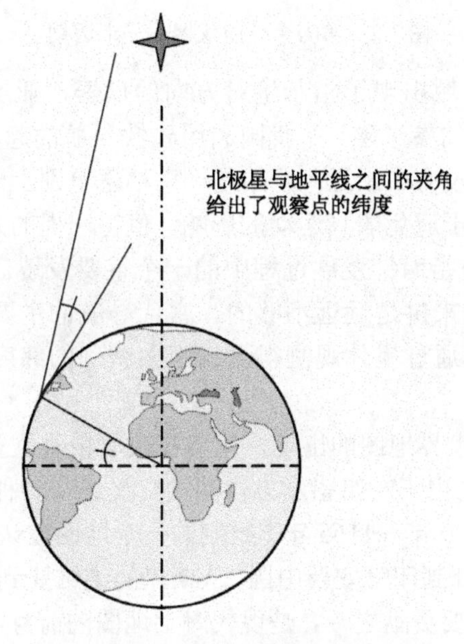

图 1.1　用北极星确定纬度

采用天文学方法通常是不准确的。后来，人们为了进行导航，还考虑到安全因素，海员也采用陆标来确定他们的位置。这些陆地上的陆标和船之间是通视的，可以绘出陆标位置（陆标位置需要已知，就像现在的卫星导航系统需知道卫星位置）和船之间的直线。理论上，绘出三条这样的线就能计算出船的位置，这种技术和目前地形测量学采用的“三角测量法”类似。当然，由于测量误差的存在，这就会形成一个三角形，且通常把三角形内切圆的圆心认为是船的位置。最著名的陆标就是灯塔，还有其他陆标，如自然景观和海上浮标等。世界上最早的灯塔在亚历山大海港，是在公元前三世纪建造的法罗斯岛灯塔。

第一个著名的导航仪器是卡迈勒（见图 1.2），通过测量地平线和已知恒星之间的夹角，分别使用卡迈勒的底部和顶部，就可直接获得观察点的纬度。当然，卡迈勒的精度不能提供足够精确的导航，但进行海岸导航还是没有问题的。如图 1.2 所示，在绳的已知位置打个结来记录一些具体的位置（如纬度）。

图 1.2　第一个导航仪器——卡迈勒

中世纪，在地中海区域出现了指示绝对方向的仪器，亚历山大•尼卡姆（约 1190 年）首先发明了用于导航的参考磁针。我国利用磁性导航的起源要追溯到公元十世纪。从此之后，指南针的发展没有中断过，开始是一束稻草上别上一个大头针，漂浮在水面上，再安装一个刻度盘用于避免船只运动的影响。值得一提的是，测定磁北和地理北极之间的差异（15 世纪）是指南针发展过程中的一个重要发现。尽管指南针是个创造性的发明，但对于海洋导航来讲是远远不够的。古代导航的主要特征是航迹推测，它依赖于航海家的专业技能，通过星体观测得到的不太精确的纬度或使用航海星历表推算当前的位置。

到了 11 世纪，由于世界地图的出现，人们在获取精确位置方面又前进了一步。最早的航海图（见图 1.3）画出了一组指示方位圈的交叉线（一种特殊的指南针表示法）。例如，伊德里斯（公元 1099 年—1165 年）绘制的一个地图被认为是 12 世纪阿拉伯人智慧的结晶。它包含了从欧洲到印第安及中国，从斯堪的纳维亚到撒哈拉沙漠的详细情况。波尔图是中世纪绘图的主要贡献之一，是现代海上地图的前身，利用这个地图人们可以获悉关于海岸线的信息。16 世纪科西嘉港的波尔图如图 1.3 所示。

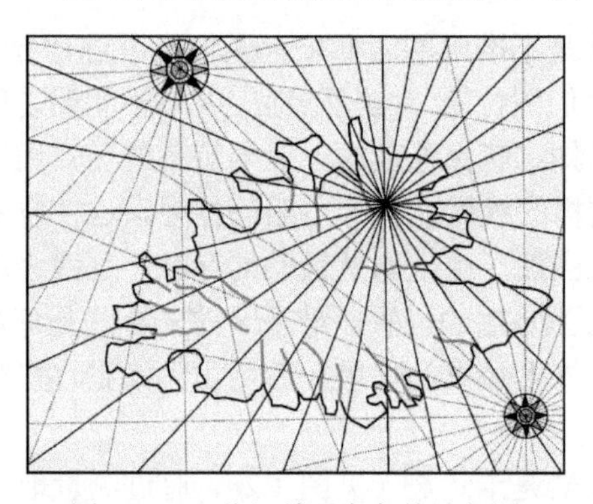

图 1.3　16 世纪科西嘉岛的波尔图

印度洋使用的阿拉伯导航技术利用了恒星方位角的经验方法，适用于在低纬度区域和晴朗天气条件下进行导航。这种使用方位角的方法利用分散在空中的 15 个恒星把地平面分成 32 个部分。

1.2.2 航海时代的导航

15 世纪中期，人们开始寻找与东部印度进行商业活动的路线，为了避开波斯区域，人们开始了航海寻找新航线和新大陆的探险，开启了人类的航海时代。图 1.4 所示的是最著名的航海线路。

这一时期，导航技术仍然采用中世纪末著名的技术，使用的主要方法和工具是航位推算（利用关联精度）、水流的估测和沙漏。导航的进步主要表现在人类技能和培训方面。

郑和下西洋时根据《郑和航海图》（参见明朝人茅元仪所辑《武备志》），结合过洋牵星术（工具为牵星板），白天用指南针导航，夜间则用观看星斗和水罗盘定向的方法保持航向。"牵星术"把天文定位和导航罗盘的应用结合起来，提高了测定船位和航向的精确度。用"牵星板"观测星体的高度来判断船舶位置、方向、确定航线，在当时是最先进的航海技术。

葡萄牙人设立了萨格里什航海学校，西班牙人建立了塞维利亚学校，那里培训了许多著名的船员。克里斯托弗·哥伦布发现了磁偏角和磁偏角的变化，这是他非常重要的贡献。

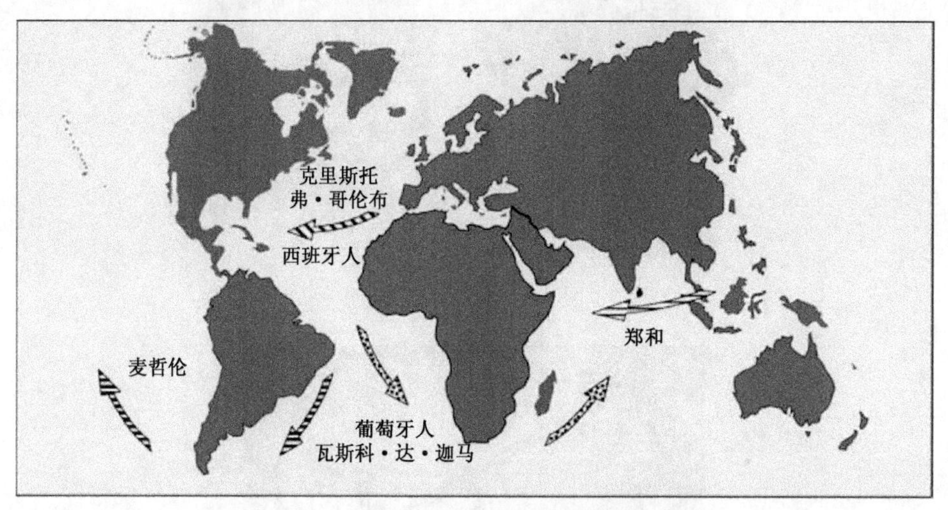

图 1.4　15 世纪著名的航海线路

当时定位技术的精度较低，即使是在陆地上也不能准确地划分领土界线，而且当时只能确定某个位置的纬度，而不能确定经度。因此领土的界线通过一些比较突出的陆地特征（河流、山脉等）来划分，但是对于那些位于几万公里之外的国家来讲，划分边界也不是一个简单的事情。后来根据伽利略对木星的研究成果，人们能确定陆地经度，但是确定海上经度的问题直到 18 世纪晚期才得到解决。

纬度可以根据地平线上参考星的仰角测量，在海上这是一个很自然的观念。在北半球，自有导航以来，北极星就被作为参考星，但是北极星在南半球是看不到的。葡萄牙人早在 15 世纪中期就遇到了这个问题，他们为了探索非洲附近的南部路线需要寻找一种新的方法，以估计太阳通过远地点的高度，并结合天文表来确定全球的纬度。为了测量两极或太阳高度的角度，需要两个观测对象：地平线和恒星。图 1.5（a）所示的是克里斯托弗·哥伦布发明的四分仪，这个安装了铅锤的四分仪能直接读出纬度角。图 1.5（b）为星盘，主要用途是确定空中恒星的相对位置，可以进行角度测量。当海水不平静时，星盘的移动部位照准仪比指示仪表读数的铅锤要好得多。四分仪和星盘的主要缺点是很难同时获得地平线和恒星的信息。因此，人们又设计了一个仪器：直角仪（见图 1.6）。它的原理是测量太阳投影的长度。1699 年，艾萨克·牛顿利用两个反射镜（其中一个反射镜可以移动）同时观测到地平线和恒星，解决了显示问题。第一个这样的仪器是八分仪，采用八分之一圆周（45°）。不久就出现了六分仪，采用六分之一圆周（60°）（见图 1.7）。

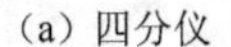

（a）四分仪

（b）星盘

图 1.5　四分仪和星盘

图 1.6　直角仪

(a) 八分仪

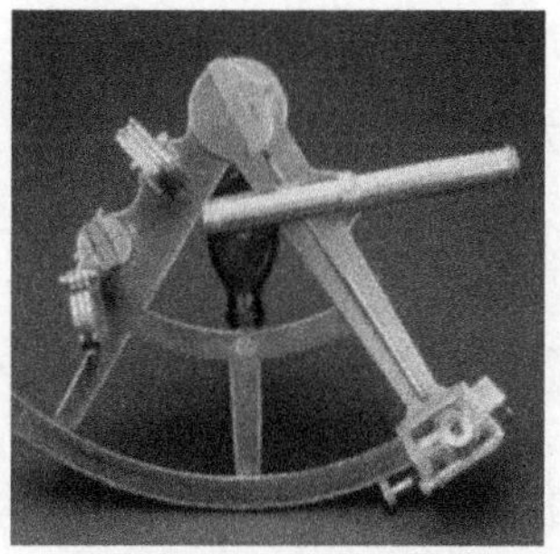

(b) 六分仪

图 1.7　八分仪和六分仪

航海时代导航定位技术的另一个重要进步与地图的发展有关。16 世纪中期，墨卡托发明了以他的名字命名的投影图（见图 1.8）。该方法在把球体投影到平面上同时也保留了角度，用两个纬线圈之间的距离表示角度，纬线圈随着纬度的增大而增大。与此同时，对海岸线的绘图也得到了改进。然而，定位的精度问题仍然没有解决，因为经度仍不能测量。

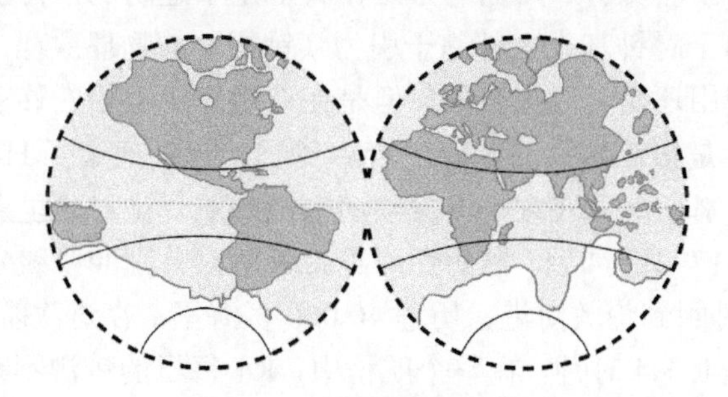

图 1.8　著名的墨卡托投影

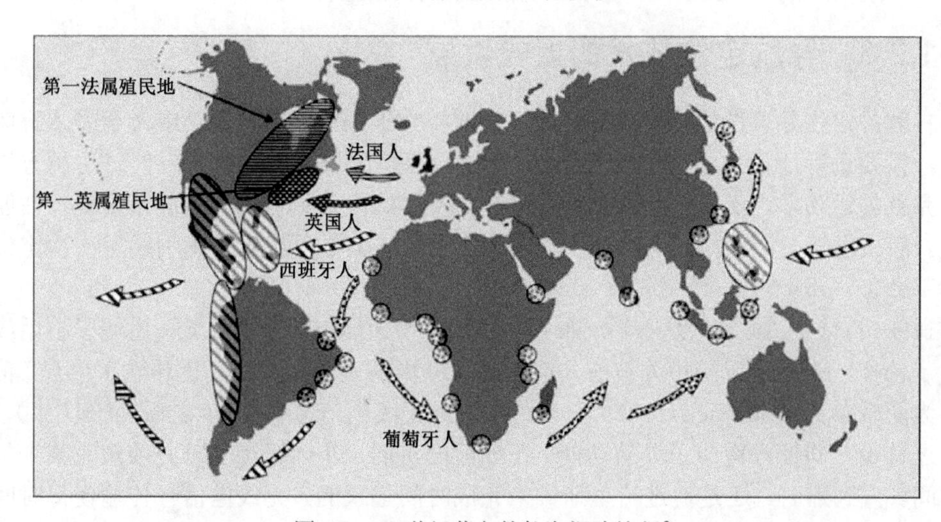

图 1.9　18 世纪著名的航海探险旅行

18 世纪的英国、法国和荷兰人继续征服新的领土。这也是向北美和南美及印度洋探险的时期，人们尽力寻求一条向东航海的路线（见图 1.9）。在这个时期，仪器和地图的发展取得了很大的突破，但是经度问题一直没有取得进展。早在 1598 年，西班牙的腓力二世决定设立专项奖金，奖给那些对经度问题有突出贡献的人。1666 年，法国科尔贝尔建造了巴黎天文台，他最初的想法之一就是找到一个确定经度的方法。为了解决海上经度问题，1675 年，查尔斯国王二世在格林尼治建立了英国皇家天文台。意大利博洛尼亚的天文学教授乔瓦尼·多梅尼科卡西尼在 1668 年提出了一种基于观测木星获得经度的方法，采用了伽利略通过天文望远镜观测到的卫星数据。但是，这种方法不适于海上使用，因为要使用望远镜。

后来，天文学的发展促使人们发现“经度”这个假想的地球上的线是和时间差关联的，同一经线地方时相同，经度相差 15 度，时间相差 1 小时，因此，测量经度的问题就转化成了测量时间的问题。从 16 世纪的荷兰人弗里西斯提出利用钟表测量时间差再转换为经度差的方法以来，无数科学家在这个问题上提出过改进性的建议。1714 年 6 月 11 日，艾萨克·牛顿证实了卡西尼的方法在海上是不适用的，便携式的测时仪在航海中更有用。然而，由于时钟基本上都基于引力（钟摆）的物理原理，这种时钟的实现并不容易，在陆地上使用还是可以接受的，但是在航海时由于船的移动及湿度和温度的变化，保持时间走得准是很难做到的。1759 年，约翰哈里斯建造了 H4 钟表，被公认是解决经度问题的人。詹姆斯库克在太平洋探险南极洲的航行是对哈里斯时钟有效性的一个最重要的实践验证。1772 年 4 月，詹姆斯库克带领两只分别叫坚毅号和探险号的船只向南航行，1775 年 6 月回到伦敦海港，历程 40 000 多海里。在这次航海中，他用的是 K1 时钟，效仿的是哈里斯 H4 时钟。在整个航程中，K1 每日的钟漂不超过 8 秒（相当于赤道上两海里的距离）。这是一个使用钟表能够测量经度的例证。

1.2.3　导航定位技术的近代发展

古时的定位是典型的离散事件。为了能够持续地跟踪船的位置，或者至少了解船的航线，需要进行所谓的“航位推算”，基本的原理是测量船的速度和方向。这种方法定义了完整的运动学，而且只要船的速度和方向及初始位置足够精确就能精确地评估船的位置。后来很长一段时间，定位几乎没有怎么发展，但是无线电技术引起了一次定位技术的革命。

1890 年 11 月 24 日，爱德华 • 布兰尼发现了“无线电传导”现象，出现了不用线缆的电子传播。1896 年亚历山大波波夫在相距 250 米的两个地方成功地传输了信息（信息内容为两个单词“Heinrich Hertz”）。大约在使用无线电信号的 10 年之后（1907 年），人们通过传输时间信号完成了导航功能。正如前面讲的，在计算经度时必须知道某个位置的时间。直到那时，还是通过哈里斯钟来完成时间记录的。无线电信号传输使得时间传输获得空前的进步，尤其是在精度方面，因为信号是以光速传播的，这样就大大提高了“授时”的精度，相应的定位精度也提高了10倍。无线电波的第二个应用是将信号作为新的陆标，陆标不必再是通视的。1908年，人们首次把该系统和移动天线一起装载到船上，给出发射机的方位角，诞生了第一个专用无线电导航系统。尽管在早期的发展阶段，人们对电波传播的物理理解不是很透彻，但是和星体测量法及最初的采用无线电的导航方法相比，无线电导航很显然有新的突破。它有一个显著的优点，就是这种新型的“陆标”在恶劣的天气条件下仍然可以使用，因为尤其是在恶劣天气条件下，海上航行是很危险的，定位就显得至关重要。人们常说无线电信号是现代化的灯塔，这也是人们把灯塔又叫作“无线电灯塔”的缘由。海员习惯使用角度测量来获得主要天体（如月亮）和已知星之间的距离，或使用参考灯塔评估他们的位置。新的无线电信标同样可以通过测量电流和电压的大小来进行定位。

第一个地面定位系统以无线电测向方法为基础。无线系统中，通过测量天线的旋转角度来判断信号的来波方向，用旋转天线的方法检测信号的最大功率，确定陆标的方向。无线电罗盘是无线电测角系统里最先进的设备。另外一种方法是使用无线电灯塔确定发射机及其方向，该方法采用一对天线分别辐射互补的编码信号（例如，在摩尔斯电码中A“·—”和N“—·”是相同的）。当接收机处在两个主瓣里时，接收到的信号是连续的。在1994年，全球可以使用的无线电灯塔多达2000多个。

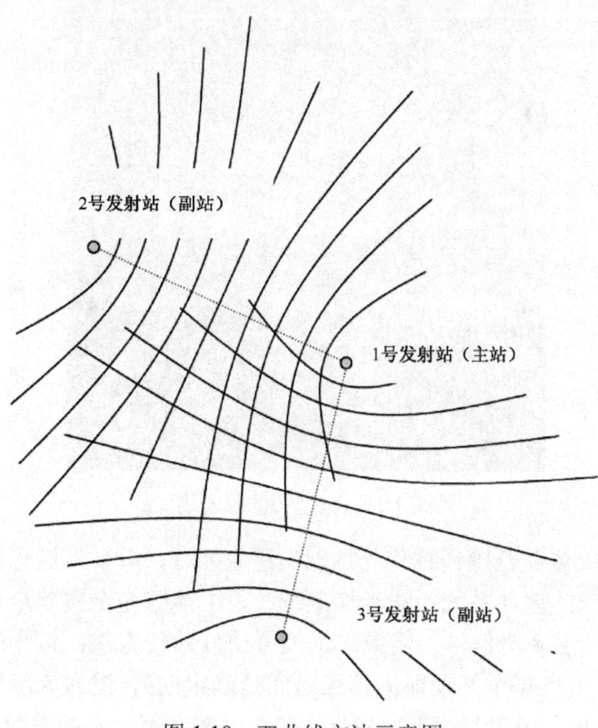

图1.10 双曲线方法示意图

随着本地时间发生器（晶振或原子钟）的迅速发展，无线电信号的新用途日趋成熟。这里列举一个双曲线系统的实例，基本原理是所有位于双曲线上的点到两个固定点（如无线电发射机）信号传输时间差相同，发射机位于双曲线的焦点。随着信号处理能力的增强，就可以进行这种时间差估计和测量。这样便携接收机不需要同步，只要知道时间差，就可以计算两条双曲线的交点（见图 1.10）。在二维空间中，理论上是得到一个点。第一个采用双曲线方法的系统是台卡导航系统，在第二次世界大战末期投入使用。工作频率是 70kHz～128kHz，约 450km 的工作距离，精度约几百米，根据传播条件而定。

现在 E 罗兰导航系统也是一个双曲线制系统，但是增加了一些如调制方式的新特征，调制方式以在每个主站和副站发出的脉冲序列为基础。如果再有一种能够鉴别各种信号站的有效方法，就能精确地定位了。罗兰-A 起初使用的频率是 1750kHz～1950kHz，当前的 E 罗兰（它是罗兰-C 最新的发展）的工作频率是 90kHz～110kHz。为了进行远距离和大功率传输，就要采用巨大的天线，天线体高度为 270m（见图 1.11）。

图 1.11　典型的罗兰天线

最初的地面系统覆盖范围被称作“本地”覆盖区域，后来人们有了一个更大胆的想法，建立能覆盖全球的地面系统：欧米加系统。为了能够完全覆盖全球，该系统采用超低频（VLF）波段，由 8 个信号站组成，仍然采用双曲线方法；每个站按顺序发射，每次发射持续约 1s 之内（每个站发射的持续时间是确定的），发射未经调制的连续波，发射频率分别是 9.2kHz、10.3kHz 和 3.6kHz。三个频率在每个站的发射顺序也是明确的。

整个查询序列持续 10s，而且同步要求小于 1μs。如果对计算的位置要求比较精确，就需要进行传播修正。这是个长时间（典型的是 15 天）的修正，根据日期、时间和位置估计修正。当时的地面定位系统的精度一般小于 8km。受传播模型的影响，地面定位系统精度较差。为了减少传播误差，设计者对该系统进行了设计改进，设计了改进型的欧米加系统，也就是差分欧米加。差分欧米加的前提条件是接收机位置已知，能够监测计算位置和实际位置之间的差。当作误差向量的这个差值应当从具有相同传播条件的接收机的计算位置中减去，也就是说，接收机位于固定的参考接收机附近。使用差分方法，只要接收机和固定参考站距离保持在约 450km 之内，即传播条件仍然几乎相同时，精度可达到 1.5km。

除了全球范围覆盖的系统，还有一些特殊的区域应用系统，如 VOR（甚高频全向无线电信标）或塔康（战术空中导航台），以及一些其他系统，如 ILS（仪器着陆系统）和 MLS（微波着陆系统）。这些系统都用于空中导航，提供飞机相对于地面设施的位置。VOR 实质上是个旋转无线电灯塔，具有中远距离的传输能力，工作频段为 108MHz～118MHz，调制信号是同时产生且独立的两个 30Hz 频率信号，相位差表示接收机的方位角。VOR 发射的信号方向图，变量为 30Hz，形状是对称的心形。同时，另一个信号是 30Hz 恒频（全向方向图），所有方向的相位都相同。车载接收机计算 VOR 站的方向，但也能根据用户需求选择方位。如果指示的是 VOR 站方向，那么相位差信号应当是零。这样就能知道实际路线和 VOR 站方向之间的偏差。只要有三个 VOR 站都在无线电通视范围内，这种装备就能进行定位。事实上，VOR 主要用于校准装置，通常和 DME（测距装置）结合起来使用，DME 能给出装备和地面参考电台之间的距离。VOR 和 DME 结合起来，地面参考电台能显示出飞机的位置（极坐标）。在比较好的天气条件下，典型的测量距离值为 200 米，精度约 0.2 米或为测量距离的 0.25%。VOR 和 DME 的军事运用便是塔康系统，使用相同的载频，同时具备 VOR 和 DME 的功能。

VOR 的精度不能满足在任何天气条件下航空着陆系统的需求，于是出现了 ILS 和 MLS，ILS 由两个旋转无线电灯塔组成，分别判定方向（飞机跑道的路线）和进场着陆角。ILS 工作频率为 108MHz～112kHz，MLS 的工作频率为 328MHz～335MHz。使用这些频段，易产生多径效应从而影响角度测量。另外，ILS 包括两个或三个“标记”（无线电信标），能垂直辐射信号，而且逼近跑道的距离标记。MLS 使用高频（5GHz）窄旋转波束（1°～3°）对空中进行扫描。

此外，还有其他一些局部系统，它们利用双曲线方法（哈-菲克斯系统、航海-菲克斯系统、雷地斯特系统、洛拉克系统和道朗系统等）和圆形方法（微型测距仪、微型-菲克斯、三应答器、微波测距仪、光速测距仪等）。双曲线制的专用频段是 1.6MHz～3MHz，和罗兰系统的波长相当，测量精度可达几米以内。采用载波相位测量方法，通过特殊的方法消除模糊度（半个波长的距离误差）。圆形系统中，定位使用相交圆（不再是双曲线）直接进行距离测量，使用的工作频率更高，可采用频率调制，能减小模糊度问题。

1.2.4 卫星导航系统的兴起

传统导航系统不同程度地存在使用区域和场合受限、精度低、用户设备复杂、昂贵等问题，不能满足经济社会发展和军事斗争需求。在这样的情况下，卫星导航系统应运而生。

1957 年，苏联和美国之间的冷战白热化。美国军队，尤其是美国海军在北部海域巡航舰队仍然存在定位问题。这些船只装备了精密制导导弹。问题是，尽管这些导弹的制导由高性能的惯性系统完成，射程的开始位置仍然通过陆地系统获得，因此并不是非常精确，这种特殊的应用需要定位精度更好的系统。

1957 年 10 月，苏联发射了第一颗人造地球卫星。为了证明卫星确实是沿着地球轨道运行的，并按计划让卫星发射信号，卫星使用 400MHz 的载波频率并调制了声音信息。这样，一旦能把信号解调出来，就有可能“听”到人造卫星的声音信息了。第一次发射人造卫星时，关于卫星的运行参数——轨道、速度和运动周期等都不清楚，所以，一些测试很难开展。约翰斯霍普金斯大学应用物理实验室的两名科学家乔治·韦芬邦奇和威廉·盖伊尔及其他一些成员对此进行了大量研究。他们通过分析在人造地球卫星公转周期的 108 分钟之内约 40 分钟凌空飞过时无线电信号的多普勒频移，成功地测算出了卫星的轨道。他们测算卫星轨道采用的方法是非常重要的，它是所有现代卫星导航系统的基础。测量值是多普勒频移，未知变量是卫星轨道，另一个数据就是观测点（也就是实验室）的实际位置。在观测约三个星期，并进行了几次计算之后，他们最终证明，已知多普勒频移和测量的精确位置后就可以计算出卫星轨道。这表明，当地面接收站的坐标已知时，只要测得卫星的多普勒频移就可以确定卫星的轨道。若卫星轨道已知，那么根据接收站测得的多普勒频移曲线，便能确定接收站坐标。应用物理实验室的弗兰克·麦克卢尔提出，如果卫星的位置已知并可进行计算，通过多普勒变化就可以确定地球上接收机的位置，因此人类卫星导航的理论基础和历史大幕由此揭开。

1958 年 12 月，美军海军武器实验室委托约翰斯霍普金斯大学应用物理实验室研制海军导航卫星系统（NNSS）。该系统于 1964 年 9 月研制成功并投入使用，典型的平均精度可达 200m～500m。NNNS 系统的卫星星座由分布在 6 个轨道面内的 6 颗低轨卫星组成，轨道高度为 1075km，轨道倾角为 90°，运行周期为 120 分钟。其轨道通过地球南北极上空，与地球子午线一致，也被称为“子午仪”系统。1967 年 7 月，美国政府宣布该系统兼供民用。NNSS 是一种以卫星为基站的距离测量系统，与之前的导航系统相比，在技术上有很大改进，在导航精度上也有大幅提高。

紧随美国“子午仪”系统之后，苏联也在筹备一个旋风（TSYKLON）计划。其数据参数及轨道数据是通过测量在甚高频波段发射信号的多普勒频移得到的，典型的频率是 150MHz 和 400MHz。捕获信号计算出的位置精度和子午仪系统的精度差不多。旋风由 10 颗卫星组成，分成两个不同的星座：山雀（1974 年发射了第一颗卫星）和蝉（1977

年发射了第一颗卫星），需要一两个小时才可实现定位。

卫星导航系统属于星基无线电导航系统，以卫星为基准点，为陆海空天用户提供精确的位置、速度、时间等服务。卫星系统相对于地面系统特别是罗兰系统，在利用率、覆盖率和精度方面得到了改进。但仍然有一些局限性，限制了子午仪系统拓展到航空或地面部队领域。首先，由于星座有限，造成了覆盖范围有限；其次，没有考虑接收机的多普勒频移，只能进行静态测量（乘飞机旅行时就很难做到）；最后，只能进行二维定位。二维定位对于海上定位来讲并不那么重要，而对于飞机上的定位来说绝对是至关重要的，因此需要制定新的措施进行改进。

1.2.5 现代卫星导航系统

从20世纪50年代人们研究通过人造地球卫星进行导航开始，由于卫星独特的广域和高度优势，卫星导航技术得到了飞速发展。今天，卫星导航系统已经成为实现高精度、全球、全天时、全天候、实时、陆海空天一体导航定位的最佳手段，也是应用最为广泛的导航系统。

卫星导航的应用领域从科学到商业，遍及军事和通信领域，成为所有大国的战略焦点。将来导航系统的使用将几乎无处不在，但也可以想象，如果系统瘫痪，将会对经济活动造成多大的冲击。为了降低系统崩溃、大国垄断带来的风险，许多国家和大规模的经济体都着手发展自己的卫星导航系统。其中，最著名也是最重要的导航卫星系统有美国的全球定位系统（GPS）、俄罗斯的GLONASS、中国的北斗卫星导航系统及欧盟的伽利略系统（Galileo），图1.12所示为系统标志。

（a）GPS

（b）GLONASS

（c）北斗卫星导航系统

（d）Galileo系统

图1.12 系统标志

1. GPS

1964年，美国的“子午仪”卫星系统在海军投入使用不久，为满足海、陆、空三军和民用部门越来越高的导航需求，美国海军和空军就开始着手进行新一代卫星导航系统的研制工作，并分别提出了“621B”计划和“TIMATION”计划。1967年，美国海军开始测时导航系统计划，估计专用的和普通的卫星原子钟的相对论影响。1973年，美国国防部正式批准海陆空三军就卫星导航系统项目进行合作，合并成官方的“导航技术方案”，称为“NAVSTAR GPS”，有时也指“测时和测距全球定位系统导航卫星”。1973年在GPS研制中，科学家开始研究CDMA（码分多址）方案和PRN（伪随机噪声）码方法。这两种方法极具创新性，目前在无线电系统，特别是无线电通信中应用广泛。

在第一个阶段研究计划结束之后，1978年，随着第四颗授时与测距系统卫星的发射，开始了第二个阶段的研究工作。从1978年到1985年发射了11颗卫星（称作BLOCK I），接着从1989年到1997年发射了28颗BLOCK II/IIR工作卫星。在1985年，有7颗卫星可以使用，一天约有5个小时可以进行定位。1994年，已经有24颗工作正常的在轨卫星，1995年7月17日GPS系统达到全运行能力。目前，第三代GPS卫星已经开始发射，采用更稳定的原子频标，发播更稳定、使用周期更长的导航电文。

GPS和以前的“子午仪”系统的主要差别是，GPS利用三边测量技术，进行多个距离测量，使接收机能够计算坐标位置（“子午仪”系统利用多普勒频移测量）。GPS由空间星座、地面监控和用户接收机三部分组成。GPS实现了全球、全天候、连续、实时、高精度导航定位。目前已广泛应用于各类导航、高精度授时和大地测量、工程测量、地籍测量、地震监测等领域。

2. GLONASS

为了与美国在卫星导航领域的霸主地位抗衡，苏联于1976年开始布置属于自己的全球导航卫星系统。GLONASS和GPS的原理几乎相同，技术方面由陆海空三军和民航共同负责。1982年苏联发射了第一颗GLONASS卫星。到1985年，GLONASS完成了实验测试，进行了系统改进，建成了由几颗卫星构成的轨道星座。截至1995年，GLONASS完成了24+1颗卫星的布局。

1995年3月苏联决定，GLONASS可以“长期”用作民用。遗憾的是，卫星的寿命非常短，平均为2.5年，和预先设计的7年相差较远。相比较而言，GPS卫星寿命约为10年，比预想的7年还要长。这意味着GLONASS系统在较短的时间间隔就要发射卫星，需要很大的财政开支。由于俄罗斯国内经济紧张，无资金注入更换新的卫星，这样GLONASS就开始走下坡路。虽然苏联在卫星的寿命方面做了一些改进，从2.5年增加到4.5年，但还不足以解决问题。2002年，GLONASS星座只有7颗卫星可以工作。之后，GLONASS逐步进行重建，2011年在轨卫星群已经达到了28颗，达到了设计水平。

3. 北斗卫星导航系统

20世纪90年代，我国开始建设自主的卫星导航系统。1994年，北斗卫星导航试验系统批准立项研制建设。2000年，北斗试验系统第1颗星、第2颗星相继发射成功，北斗卫星导航试验系统（即北斗一号卫星导航系统，简称BD-1）初步建成，标志着中国成为继美、俄之后世界上第三个拥有自主卫星导航系统的国家。2003年我国成功发射了第3颗星，组成了完整的区域性卫星导航系统。这是我国第一代卫星导航系统，具有全天候、高精度、快速实时的特点，它的基本任务是为我国及周边地区的中低动态用户提供快速定位、短报文通信和授时服务。BD-1与GPS和GLONASS不同，是一种有源导航（主动式）定位系统，即用户将接收到的信息发送给数据处理中心，数据处理中心解算出用户的位置，再反馈给用户。

为满足用户对无源导航定位需求，2004年8月，第二代卫星导航系统批准立项，命名为北斗二号卫星导航系统，简称“北斗二号”，英文名称为COMPASS或BD-2，提供开放服务和授权服务两种服务。2012年年底，BD-2一期共发射16颗卫星，建成了能向全球扩展的区域卫星导航系统，并在重点地区具有报文通信能力；计划在2020年左右建成北斗全球卫星导航系统。

4. Galileo系统

鉴于GPS和GLONASS系统都由军方控制，对民用采取了一系列限制措施，1999年2月，欧洲委员会决定建立一个民建、民用、民控的商业卫星无线电导航系统。经过数年的准备，2001年4月，欧盟交通部长会议批准正式开始建设Galileo系统，由欧盟和欧空局提供主要经费，欧盟成员国及中国、加拿大、印度、以色列等合作伙伴均参加了该计划。2005年12月，第1颗伽利略试验卫星“GIOVE-A”发射升空，用于试验信号和关键算法。2008年4月，第二颗伽利略试验卫星“GIOVE-B”成功发射，用于试验氢钟等技术。2011年10月21日，两颗IOV卫星一箭双星成功发射，用于在轨验证，同时也是星座的组成部分。

Galileo系统是世界上第一个在公众控制下设计和运行的民用卫星导航系统。作为新设计的系统，Galileo系统吸收了GPS和GLONASS的经验与教训，具有后发优势，有更强大的功能、技术优势和服务模式。

5. 其他卫星导航系统

除了这些能够提供全球导航服务的全球导航卫星系统（GNSS），一些国家还发展了自己的局部或区域增强定位系统。例如，印度区域导航卫星系统（IRNSS）和日本的准天顶卫星系统（QZSS）。

1.3 卫星导航定位系统抗干扰技术概况

通常，为了降低造价和延长使用寿命，卫星导航定位系统中的卫星均被设计成发射功率仅有几毫瓦的弱信号卫星，且信号频率、调制特征公开，所以非常容易受到干扰。除了在战争中可能面对敌方的故意干扰，一些频率较高的商业电视台、航空卫星通信和机动卫星系统终端都可能削弱导航信号，自然界所发生的一些现象也会引起信号干扰。

卫星导航系统已渗透到经济、军事和民生的各个方面，一旦卫星导航定位系统被干扰，其定位误差将增大甚至完全无法实现导航功能，这将给政治、经济、军事带来巨大的损失。如何提高卫星导航定位系统的抗干扰能力，成为各国卫星导航定位系统研制和应用中的重要问题。目前，在 GPS 现代化和导航战计划中，研究者提出了一系列抗干扰措施。

1.3.1　抗干扰卫星发射技术

抗干扰卫星发射技术是提高抗干扰能力的一种重要方法，主要是 GPS 卫星的发展与控制国对发射信号进行的技术开发和改进。美国对 GPS 信号的改进措施有两种：一是将军民信号分离，同时增大军用信号发射功率；二是采用新的加密方式。改进后的信号必须同时向后兼容，组合的民用信号与军用信号必须基于现有频带，且具有足够的隔离，以防互相干涉。因此，美国决定将 C/A 码信号调制在 L1 频带和新的 L2 频带中部，供民用使用，同时保留 P（Y）码信号；将军方的 M 码大部分功率放在频带的边缘处，并采用新一代密码技术和密钥结构，这样一来，即使发射功率增大也不会干涉 C/A 码或 P 码。为了进一步分离军用和民用码，M 码还采用了单独的射频链路和天线孔径。每颗卫星可能在每个频率上发射两个不同的 M 码信号，即使由同一颗卫星以同一频率发射，信号也在载波、扩散码、数据信息等方面不同，增大了破译难度。

美国对 GPS 信号的改进是从 2005 年发射首批 IIR-M 卫星开始的，IIR-M32 卫星发射增强的 Ll 民用信号，同时发射新的 L2 民用信号和军用 M 码，并在第 7 颗卫星上增加第 3 个民用信号 L5。目前，美国正在实施新的 GPS III 计划，该方案向军用用户提供两个通道点波束 M 码，GPS III 卫星的抗干扰能力是目前的 100～500 倍。GPS III 将新增两组民用信号的传输，面向需要高精度定位信号的活动。在军用信号传输方面，军方通过解码技术，不仅可以接收已有军用卫星信号和国际卫星信号，还可以分享民用信号传输服务，大大提升其在大楼和丛林间信号传输与定位的能力。

1.3.2　抗干扰接收技术

在接收机层面上提高 GPS 的抗干扰能力也是导航系统改进的重要内容，是高速发展的技术领域。接收机系统抑制干扰的主要措施有采用时域滤波、空域滤波等技术。时域滤波是使用数字信号处理方法在接收信号频谱中利用不同算法过滤干扰信号，这种方法虽然无须增加设备，但其抗干扰效果有限。空域滤波是利用天线方向图控制技术和各种天线阵列技术实现波束的最佳控制，主要途径有两种：一是零点控制，即使用圆阵列天线，将天线的主接收方向自动对准卫星信号，避免干扰强的方向；二是波束控制，即利用自适应平面阵列天线，通过调整接收波束以避免干扰，这要求天线有短暂地跟踪卫星的能力。

美国一直在积极开发使抗干扰能力提高的自适应天线，已使用的 7 单元天线能屏蔽某一空域的信号，正在开发的 16 单元天线可在更大范围内提供抗干扰能力。上述技术途径基本是采用相控阵天线组成的零点控制天线，这不仅要增加重量，且成本较高，而在接收机上实现的抗干扰技术通常只有有限的干扰剔除能力或者是专为对付某种干扰而特地设计的抗干扰能力，因此适用性不高。柯林斯公司和洛·马公司联合为“贾斯姆”导弹研制的 G-STAR GPS 接收机采用了调零和波束操纵的方法。该接收机除了采用性能较好的数字技术外，为了提高抗干扰能力，还采用具有“时空自适应处理”功能的商用器件，这种反干扰技术以数字方式实现，故称为数字波束形成器，它比常规的模拟调零法更精确。“时空自适应处理”中的“时”是指“时间”，也就是数字信号处理，它能够把干扰的源信号过滤掉；“空”指的是“空间”，不仅能抑制干扰信号，还能将各种天线接收到的信号融合在一起，形成一个指向 GPS 卫星的波束；“自适应”指的是实施波束抑制、过滤及指向这些干扰的能力，以适应总在变化的外部环境。调零天线系统可以正确地感知干扰信号的方向，还可以抵消信号，并在发射导航信号的方向增加增益。据了解，这种新型的抗干扰接收机最开始安装在了该公司研制的外空对地导弹上。

在接收机中实现抗干扰的另一种重要方式是组合导航。这种方式利用来自同一平台上的惯性导航信息辅助 GPS 接收机的工作，提高其抗干扰能力，也被称为 GPS/INS 深组合方法。深组合中应用惯性传感器的输出值使载波相位跟踪环的带宽减小，从而在保证动态性能的同时提高接收机抑制噪声的能力。深组合系统因其抗干扰能力强且在高动态条件下具有较好的鲁棒性，变得越来越重要。目前，组合导航采用较多的是集中卡尔曼滤波、自适应卡尔曼滤波及联邦卡尔曼滤波。这些方法模型简单、易于实现。在现在的主要军事平台，如飞机、军舰、战车、导弹甚至炸弹和炮弹中，都采用 GPS 与惯导组合的方法，是应用最普遍的提高 GPS 抗干扰能力的方法之一。诺斯罗普·格鲁门研制出了一种抗干扰接收机，它将 GPS 接收机和惯性导航在载波相位级进行全耦合。这种抗干扰方法被称为“反干扰自主完整性监控外推”，可以把跟踪回路的带宽减小，减少进入 GPS 接收机的干扰信号。

此外，美国正在研制和推广使用难以干扰和欺骗的 GPS 接收机应用模块（GRAM）和选择利用抗欺骗模块（SAASM）。其中，SAASM 采用先进的技术，可直接捕获 P 码而不需要 C/A 码辅助，从而切断了部分外部干扰源，同时装有这两种模块的接收机被称为“国防部高级 GPS 接收机”（DARG）。目前，两种模块已经陆续加装到多种弹载 GPS 系统中。美军目前使用抗干扰的 GPS 接收机分为三种：一种是采用 SAASM 模块的新型接收机；第二种采用了抗干扰技术，但不安装 SAASM 模块；第三种是普通的 Y 码接收机。部队使用的大部分还是第三种接收机，需要先捕获 C/A 码后再捕获 P 码，所以如果对 C/A 码进行干扰，这类接收机就很难工作，但如果在干扰前先对接收机进行初始化，这样在干扰区域后就已工作在 Y 码了，如果在工作中暂时失去信号，系统就无法再启动了。

1.3.3　伪卫星法

伪卫星法指的是利用地面或装载在无人机上的“虚拟机”来构成虚拟的高功率加密 GPS 信号。伪卫星（PSL）也被称为“地面 GPS 卫星”，它从某个特定的地点发射和 GPS 信号类似的信号来加强导航定位，采用了和 GPS 大致相同的导航电文格式，因为伪卫星发射的是和 GPS 类似的信号，并在 GPS 的频率上工作，所以用户的 GPS 接收机可以同时接收伪卫星信号和 GPS 信号，不需要另外增设一台伪卫星接收设备，只需要稍微改动现有的 GPS 接收机软件就可以接收到虚拟 GPS 星座的信号。

据美国《航空与航天技术周刊》报道，美国国防局正在进行一个 GPX 伪卫星计划，这个计划是利用地面上虚拟机和 4 架无人机将经过放大的 GPS 信号进行转发，然后将虚拟的 GPS 星座构建在战场上，这就是所谓的“机载伪卫星”计划，机载伪卫星所使用的天线是波束形成天线，即使受到干扰也能接收正确的 GPS 卫星信号，确定自己所处的位置，再将定位信息向 GPS 接收机“汇报”。

现在美国在考虑把机载伪卫星安装在无人机上，并使用核动力，这样就可以让无人机实现在空中的不间断工作，甚至可以停留几个月，以满足重点区域的定位需求。

利用伪卫星抗干扰的优势有：与大功率 GPS 卫星相比，它使用起来更加快捷；它的发射信号功率高于卫星；伪卫星导航在实施时修改软件就能用伪卫星发射信号，不需要改动现有的 GPS 用户接收机，所以实施起来比较简单。

这个方案也存在一些缺点：伪卫星的位置会因为载机的运动而变得不准确，因此，伪卫星的导航定位系统比 GPS 卫星星座的误差大 20%左右。DARPA 曾经利用约 3000m 高度上的无人机及 7500m 高度上的公务机来对伪卫星装置实行原理试验，与采用真实卫星时的导航精度相比，精度从 2.7m 下降到了 4.3m。在完成了成功的演示之后，DARPA 利用已有的数字波束成形器及 7 阵元天线陈列开始了抗干扰伪卫星的制作，罗克韦尔・柯林斯和麻省理工大学林肯实验室运用时空自适应处理技术研制出抗干扰能力为 40dB～55dB 的系统。

1.3.4　其他抗干扰技术

除了发展直接的抗干扰技术外，为确定干扰源，以实现对其火力打击或定向反干扰，美国还启动了干扰机定位设备的研制工作。普通的信号干扰机输出功率高，容易被发现，但 GPS 干扰机的输出功率很低，接近背景噪声。GPS 接收机通过信号编码从噪声中分离出信号，民用接收机在地面可接收比背景噪声弱 15dB 的信号，军用接收机可接收的信号强度更低。在这种情况下，干扰接收机的信号电平也很低，因此，为测定大功率辐射源而设计的测向设备就无法准确地发现 GPS 干扰机，需要开发专用的定位技术和设备。该项目由美国海军空间和海战系统中心负责，GPS 干扰机定位系统安装在投放箔条的吊舱中，可自主工作。该系统内的组合接收机和测向处理器能以很高的灵敏度调谐到目前军用 GPS 使用的频率上。吊舱一侧装有一副平面 4 阵元天线，为接收机提供相位干涉测量信号。一旦信号超过既定强度，接收机就能搜寻到相位信息，完成对辐射源的探测。目前，该设备已能安装到无人机上，因为无人机非常小，不易被击落，接近目标更容易，可以独立于其他飞机工作，从而提高了定位精度，这种技术目前已经用于伊拉克战争等实战环境。

总而言之，卫星导航系统作为功能强大、不断完善的导航定位系统，在信息战争中有着举足轻重的作用，但卫星导航应用电磁环境的日益复杂及各类卫星导航干扰技术的不断发展，已对卫星导航系统的精密应用提出了严峻的挑战。卫星导航抗干扰技术已成为卫星导航成功应用的重要保障，充分认识 GPS 信号的干扰和抗干扰问题，才能在战争中处于主导地位。

参 考 文 献

[1] Boorstin DJ. The discoverers. New York: Random House, 1983.

[2] Gardner AC. Navigation. UK: Hodder and Stoughton Ltd., 1958.

[3] Guier WH, Weiffenbach GC. Genesis of satellite navigation. Johns Hopkins APL Technical Digest, January–March 1998, 19(1).

[4] Ifland P. Taking the stars, celestial navigation from Argonauts to astronauts. The Mariners' Museum Newport News, Virginia, and The Krieger Publishing Company, Florida, 1998.

[5] Kaplan ED, Hegarty C. Understanding GPS: principles and applications. 2nd Edition. Artech House, 2006.

[6] Kennedy GC, Crawford MJ. Innovations derived from the transit program. Johns Hopkins APL Technical Digest, January–March 1998, 19(1).

[7] Parkinson B. A history of satellite navigation. Navigation: Journal of The Institute of Navigation 1995, 42(1).

[8] Parkinson BW, Spilker JJ Jr. Global positioning system: theory and applications. American Institute of Aeronautics and Astronautics, 1996.

[9] Pisacane VL. The legacy of transit: guest editors introduction. Johns Hopkins APL Technical Digest, January–March 1998, 19(1).

[10] Sobel D. Longitude. London: Fourth Estate Limited, 1996.

[11] Sobel D. A brief history of early navigation. Johns Hopkins APL Technical Digest, January– March 1998, 19(1).
[12] 李建文，李军正．卫星导航原理与应用．解放军信息工程大学测绘学院，2007.
[13] 李跃，邱致和．导航与定位．北京：国防工业出版社，2008.
[14] 王婷婷．GPS 干扰与抗干扰技术发展现状分析．指挥控制与仿真，2008.
[15] 柴刚．浅析 GPS 导航对抗技术．全球定位系统，2006，（01）.

第2章 全球导航卫星系统

在众多定位技术中，全球导航卫星系统（GNSS）有其独特之处。它实现了高精度、全球、全天时、全天候、实时、陆海空天一体的导航定位，并且使用简单、费用低、功能多，能应用于许多领域。

美国的全球定位系统（GPS）的设计初衷是用于军事目的，但因为它能给用户提供非常强大的功能，现在已经有了一个非常庞大的用户群，其成功大大超出了最初设计者的期望。GPS 的成功已经引发了战略问题。可以设想，在如此多的领域采用了定位技术，诸如交通、远距离通信或安全，那么分享全球定位系统的经营管理权就显得尤其重要。为了与美国在卫星导航领域的霸主地位抗衡，苏联于 1976 年开始布置属于自己的全球导航卫星系统，建设了 GLONASS。鉴于 GPS 和 GLONASS 系统都由军方控制，对民用范围采取了一系列限制措施，欧盟基于战略决策的考虑，决定建设 Galileo。而我国也于 20 世纪 90 年代初期开始建设自主的卫星导航系统。

本章首先讨论 GNSS 频谱分配问题，接着结合 GPS、GLONASS、Galileo 和我国的北斗系统介绍了 GNSS 的构成，详细介绍 GNSS 系统的基本参数，最后分析 4 个主要 GNSS 星座的现状并对系统的性能进行了总结和比较。

2.1 GNSS 频谱分配问题

分配给 GNSS 使用的频谱需要分配给所有卫星，具体频谱分配规则由国际机构讨论决定。在国际上，国际通信联盟（ITU）负责组织这样的讨论，然后给各种服务分配频谱。1559MHz～1610MHz 的频率被分配给卫星导航系统。首次使用这个频段的“用户”可以在这个频段内以 ITU.GPS 规定的功率电平和频谱形状使用这个频段，并且只有这个用户能够长期使用这个频段。在 GNSS 领域内，当 Galileo 出现时，在定义该频段既能被 GPS 使用又能被 Galileo 使用的方案时出现了新的问题。

2.1.1 全球频谱分配

考虑覆盖全球范围的系统时，频谱分配是相当复杂。国际电信联盟（ITU）负责在国际无线电通信会议（WRC）上分配频率，该会议三年举行一次，而且各国要在频率和轨道分配上尽量达成一致意见。

当某一政府和ITU签订协议时，它实际上同意了一个受限的约定，同时也接受了一系列WRC会议上ITU确定的无线电规约。这包括成员国家要遵守频谱分配，避免各成员国之间相互干扰。然而，成员国可以自由地分配它们自己国家的频率表，但必须遵循WRC 频率表。尽管这样，在分配频率上有一定的灵活性，要考虑一些地区和当地的规定。因此，各国家之间的频率分配非常不同。

世界上的频率分配被划分成三个区域，如图2.1所示，征得了WRC和所有国际系统（如国际移动通信系统（UMTS）或GNSS）的认可是非常重要的。另外一个国际系统是WiFi，各个国家的规范是不统一的。为了发展一个唯一的无线体系结构，需考虑实现动态信道分配协议。对无线个人局域网络（WPAN），最终的超宽带（UWB）的多频段方法也一样，为了能够在几乎所有的国家展开，设计者选择了“各种”方法，使之能够较容易地适应当地的频率分配。

这些问题相当棘手，要征得国际的一致意见还需要满足特殊的国家需求。因此，除了国际组织之外，还存在一些国家管理机构来处理本地事务。下面简单介绍一下美国和欧盟的GNSS频谱分配。

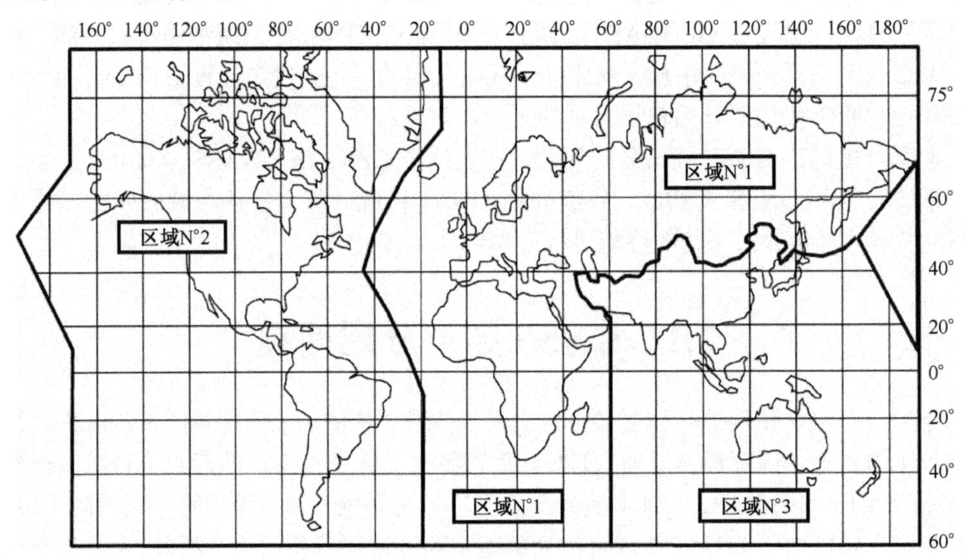

图2.1　频谱分配的区域划分

2.1.2　美国的频率分配

要了解频谱分配的复杂性，可以看一下美国的频率分配表（见图2.2），很显然，分配给GPS的频率是1215MHz～1240MHz和1559MHz～1610MHz。第三个GPS频率L5位于1164MHz～1188MHz频段内，共享航空无线电导航服务的频率。根据这个表，尤其对于美国来讲，很难再为新的服务或系统找到频率“空间”。

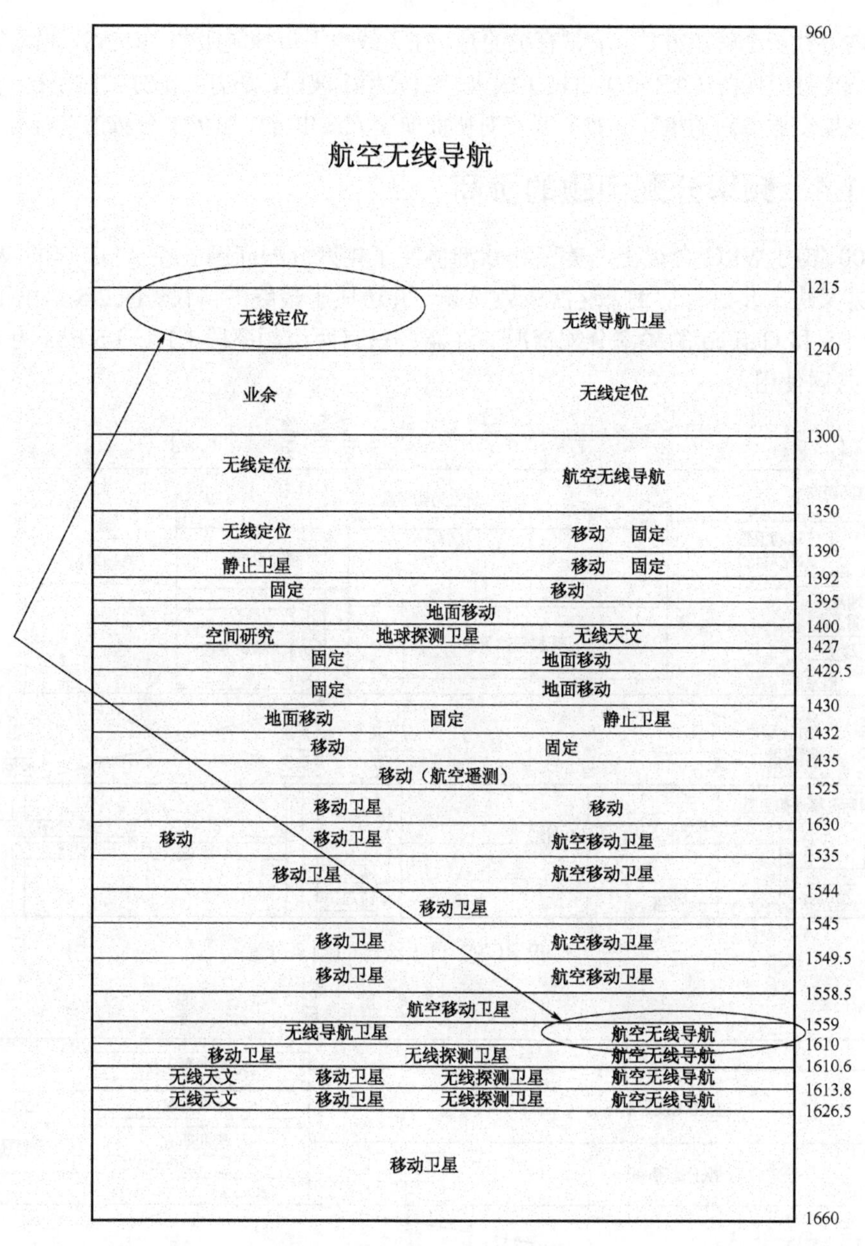

图 2.2　美国的频率分配表

2.1.3　欧洲的频率分配

负责 Galileo 频率分配的欧洲官方在 ITU 框架之下工作。1997 年 WRC 分配给 L1 和 L2 的频率分别如图 2.3 和图 2.4 所示（注意该图中也规划了 L5）。Galileo 方案不得不在这个框架体系内寻找一个解决方法。非常有趣的是，在无线电卫星导航服务（RNSS）频段的附近，航空无线电导航服务（ARNS）占据了很大一部分频率波段，还有一部分被航空控制系统占用。开发航空服务新的星座和频率或许对协商航空无线电导航服务部分频谱有好处。

2.1.4 频率分配问题的协商

2000 年的 WRC 会议上，美国和欧洲协商了频谱分配问题。在 2003 年的 WRC 会上，双方又进一步进行协商，这次成效显著，并达成了最终的协议。图 2.5 给出了 GPS、GLONASS 和 Galileo 的频率分配情况。注意：只有两个频率段 L1 和 L5/E5a 为 GPS 和 Galileo 共同使用。

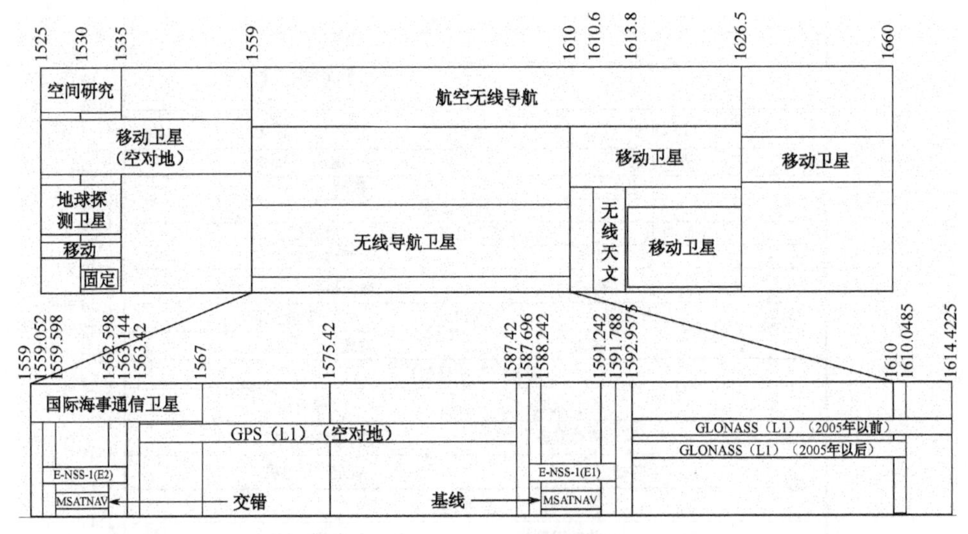

图 2.3　WRC'97　L1 波段的频率分配

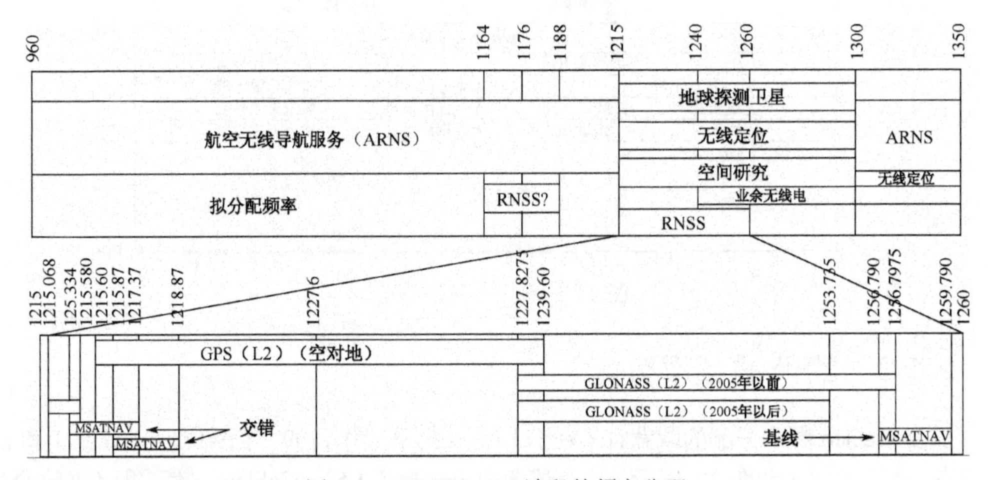

图 2.4　WRC'97　L2 波段的频率分配

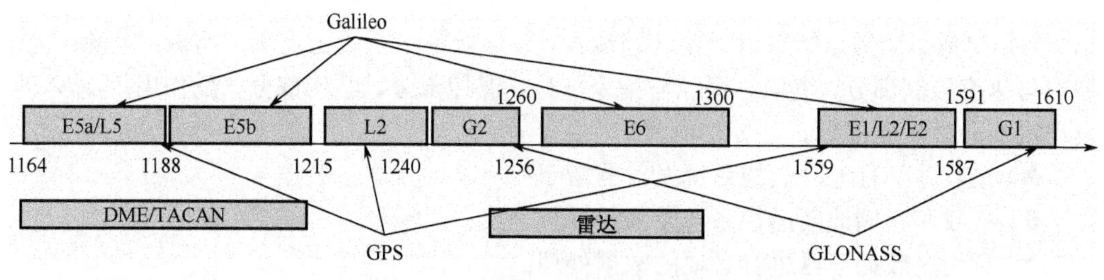

图 2.5　WRC'03 GNSS 的频率分配（2003）

2.2　导航卫星系统构成

卫星导航系统一般由空间部分、地面部分和用户部分组成，如图 2.6 所示。空间部分包括在轨工作卫星和备份卫星，主要功能是向用户设备提供测距信号和导航电文。地面部分由监测、控制和注入站组成，它的主要作用是跟踪和维护空间星座，调整卫星轨道，计算并确定用户位置、速度和时间需要的重要参数。用户部分主要由接收机组成，完成导航、授时和其他有关的功能。不同卫星导航系统的组成部分虽然在名称、具体细节上不尽相同，但其构成及功能大体一致。

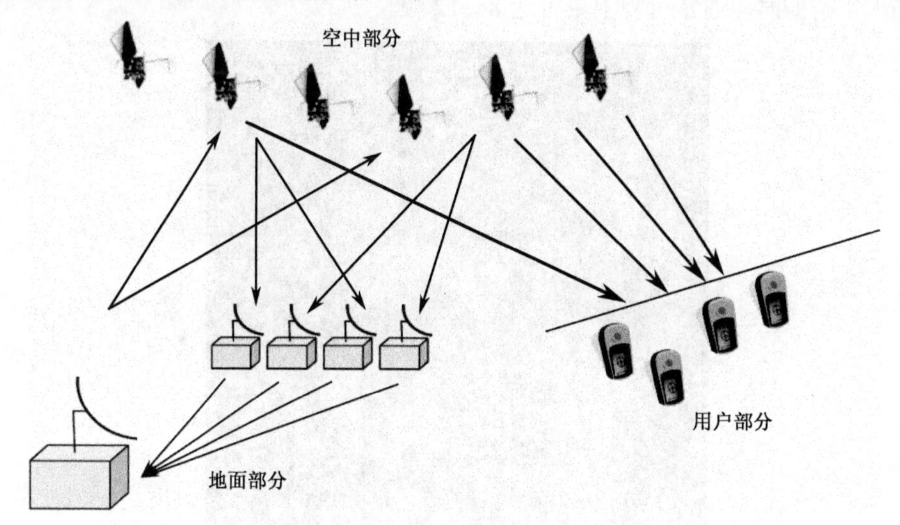

图 2.6　GNSS 三个组成部分

2.2.1　空间部分

空间部分即卫星星座，用户根据该星座的卫星进行测距测量。卫星接收和存储地面运控系统传输的导航信息，并向用户发射导航信号。它还接收来自地面运控系统的控制指令，并向地面运控系统发射卫星的遥测数据。导航卫星一般由七部分组成：电源部分、姿态与速度控制部分、遥测、跟踪与指令部分、温控部分、结构部分、反作用控制/入轨发动机部分、导航部分。主要功能有：

- 接收并执行地面运控系统发射的指令；
- 接收和存储地面运控系统发来的导航信息；
- 利用星载处理器进行必要的数据处理；
- 利用高精度星原子钟提供高精度的时间标准；
- 向用户发播卫星信号。

1. GPS 空间部分

标称的 GPS 星座由 24 颗卫星组成，但实际上目前工作的卫星有 28～30 颗。卫星分布在 6 个准圆形轨道面，轨道面相对于地球赤道面的倾角为 55°，轨道高度为 20183km（见图 2.7）。卫星绕地球一周的时间恰好是半个恒星日（11 小时 57 分 58 秒）。因此，某一卫星每天在地球表面的轨迹基本是相同的。

在每一个轨道面上部署 4 颗卫星（标称的），保证在任何时间地球上任何地点至少有 4 颗卫星可见。当俯仰角小于 15° 时，最少有 4 颗可视卫星才能进行三维定位。在巴黎，当天空晴朗时，通常可视卫星可达 8～12 颗。

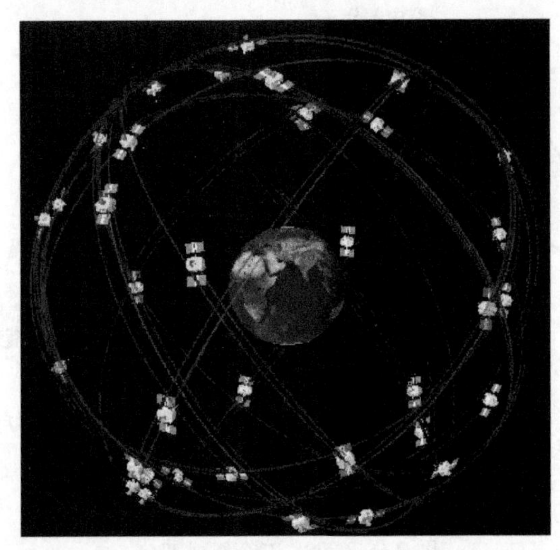

图 2.7　GPS 星座

GPS 星座中，Block I、Block II、Block IIA、Block IIR 和 Block IIF 卫星共存。Block I 的 11 颗卫星是在 1978—1985 年之间发射的。最后一颗卫星直到 1995 年仍在使用。该星座在 1993 年年底正式启用，这时已经发射了 24 颗 Block II 卫星（形成初步工作能力——IOC）。在 1995 年 3 月公布其具有完全工作能力（FOC）。

卫星的主要功能如下：

- 接收并存储控制部分发来的数据；
- 保持精准的时间，为了达到这一目的，每颗卫星上通常携带两种类型（铯钟和铷钟）四个原子钟，不同系列的卫星时钟不同；
- 通过L1、L2和L5频率向用户发送数据；
- 可以控制其姿态和位置；
- 在GPS Ⅲ时，卫星之间还可以实现无线连接。

Block II和Block IIA卫星在L1上播发C/A码，在L1和L2播发P（Y）码。第一颗卫星在1989年8月14日发射。总共28颗Block II/IIA卫星，15颗仍在20350km的高度在轨旋转。最初设计寿命为7.5年，而实际的寿命可达十几年。

Block IIR卫星的发射功率更大，设计寿命为10年。其第一颗卫星于1997年7月22日发射，目前12颗在轨。与Block II/IIA卫星发射的信号相同。

Block IIR-M卫星在已有信号基础上增加了三种新的信号：L2C民用信号及L1M码和L2M码。2005年9月25日首次播发该信号，计划共发射8颗卫星。它们的估计寿命也是10年。

Block II F卫星将在L5频率增加另一种民用信号，作为必要的民航备用信号。在2010年发射第一颗卫星，共部署12～19颗卫星（已经有9颗可用）。它们的估计寿命为12年。

Block III卫星于2014年发射，卫星设计寿命为15年，发射的频率一共有6个，其中L1、L2和L5用于导航；L3频率为1381.05MHz；L4频率为1379.913MHz，用于核爆炸检测系统（NDS）；L6频率用于灾难告警卫星系统（DASS），对由遇难单位发出的406MHz上行呼救信号作下行转发。

2. GLONASS空间部分

标称的GLONASS星座由分布在3个轨道面上的24颗卫星组成，轨道面相对地球赤道面的倾角为64.8º。准圆形轨道，高度大约为19100km，旋转周期为11小时15分44秒。轨道平面经度间隔120º，每个轨道面上均匀分布8颗卫星（间隔45º）。轨道平面纬度间隔15º，以保证完全覆盖地球及周围空间。1995年，在轨星座完成，系统公布可以使用。1995年3月，系统可以为公众长期使用。不幸的是，由于经济和政治出现了危机并发生了变化，1996年—1998年间GLONASS星座没有得到维持，可工作卫星数量急剧减少，2002年仅有7颗卫星可以使用。

除了上述因素之外，卫星寿命仅有3年，寿命太短也是造成该境况的主要原因。为了保持系统可以运行，需要发射相当多的卫星，这导致了更严重的经济困难。2001年通过了总统指令，由政府承担GLONASS的发展和维护。该项计划的主要目的是：

- 在GLONASS-M中进行GLONASS计划现代化；
- 改进当前发展的GLONASS-K的性能；

- 发展地面部分；
- 研究和发展 GLONASS 应用的国际合作。

通过维持星座最低限度的卫星并增加新的卫星，提高 GLONASS-M 卫星寿命和性能，发展新的更小的 GLONASS-K 卫星，使 GLONASS 配置成一个国内、国际均可利用的，由 24 颗 GLONASS-M 和 GLONASS-K 构成的完整卫星星座。

GLONASS-M 卫星的主要特征是在 L2 上播发民用信号。第一颗“M”卫星发射于 2003 年。2011 年 2 月 26 日首颗 GLONASS-K 卫星发射，在 L3 上增加第三个民用信号，用于生命安全服务。GLONASS-K 卫星不仅寿命长、质量轻，还采用了新型铯原子钟，定位精度和可靠性大幅提高。与 GPS 具有更好的兼容性和可操作性，十分有利于民用市场的开发。俄罗斯计划在 2025 年前把 27 颗 GLONASS-K 卫星全部送入太空，定位精度达 3 米，处于世界领先水平。

3．Galileo 空间部分

Galileo 星座由 30 颗卫星组成，分布于 3 个轨道面上，如图 2.8 所示，轨道高度为 23 222km。轨道面相对于赤道面的倾角为 56°，和 GPS 相比更高，所以在两极地区覆盖率比 GPS 更好，因为欧洲国家在两极仍有居住人口和领土。每个轨道面上有 10 颗卫星（9 颗工作，1 颗备用，其他卫星出故障的情况下便可工作）等间隔（40°）分布。这样配置的旋转周期为 14 小时 4 分，是整个恒星日的 10/17。这表明 Glileo 卫星地面轨迹每十天重复一次。

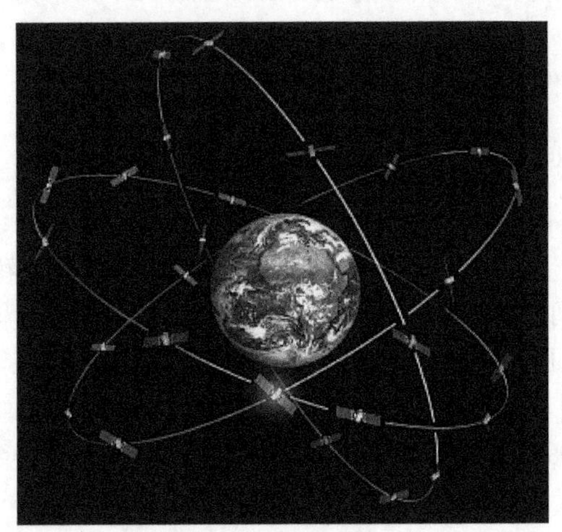

图 2.8　Galileo 星座

发展阶段的计划包括首先发射两颗卫星 GIOVE-A 和 GIOVE-B，用于初步验证和测试。GIOVE-A 由萨里郡卫星科技有限公司制造，并于 2005 年 12 月 28 日成功发射。其主要目的是确保安全地获得频率分配，在轨确认一些技术问题，如时钟和信号产生器，刻画 MEO 环境特征。2006 年 3 月成功获得频率分配。这样，GIOVE-B 初始任务是备用，以防 GIOVE-A 发射失败。GIOVE-A 成功后，GIOVE-B 得到了改进，具有更多的功能。这两颗卫星的预计寿命为 2 年。

2011 年 10 月发射了两颗 Galileo 卫星，2012 年 10 月又发射了两颗 Galileo 卫星，目前太空中已有 4 颗正式的 Galileo 卫星，可以组成网络，初步发挥地面精确定位的功能。欧洲航天局计划在 2013 年和 2014 年分别发射三次和两次“联盟”火箭，每次火箭携带两颗 Galileo 卫星。2015 年第 7 颗、第 8 颗卫星发射进入目标轨道，系统预定于 2020 年实现全部卫星组网。

4. 北斗卫星导航系统空间部分

BD-1 空间部分由 3 颗地球同步卫星组成，其中两颗为工作卫星，1 颗为在轨备用卫星，如图 2.9 所示。两颗工作卫星分别位于东经 80° 和东经 140°，在轨备用卫星位于东经 110.5°。

卫星的主要任务是完成中心控制系统和用户机之间的双向无线电信号转发，并作为用户定位计算的空间基准。每颗卫星的主要载荷是变频转发器、天线（两个波束）和 L 天线（两个波束）。两颗卫星的 4 个 S 波束分区覆盖全服务区，每颗卫星的两个 L 波束分区覆盖全服务区，在轨备份卫星的 S/L 波束可随时替代任意一颗工作卫星的 S/L 波束。除此以外，卫星还具有执行测控子系统对卫星状态的测量、接受地面中心控制系统对有效载荷控制命令的能力与任务。

图 2.9　BD-1 星座

BD-2 一期（区域卫星导航系统）空间星座由 5 颗地球静止同步轨道卫星（GEO 卫星）、5 颗倾斜地球同步轨道卫星（IGSO 卫星）和 4 颗中圆地球轨道卫星（MEO 卫星）组成，如图 2.10 所示。其中 GEO 卫星分别定点在东经 58.75°、80°、110.5°、140° 和 160°。截止到 2012 年年底，已发射 16 颗卫星，其中 14 颗实现组网并提供服务。北斗二号卫星具有以下主要功能：

① 接收地面运控系统注入的导航电文参数，并存储、处理生成导航电文，产生导航信号，向地面用户设备发送信号；

② 接收地面上行的无线电和激光信号，完成精密时间比对测量，并将测量结果传

回地面；

③ 接收、执行地面运控系统上行的遥控指令，将卫星状态等遥测参数下传给地面；

④ GEO 卫星具有北斗一号 RDSS 定位转发和通信转发能力，为双向授时、报文通信及地面运控系统各站间的时间同步与数据传输提供转发信道；

⑤ 接收信道具备通道保护能力；

⑥ 具有区域功率增强功能。

图 2.10　北斗二号区域卫星导航系统空间星座组成图

2.2.2　地面部分

GNSS 地面部分的主要功能是监视卫星，收集来自卫星及与系统工作有关的信息源数据，并对数据进行处理计算，产生导航信号和控制指令，再由地面注入站注入卫星，估计星载时钟状态并定义广播的相应参数（参考星座主时间），定义每颗卫星的轨道以便预报星历数据和历书。

主控站（MCS）是整个系统的核心部分，负责对地面控制系统的全面控制。主控站设有精密时钟，维持时间基准，各监控站和各卫星的时钟都必须与其同步。主控站设有计算中心，根据各监测站的多种测量数据编制卫星星历参数，然后将卫星星历参数发送到注入站。

监测站（MS）装备有用户接收机、环境数据传感器、原子频标、计算机及同主控站相联系的通信设备。监测站一般是无人值守的数据收集中心，在主控站遥控下，监测站的天线能自动跟踪视界中的所有卫星，并接收来自卫星的导航信号。环境数据传感器收集当地的气象数据，以便用于参数修正。监测站的原子钟与主控站原子钟同步，作为监控站工作的精密时间基准。

注入站（IS）将主控站送来的卫星星历等数据注入卫星，所有这些数据均被存入卫星上的存储器中，以更新相应的数据，并形成卫星向用户发送的新导航信息。注入站还负责监测注入卫星的导航信息是否正确。注入站的数量和地理分布情况关系到完好性的好坏。

GPS 系统的地面部分包括位于科罗拉多州的主控站，位于迭哥伽西亚、阿森群岛、卡瓦加兰的 3 个注入站，以及位于夏威夷、科罗拉多、阿森群岛、迭哥伽西亚和卡瓦加兰的 5 个 GPS 监测站。图 2.11 给出了 GPS 地面站的详细分布位置。

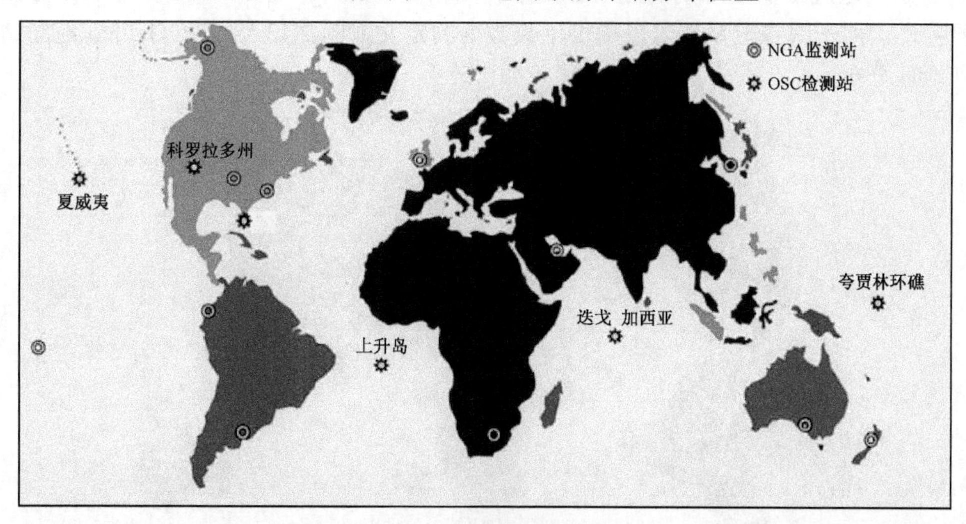

图 2.11　GPS 地面部分

GLONASS 系统的地面部分由位于莫斯科地区的系统控制中心（SCC）组成，它负责卫星控制、轨道测定和时间同步。另外，还有 5 个遥测、跟踪和控制（TT&C）站位于彼得堡和莫斯科地区。图 2.12 给出的是 GLONASS 地面部分的详细地理分布。出于安全和部署考虑，所有 GLONASS 地面站都位于俄罗斯境内。这有助于系统监测，但注入站和监测站的距离缩短了。GLONASS 地面站的现代化建设正在进行中。

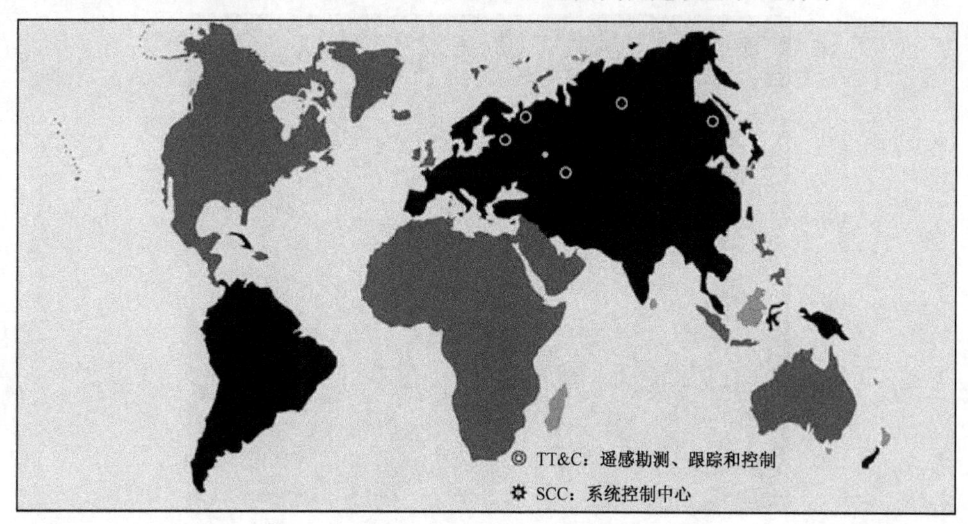

图 2.12　GLONASS 地面部分

Galileo 系统的地面部分由两个位于欧洲的控制站，5 个 S 波段遥测、跟踪、遥控站和 10 个 C 波段任务上行注入站组成。专用于注入导航信息的上行注入站的上载速率比 GPS 要快，通过提供更准确的星历数据来提高精度。此外，有 30～40 个监测站分布于世界各地，用于跟踪卫星信号以提供上载数据的定义。图 2.13 给出了 Galileo 地面站的详细地理分布。

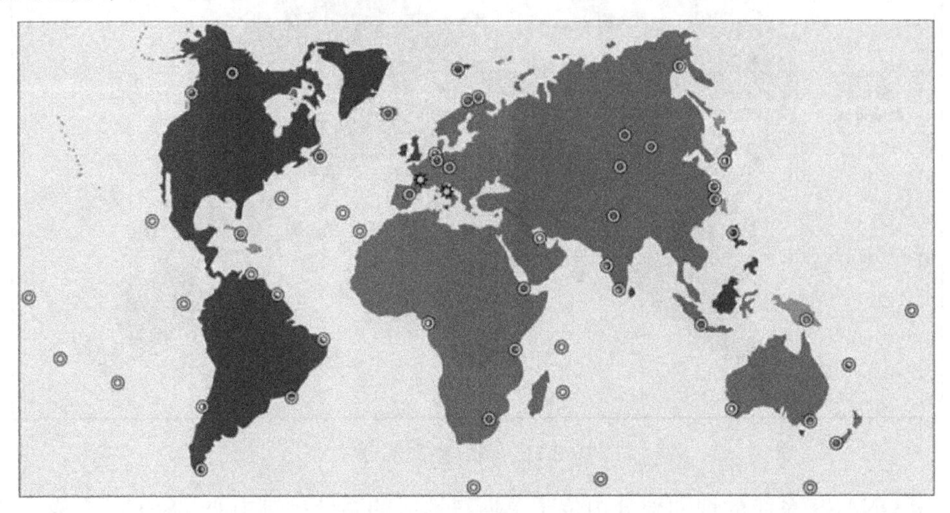

图 2.13　Galileo 地面部分

我国北斗一号卫星导航系统地面部分由中心控制系统、标校系统和各类用户机组成。北斗二号卫星导航系统包括主控站、注入站和监控站，其分别位于北京、喀什、三亚、成都、哈尔滨等地，如图 2.14 所示。

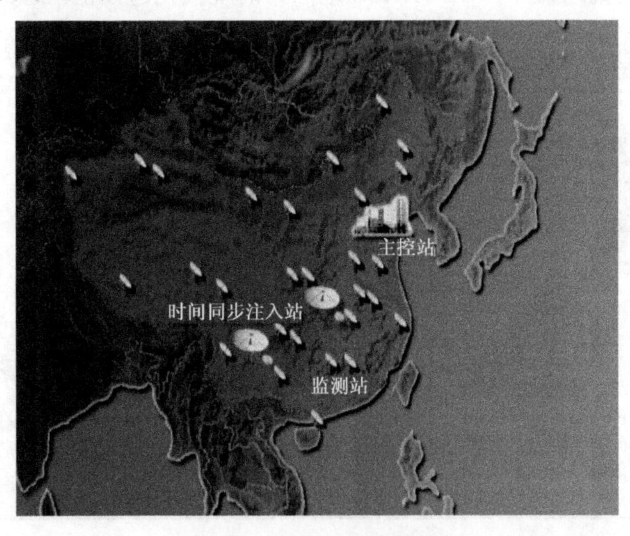

图 2.14　北斗二号地面部分

2.2.3　用户部分

用户部分由大量的各种用户设备组成，通过接收和处理导航信号进行定位解算，完成用户导航。用户设备通常由信号接收单元、信号处理单元、显示单元等组成。信号接收单元跟踪接收卫星发来的微弱信号，信号处理单元解调出卫星轨道参数和时间等信息，并计算出用户的位置坐标（二维坐标或三维坐标）和速度，显示单元主要显示用户位置等信息。

1. 用户设备

卫星导航系统的用户设备按运载方式不同通常分为船载、机载、车载和手持等多种形式的接收机。不同类型和不同结构的接收机适应于不同的精度要求、不同的运动特性和不同的电磁环境。尽管各种类型接收机的结构复杂程度不同，但都必须完成下列基本功能：选择可见卫星，获得相应信号并评估其健康状态，捕获、跟踪和测量信号，校正传播误差，进行传播时间的测量，执行多普勒频移测量，计算终端位置并估计用户距离误差，计算终端速度，提供精确的时间，显示或输出导航定位信息。

因此，用户通过所持有的终端能够提供定位、时间基准、高度确定、速度指示等。图 2.15 所示为 GPS/GLONASS 组合接收机和 GIOVE-A 接收机。Novtel 公司的 15a 接收机能够接收 GPS L1 和 L5、SBAS L1 和 L5 及 Galileo L1 和 E5a。Aschtech 公司的 GG24 板是双模(GPS 和 GLONASS)24 信道接收机。Septentrio 公司的 GeNeRx1 是 GPS/Galileo 组合接收机（48 个 GPS 信道和 6 个普通 Galileo 信道），能够跟踪接收 GPS L1、L2 和 L5 信号，还有 Galileo L1、E5a、E5b 和 E6 信号。Javad 公司通常生产多频率多星座产品，Javad 公司已开始研究 GeNiuSS 的芯片，在一个芯片上集成对三个星座的接收性能（见图 2.16）。

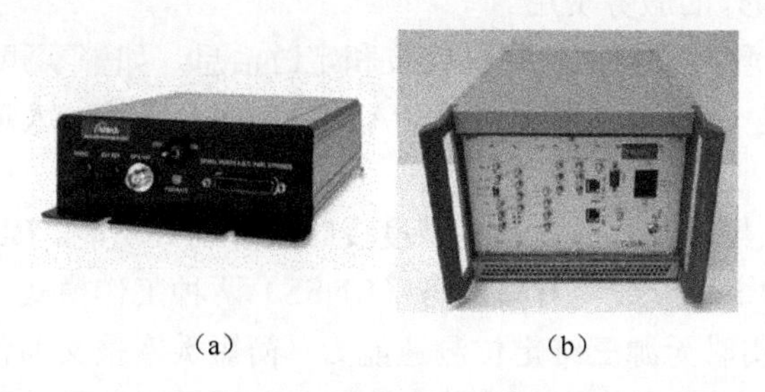

(a)　　(b)

图 2.15　Aschtech GPS/GLONASS 组合接收机和 Septentrio GIOVE-A 接收机

图 2.16　Javad TTGYG 芯片
（资料：Javad 导航系统）

2. 提供的服务

在 GPS 计划发展的早期，信号需求有两种：第一，满足民用要求；第二，提供鲁棒性和潜在高精度（军用）。已经可以看到，这两个需求最终通过使用两种频率和不同的编码来实现。这样就出现了两种服务：标准定位服务（SPS）和精确定位服务（PPS）。所有 GPS 用户都可使用 SPS 服务。美国基于地理政治或战略意义考虑故意降低这一服务的性能。例如，所谓的选择可用性（SA）从 GPS 开始运行起就启用直到 2000 年 5 月 1 日，为的是降低民用接收机的精度。取消 SA 之后，GPS 定位的水平精度从 100m 提高到 15m。SPS 基于 C/A 码序列，只在 L1（1.57542GHz）使用。只有授权用户才可以使用 PPS 服务。实际上，P 码是一个长序列（码速率比 SPS 高），在当前的计算能力下，任何实时搜索都将会失败。然而 P 码是 37 周长而且 GPS 序列限制在一周长（它在每个周六午夜重置一个新值）。所以，知道起点是关键，只有授权用户才有权使用这一基本信息。此外，通过使用特殊的未知 W 码来对 P 码加密，就成为有名的 P（Y）码，这种方法称为反欺骗（AS）。

GLONASS 信号也计划组织形成两种类似的服务。利用无线传播原理，使用两个频带 L1 和 L2 提供民用和军用两种信号。相应的 GLONASS 服务是标准精度服务（SPS）和高精度服务（HPS）。

Galileo 也依据其服务构想在发展。当然，成功的技术性能和系统参数是关键，但信号和系统设计是基于服务的。将来会有四种服务可以使用，也支持搜救服务。Galileo 提供的服务如下。

- 开放服务（OS）：免费的，主要由公开的信号组成，和相应的 GPS 和 GLONASS 信号一样，主要应用于大宗市场。
- 生命安全服务（SoL）：除了开放服务之外还提供完好性数据。主要的应用领域是安全比较重要的运输业。
- 商业服务（CS）：主要特征是运用两个附加信号，具有更快的数据速率和提供更好的精度。它也能收取额外的服务费用。
- 公共管制服务（PRS）：为政府授权用户提供定位和定时信息，如警察和海关。
- 生命搜救（SAR）服务：是 Galileo 为国际 COSPAS-SARSAT 系统（人道主义搜索和营救）提供的援助。

BD-1 具有快速导航定位、简短数字报文通信和高精度授时服务三大功能。BD-2 具有卫星无线电定位服务（RDSS）和卫星无线电导航服务（RNSS）两种工作模式。北斗二号系统具有三种基本功能：连续实时无源三维定位测速能力、简短数字报文通信（位置报告）功能和高精度授时功能。RNSS 工作模式提供开放服务和授权服务两种服务。开放服务为用户免费提供开放、稳定、可靠的基本定位、测速和授时服务，定位精度在重点区域为水平 10m，高程 10m；其他大部分地区为水平 20m，高程 20m；测速精度为 0.2m/s，单向授时精度为 50ns。授权服务为用户提供更高性能的定位、导航和授时服务，并可以为亚太地区提供广域差分和短报文通信服务，广域差分定位精度为 1m。RDSS 工作模式仅提供授权服务，水平定位精度为 20m（无标校站地区为 100m），高程为 10m；

单向授时精度为50ns，双向授时精度为10ns。此外，北斗二号系统还具有每次120个汉字的短信息交换能力。

2.3　GNSS基础参数

本节主要介绍GNSS进行定位的主要参数，主要基于GPS系统，除非有特殊规定，其他几个系统的参数基本相似。

2.3.1　位置参数

1．卫星数量

GNSS主要采用三球交会原理进行定位，基本原理是测量信号从卫星到接收机的传播时间，以求出两者之间的距离。假设没有测量误差，如果以卫星的已知位置为球心，以卫星到用户接收机之间的距离为半径画出一个球，则用户接收机的位置在这个球面上。显然，空间信号的单次测量远远不能满足定位的要求。因此，还需要其他测量值。假设有第二颗可视卫星信号，并由同一个接收机锁定，同时测得到两个测量值（T_1来自卫星1，T_2来自卫星2）。以第二颗卫星到用户之间距离为半径，也可以画出另一个球，两个球的半径分别为c乘以T_1和c乘以T_2，c为光速，两球相交得到一个圆，则进一步可以确定用户接收机的位置在这个圆上，它的半径取决于接收机和卫星的位置，如图2.17所示。

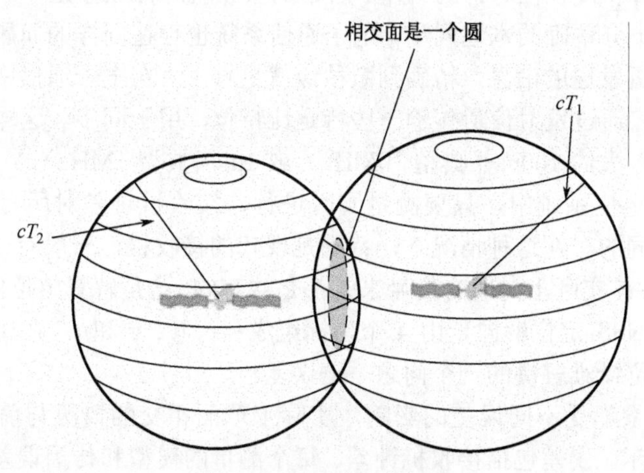

图2.17　两个球面的相交

由于圆的半径很大，确定一个点的位置需要来自第三颗卫星的测量值T_3。当有第三颗卫星时，用这颗卫星到用户的距离为半径再画出一个球，与前两个球相交，则能够确定用户接收机位置。三个球面的相交为两点，如图 2.18 所示。在这一阶段理解的重点是想要得到物理意义上的位置，这不是一个纯粹的数学问题。在真实位置的接收机可以给出来自卫星 1、卫星 2 和卫星 3 的时间测量 T_1、T_2 和 T_3。如果数学解不收敛，这意味着有误差，或多路径、参数的模型误差。

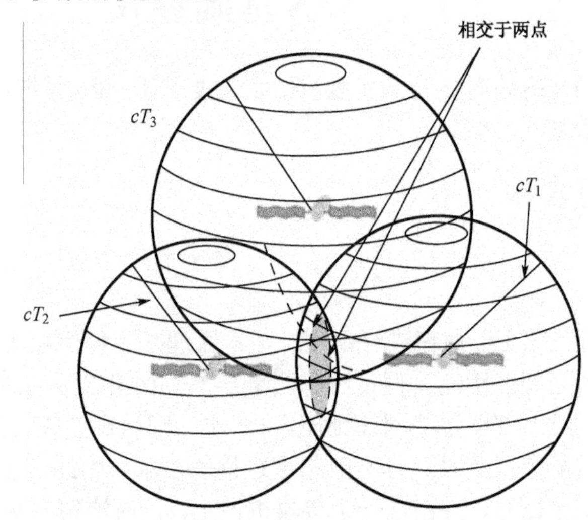

图 2.18　三个球面的相交

当然，时间测量要求各种参与者、卫星和接收机之间有非常好的同步，才能保证精确性。信号从卫星到接收机的传播时间测量需要两个变量：信号发射时间（离开卫星的时间）及卫星时钟和接收机时钟的偏差。所谓的接收机时钟漂移是一个难以解决的实际问题，因为需要十分精确的本地同步。电子通信系统也存在同样的问题，识别具有不同时间精度的发射机发送的消息，精确到微秒级就足够了。在电子通信中，同步通常在传送实际数据之前，通过发射信道传输一些特定比特位，用于同步。这样获得的时间同步是信道带宽级的，大约 100ns（典型 10MHz）或 1μs（典型 1MHz）。

在全球卫星定位系统中，只要测量同时进行，接收机钟差对所有卫星信号的测量 T_1～T_4 来讲是相同的。在这种情况下，特别是现代的接收机，一般有 12～20 个并行信道可同时测量，钟差实际上对所有信号来讲都是共有的。这是解算定位问题的一个新“未知数”，因此，GNSS 定位解向量由 4 个坐标组成：x、y、z 和 t。在讨论解决这一问题之前，先考虑定位最难解决的一个问题——误差。

由于各种测量都受不同误差的影响，实际上球面相交的情况与前面描述的有些不同，如图 2.19 所示。误差包括接收机钟差、每个测量的模型和传播误差。对所有卫星测量钟差是相同的，而其他误差对不同的信号都是不一样的。

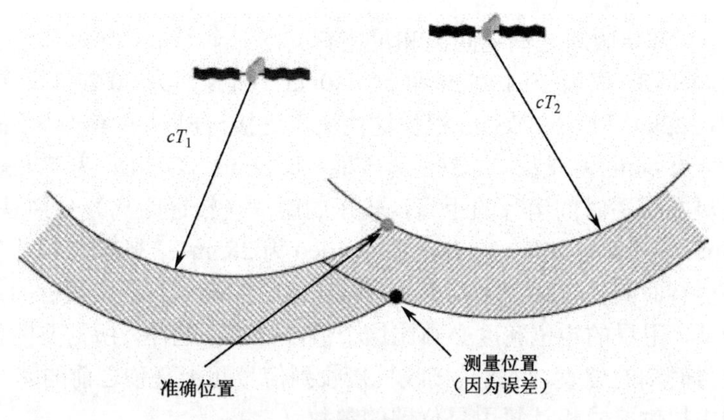

图 2.19　考虑误差的实际问题

由于测量中包含了时钟偏移误差，根据时间测量得到的距离称为伪距。

回到定位问题，需找到一种消除时钟偏移变量的方法。确实，当时钟偏移和接收机联系起来时，增加卫星的测量将不会引入新的未知量，从空间观点来说，这样会得到一组完整的方程。实际上，需要多一个测量值，即 4 个测量值。求解定位的方程组如下：

$$\rho_1 = \sqrt{(x_r - x_1)^2 + (y_r - y_1)^2 + (z_r - z_1)^2} + ct_r \tag{2.1a}$$

$$\rho_2 = \sqrt{(x_r - x_2)^2 + (y_r - y_2)^2 + (z_r - z_2)^2} + ct_r \tag{2.1b}$$

$$\rho_3 = \sqrt{(x_r - x_3)^2 + (y_r - y_3)^2 + (z_r - z_3)^2} + ct_r \tag{2.1c}$$

$$\rho_4 = \sqrt{(x_r - x_4)^2 + (y_r - y_4)^2 + (z_r - z_4)^2} + ct_r \tag{2.1d}$$

式中，(x_i, y_i, z_i) 为用于测量的卫星位置坐标，ρ_i 是根据这些测量得到的伪距，(x_r, y_r, z_r, t_r) 是由三个空间坐标和时钟偏移组成的解向量。

2. 卫星轨道和位置计算

接收机进行定位解算时，首先要知道卫星位置。其次是伪距精度，如果伪距是错的，定位结果肯定错误的。最后，系统物理常量也十分重要。例如，上面方程中的光速，对于 GPS 必须用 299792458m/s（而不是 3×10^8 m/s）。

卫星位置由卫星星历提供，这像过去的导航需要太阳位置星历来确定纬度一样。因为所需要的定位精度更高，这里需要的星历更准确。这又产生一个新的问题，就是是否需要考虑卫星向接收机发射信号时的位移？换句话说，是否应考虑卫星和接收机间的传播时间？

为了使卫星信号能够完全覆盖地球，就需要选择卫星轨道。卫星的数量、高度（包括发射功率和卫星寿命）和地球任何位置可见卫星数都需要综合考虑。GLONASS 卫星高度为 19 100km，GPS 卫星高度为 20 200km，Galileo 的卫星高度为 23 200km。因此，Galileo 卫星速率大约为 3675m/s，GPS 的卫星速率为 3870m/s，GLONASS 的卫星速率为 3950m/s。卫星和接收机之间的距离和星座有关，三个卫星星座的最近卫星和最远卫星分别是：GLONASS 的为 19 100km 和 24 680km，GPS 的为 20 200km 和 25 820km，Galileo 的为 23 222km 和 28 920Km。根据这些值可直接得出卫星信号传播时间，分别是：GLONASS 信号为 64ms 和 82ms，GPS 为 67ms 和 86ms，Galileo 为 77ms 和 96ms。现在可以得到卫星在传播时间运行的距离，较短的距离（较远距离）分别是：GLONASS 为 252m（325m），GPS 为 260m（333m），Galileo 为 285m（335m）。很显然，计算卫星位置不能忽略运行时间，否则会直接影响定位精度。的确，要求接收机的定位精度达到几米的精度的话，卫星的定位精度必须比这个值小得多。这样，所需要的位置实际上就是卫星发射信号时刻的位置，也就是接收机接收到信号几十毫秒之前的瞬时位置。GNSS 中的轨道模型中提供接收机计算卫星位置的参数。

2.3.2　信号相关参数

在卫星定位系统中，选定了卫星轨道和星历数据后，还需要设计卫星信号。

1. 频率选择

频率的选择涉及诸多技术和非技术参数的复杂组合。当然，需要一个频率（或一些频率）在大气中的传播能力较好，基本需要高于 1GHz 的频率。在系统设计时频率选择非常重要，因为它直接制约了接收机和发射机所采用的技术。GPS 计划的第一个发展阶段开始于 1964 年，不得不选择其最终确定的频率，那时，选择了 L 波段。然后，为了在世界范围内运行该系统，还需要有预留频率。这意味着其他设备不能使用这些频率，保证即使信号的功率很低也不担心存在干扰。这些预留频率需要通过长期且严格的世界无线电通信会议（WRC）的程序才能获得，会议在 ITU 协调下每三年举行一次。具体频谱预留情况已在 2.1 节介绍。

2. 编码和调制的选择

一旦选定频率，也就是确定了载频，就必须定义信号结构。在卫星定位系统中，定义信号结构需要考虑以下三个方面：卫星识别、计算位置所需播发的数据（特别是星历数据）、获得播发时间延迟实际测量的方法。除此之外，还必须考虑一些实际的限制，如允许带宽。目前 GNSS 选择使用伪随机码（PRN）来实现卫星识别和时间测量，并且对所谓的导航数据（星历、卫星的时间同步值、时钟修正值、传播模型修正因子等）的数据传输速率较低（典型为 50Hz）。而且要保证信号的频谱在所分配的带宽内，定位才成为可能。

编码鲁棒性的问题在许多应用中都涉及了，GPS 中 C/A 码选择基于两个 10bit 移位寄存器的编码，P 码选择基于 4 个 12bit 移位寄存器的编码。对这些编码最后的定义就是节奏，也就是说产生编码的速度或频率。C/A 码总长为 1023bit，而 P 码总长大于 2.35×10^{14}bit。为了进行快速捕获、识别和测量，即使 C/A 码定位的精度不够好，P 码提高了精度和抗干扰能力，在首次预捕获时仍然采用 C/A 信号。C/A 码速率为 1.023MHz，码周期为 1ms，P 码速率为 10.23MHz（完整的周期为 266 天）。P 码长的特点决定了其比 C/A 码的抗干扰性能强得多。不难理解，这一特征对于军事应用来讲至关重要。此外，P 码速率是 C/A 码的 10 倍，这也提高了物理时间测量精度。

另一个重要方面是卫星导航定位系统使用的频率个数。GPS 和 GLONASS 之前均使用两个频率。选择两个频率的主要原因是考虑到定位的主要误差源是电离层延迟。电离层这一高空大气层由电离粒子组成，它能够直接减慢信号传输速度。信号传播速度比实际光速要慢。当将时间换算为伪距时必须考虑这一因素。解决方法是对电离层厚度和电离粒子浓度进行建模，但这个模型十分复杂——电离子的厚度和浓度与太阳有关，它和季节、太阳活动、温度当然还有电磁波实际的路径等（与卫星和地球上接收机的相对位置有关）有关，建模时需要把这些因素都考虑进去。使用两个不同频率进行测量可以消除这种电离层误差。

3．速度计算：多普勒频移测量

此外，接收机速度，作为一个三维矢量，也需要较高的精度。实际上，早期的卫星发射，Sputnik 卫星已经出现运动时信号的多普勒频移问题。因此，在 GNSS 中，要得到接收机的速度，也需要进行多普勒频移分析。事实上，当接收机硬件跟踪卫星信号时，必须考虑多普勒频移的两个部分：卫星移动和接收机移动。两者的相对位移引起了多普勒效应。在进行相关处理时必须考虑多普勒频移，才能进行识别和时间测量。

接收机需对多普勒进行精确估计，通过测量本地振荡器频移实现。可根据四个不同卫星的频率测量得到一个方程组，四个未知量为接收机速率的三个空间向量（即 $\boldsymbol{v}_x$、$\boldsymbol{v}_y$ 和 $\boldsymbol{v}_z$）和时钟偏移的导数（相对于时间），也就是，接收机钟差。

4．导航信息

从以上的讨论可知，为了定义卫星的位置显然需要对卫星轨道进行建模。此外，还需要物理传播模型才能将时间转换成伪距。由于相应的参数不是固定的，也就是说，相对于时间不是常量，就需要把数据传输给接收机。设计 GPS 和 GLONASS 时，选择通过导航信息传递这些数据，在载频调制前将导航信息加载到卫星编码上。数据更新率不是很高（几小时内的轨道参数是有效的），为了减少带宽，要保持非常低的数据率（GPS 为 50bps）。Galileo 设想了一种新的方法，导航信息内容通过现代高速通信网络传送给接收机，减少系统对这个低速信息的依赖。GPS 已经使用了类似的方法，互操作性可能是一个原因，此外接收机需要能够“独立”计算位置，也就是说，没有来自 GNSS 信号的外部的或附加的数据。

5．频率设置中考虑的相对论效应

在进行卫星信号频率设置时，GNSS 还要考虑两个主要效应：卫星重力场（与地球重力场有很大的不同）和卫星时钟位移速度（与地球表面的相同时钟相比）。重力场的不同导致卫星时钟比地面上同样的时钟快 43μs，而卫星速度使时钟慢 9μs，总体上来讲卫星时钟每天要快 34μs。在两种相对论效应的作用下，卫星时钟频率偏快 $4.45\times10^{-10}\left(\Delta f/f\right)$。这种相对论效应在卫星端进行处理，改变中心振荡器频率，使中心频率为 10.22999999543MHz 而不是 10.23MHz。对于 GLONASS，卫星上观察到的频率值比标称的频率值 5.0MHz 偏移 $\Delta f/f=-4.36\times10^{-10}$。中心频率为 4.99999999782MHz（这可由标称的 19100km 轨道高度得到）。此外，还要考虑其他相对论效应，如萨奈克效应（由于地球旋转引起的），或由于地球重力场的引起的空-时曲率。

2.4　GNSS 现状

第一个发展和应用的全球定位系统便是美国的 GPS，GLONASS 是苏联随后迅速开发的和 GPS 相类似的星座，目前两个系统正在进行所谓的“现代化”。除此之外，欧洲的 Galileo、中国的北斗二代系统等也已经使用或正在开发中。

2.4.1　GPS

1．当前状况

GPS 系统中的双向和单向链路如图 2.20 所示。

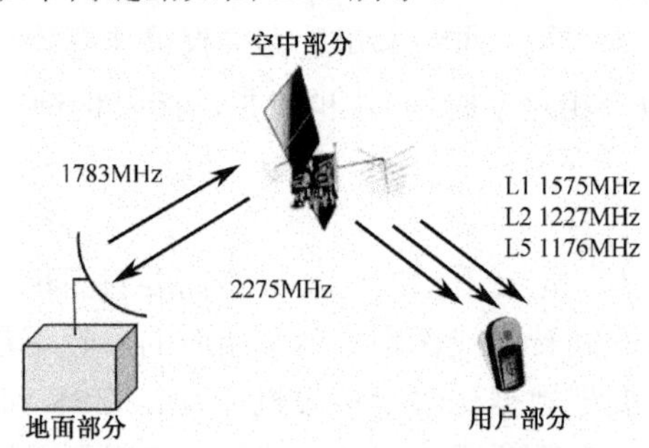

图 2.20　GPS 系统中的双向和单向链路

导航星座一个重要的方面就是信号，图 2.21 为当前的 GPS 卫星信号结构。GPS 采用基准频率 10.23MHz（根据相对论效应该频率和 10.23MHz 稍有不同）产生需要的所有信号。每颗 GPS 卫星上使用 4 个原子钟，使频率具有很高的稳定性。对基准频率进行 120 倍和 154 倍变频得到发射的中心频率 1227.6MHz（称 L2）和 1575.42MHz（称 L1）。GPS 信号用编码的形式调制在载波频率上。“民用”信号的编码速率是 1.023MHz（称作粗/捕获 C/A 码），而 10.23MHz 是“限用”信号（称作精密 P 码），采用的是二进制相移键控（BPSK）方式，对应的频谱宽度是主瓣码速率的两倍，如图 2.22 所示。C/A

码同相调制在 L1 上，P 码正交调制在 L1 和 L2 上。GPS 提供两种服务：标准定位服务（SPS），当前使用的是 C/A 码；精确定位服务（PPS），使用 P 码和两个频率。

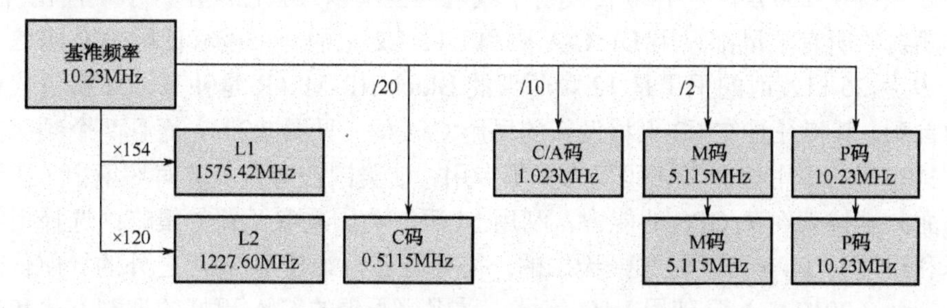

图 2.21　GPS 卫星信号结构

GPS C/A 码和 P 码的信号功率都很低。增益 3dBi 的天线接收的最低信号功率电平：C/A 码为-128.5dBm，P 码为-131.5dBm。物理上，考虑白噪声是在两个主瓣之内，这样接收机要处理 2.046MHz 的带宽（C/A），噪声功率是-111dBm，而要处理 20.46MHz 的带宽（P 码），噪声功率为-101dBm。这种情况下，很显然 GPS C/A 码信号在噪声电平之下-17.5dB（比值大于 50），而 P 码信号在噪声电平之下-30.5dB（比值为 1000）。为了检测信号，GPS 用到了 CDMA（码分多址）和 PRN（伪随机噪声）码。

当前的 GPS 的 L1 和 L2 信号典型频谱表示如图 2.22 所示。

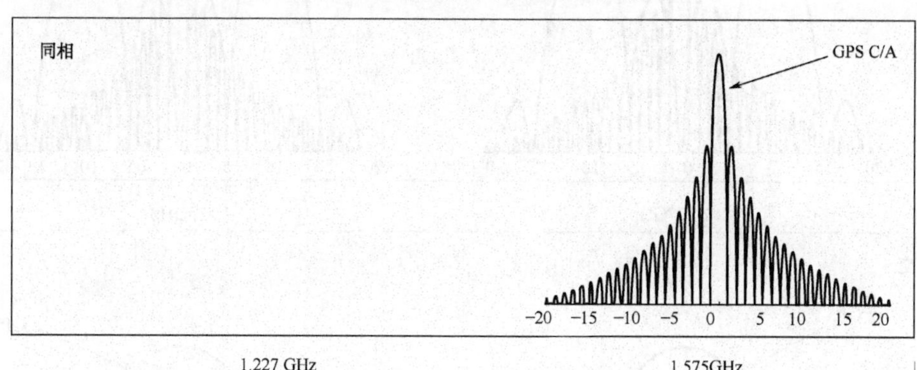

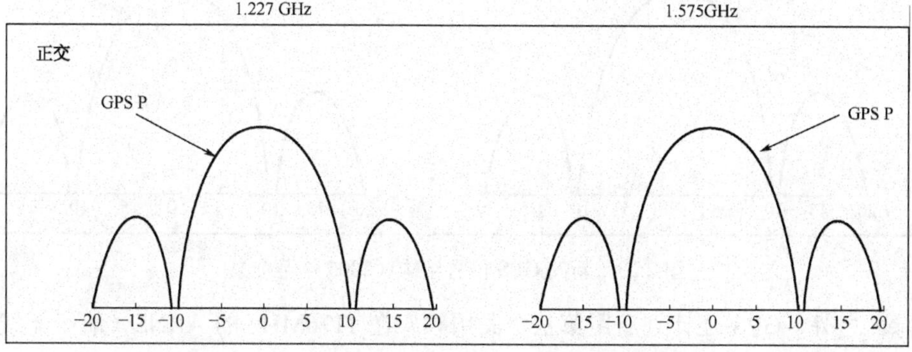

图 2.22　当前的 GPS 的 L1 和 L2 信号典型频谱表示

2．现代化

GPS 系统从 2005 年 9 月 26 日发射了改进的卫星以来就已经步入了现代化。在 2005 年之前发射的所有卫星都只用 L1 C/A 码和 L1、L2 上的两个授权使用的 P 码信号。在 2005 年 9 月 26 日发射的卫星是 12 颗所谓的 Block IIR-M（R 是补充，M 指现代化）卫星中的首颗。其特征是在 L2 上播发新的民用 C/A 码（见图 2.23），而且两个频率上均有 M 码，具有新的军用性能。M 码仅为美国专用，使美国在潜在的敌对环境中（在无线电信号方面）维持其经营 GPS 的能力。利用 M 码，美国采取了新的策略：选择拒绝（代替选择利用性）。GPS 不再是独一无二的，需要能够拒绝使用 M 码之外的导航信号。另外一个计划（2012 年）是使用 L1C 信号，采用比原先的 C/A 更好的调制方式和功率电平。L1C 的功率电平是-155.5dBW（当前的 C/A 码的功率电平是-158.5dBW），计划采用的调制是二进制偏移载波（BOC），和 Galileo 信号类似，为的是与 Galileo 更好地互用和兼容。

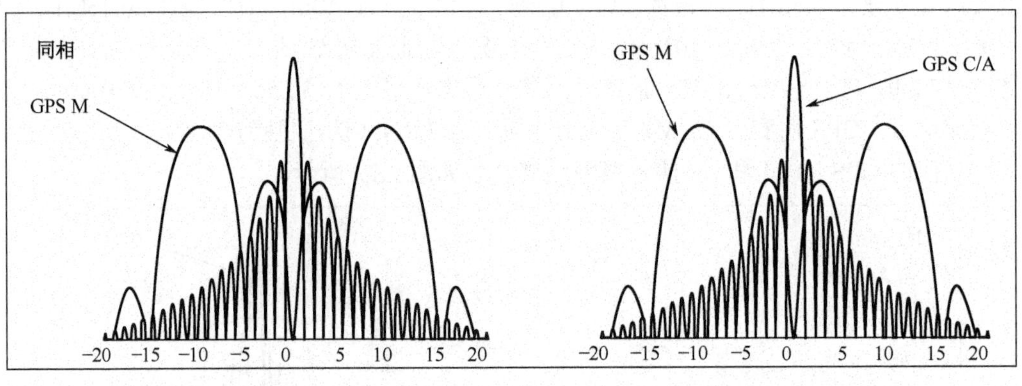

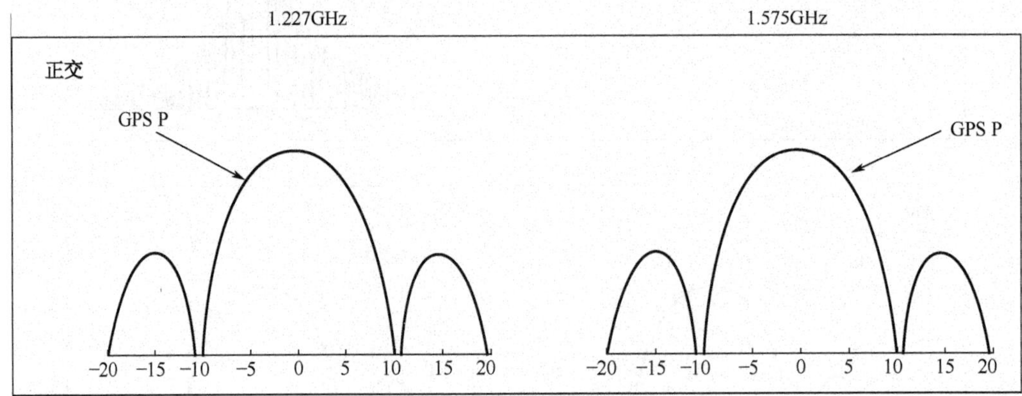

图 2.23　新的 GPS 信号结构（2005 年至今）

除此之外，GPS 还计划启用第三个民用频率在 1176MHz 的 ARNS（航空无线电导航服务）波段（见图 2.24）来增强该系统的航空应用（为了给民航提供双频系统，因为

L2C 不在 ARNS 波段）。该信号通过 Block IIF 卫星播发，从 2008 年之后使用。而值得注意的是，Galileo 使用的是三频率系统，计划在 2013 年投入使用。

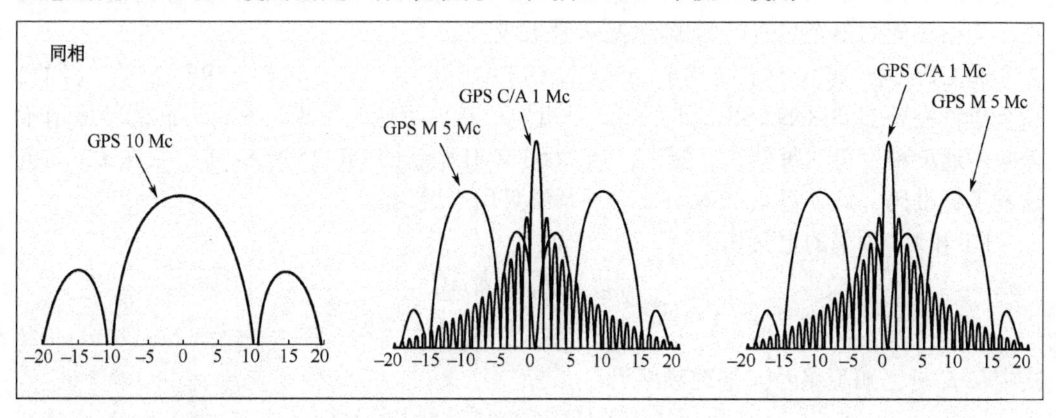

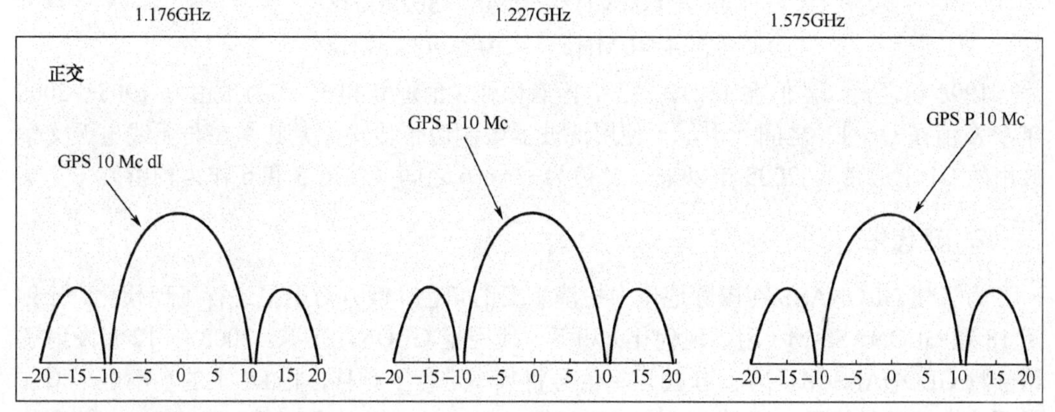

注意图中没有 L1C（2012 年之后）。

图 2.24　新的 GPS 信号结构（2008/2009 年之后）

2.4.2　GLONASS

1．当前状况

GLONASS 使用的是频分多址（FDMA），仍采用两个频率 L1 和 L2，民用和军用两类信号。这样，每个卫星都有两个载频 L1 和 L2，利用这两个频率播发信息。GLONASS 采用的是 FDMA，为了提高频谱的使用率，在地球的对立面使用相同的频率，并已经在 2005 年开始执行。

GLONASS 的服务是标准精度服务（SPS）和高精度服务（HPS），对应 GPS 的 SPS 和 PPS。SPS 和 HPS 采用的调制信号速率分别是 0.511MHz 和 5.115MHz，是十倍的关系。SPS 和 HPS 信号非常不同，SPS 使用的是标准码，HPS 使用的是军用码，和 GPS

一样使用 C/A 码和 P 码进行编码。调制方式为二进制相移键控（BPSK）。L1 由 C/A 码、导航信息数据和辅助 meander 序列模-2 加组成。L2 由 P 码辅助 meander 序列模-2 加组成，均由相同的单个星载时间/频率振荡器生成。

和 GPS 信号最大的不同就是，GLONASS 中所有卫星的 C/A 码和 P 码都是一样的。一个建设完整的 GLONASS，其水平、垂直定位精度可达几十米，垂直方向的精度稍微差些，速度精度可达每秒约几厘米。从 2003 年开始新的 GLONASS-M 卫星在 L2 上也播发了标准码。这使得 GLONASS 双频系统可用于民用。

L1 和 L2 频率的定义如下：

$$f_{K1} = f_{01} + K\Delta f_1$$

$$f_{K2} = f_{02} + K\Delta f_2$$

式中，K 是已知卫星号。基准频率为：

$$f_{01} = 1602\,\text{MHz} \qquad \Delta f_1 = 562.5\,\text{kHz}$$

$$f_{02} = 1246\,\text{MHz} \qquad \Delta f_2 = 437.5\,\text{kHz}$$

1998 年之前，K 值在 1～12 之间，没有限制（信道 0 和 13 作为预留）。1998—2005 年，K 值在-7～13 之间（卫星上使用滤波器限制边带传输，尤其是在与无线电天文学共用的 L1 上边带）。2005 年以来，K 值为-7～+6 之间（信道 5 和 6 作为预留）。

2. 现代化

为了使 GLONASS 在国际地位中扮演重要的角色，俄方对卫星进行了现代化，计划了 18 颗 GLONASS-M（用于现代化）和下一代卫星 GLONASS-K。2003 年 12 月发射了第一颗 GLONASS-M 卫星，新的卫星信号将频率进行了频移，将 L2 上的功率电平增加了两倍，扩展了编码，还增加了数据补充位，使其能够使用 GPS 和 GLONASS 间系统时间差的相关信息。此外，在对卫星进一步改进之后，卫星寿命延长到七年。改进之后，GLONASS 精度可达 GPS 精度的 1.5 倍。L1 的功率电平值为-161dBW，而 L2 的功率电平值为-167dBW。

图 2.25 为 2003 年之前 GLONASS 卫星播发的信号情况，图 2.26 中是 2003 年之后 GLONASS 卫星播发的信号，图 2.27 是附加的第三个民用信号 L3，在 1205MHz 波段（2008 年之后）。L3 的频率定义公式为 $f_{K3} = f_{03} + K\Delta f_3$，$K$ 是已知卫星号。基准频率值为 $f_{03} = 1201.5\text{MHz}$，$\Delta f_3 = 421.875\text{kHz}$。

GLONASS 最新的发展通过使用 GLONASS-K（2008 年）和使用 GLONASS-KM 卫星（2015 年）来完成。GLONASS-K 与 Galileo 及 GPS 现代化一样启用第 3 个民用信号频率，为的是提高精度及“生命营救”应用时的可靠性。通过现代化，卫星寿命计划将增加到 10 年，同步也将进一步得到改进，以提供更高的精度。

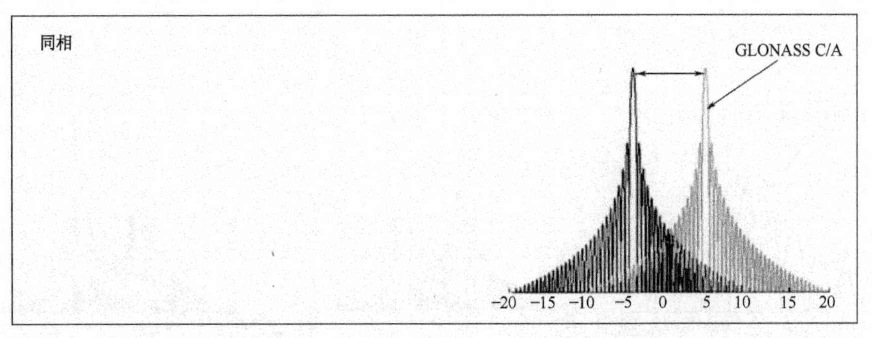

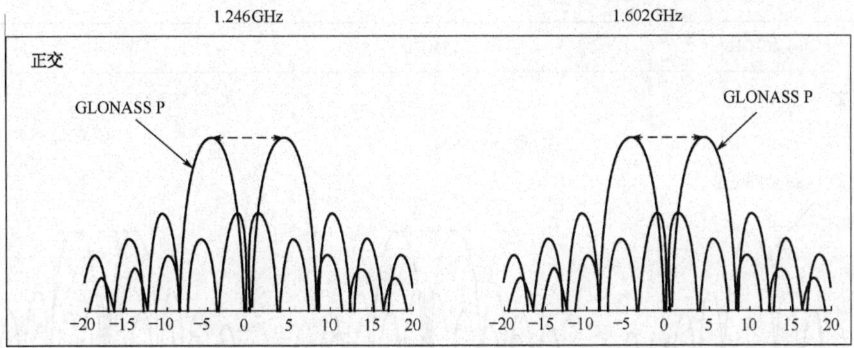

图 2.25　2003 年之前的 GLONASS 信号图

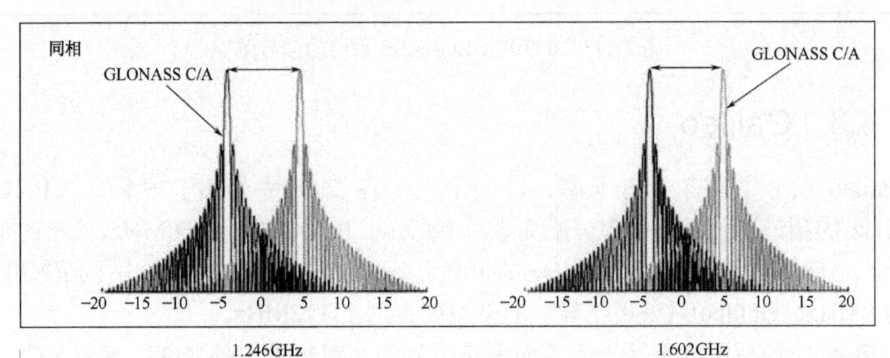

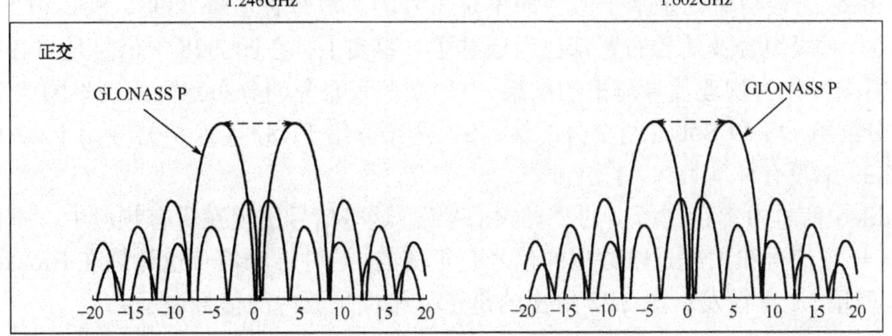

图 2.26　2003 年之后的 GLONASS 信号图

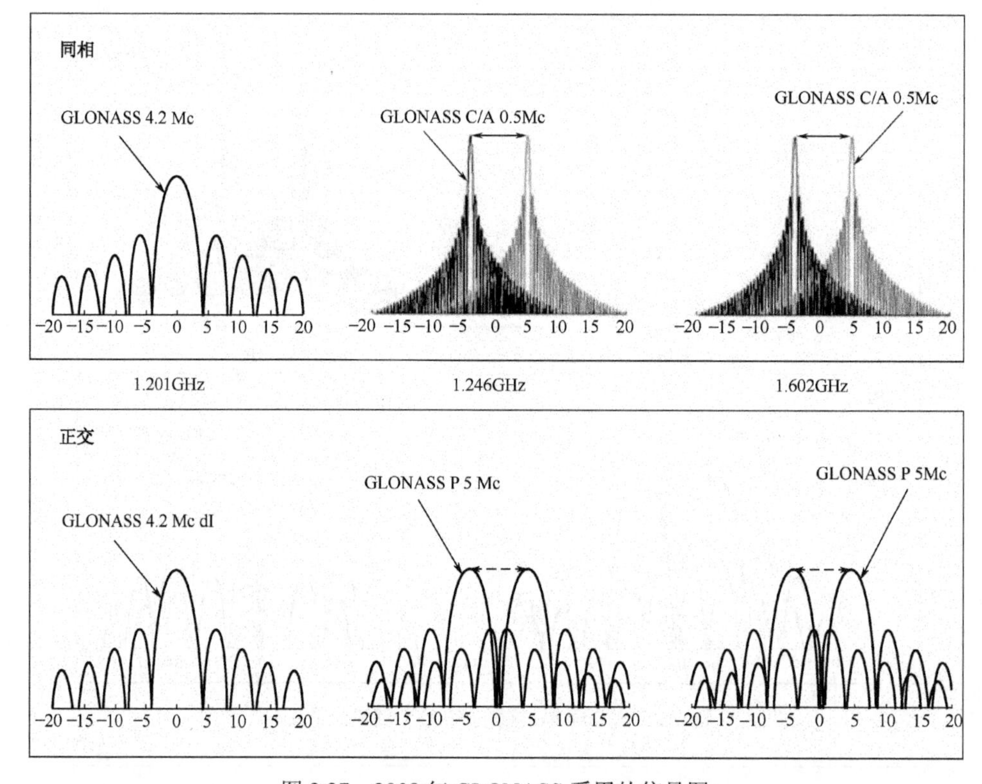

图 2.27　2008 年 GLONASS 采用的信号图

2.4.3　Galileo

Galileo 信号主要有 3 个频率、11 个信号。图 2.28 中给出了频率为 1.164GHz～1.591GHz 的频谱图。具体频率分配如表 2.1 所示。E5 的带宽为 50MHz，E6 的带宽为 40MHz，而除了分配给 L1 的 24MHz 的带宽之外，E2-L1-E1（也称 L1）的 E2 和 E1 的带宽为 8MHz。Galileo 系统用于导航的带宽就占到了 122MHz。

Galileo 的最初原则是基于服务而不是信号的。对每种服务（OS、SoL、CS、PRS 和 SAR），频段组合及信号布置都已经成熟了。事实上，在图 2.28 中信号是将各种服务的功能需求转化为物理信号需求的结果。11 个信号服务的分布定义为（见图 2.29）：6 个信号分配给 OS 和 SoL，两个分配给 CS，两个分给 PRS，1 个信号专用于 SAR 服务（在图 2.29 中没有体现）。

Galileo 信号中都存在所谓的“导频信号”。这些信号出现在所有频段中，不包含导航数据。导频信号和加载导航数据的信号是正交的。这种导频信号也计划在 Block-IIR-M 的 GPS 卫星 L2 上播发。图 2.28 给出的是正交相位平面内的信号表示。

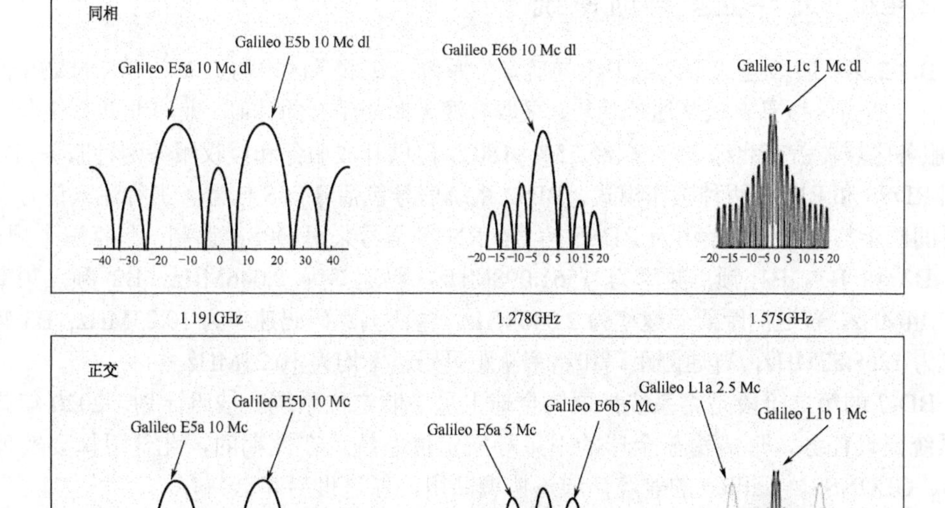

图 2.28　Galileo 占用的频率波段

表 2.1　Galileo 的频率分配

载　波	中 心 频 率（MHz）
E5a（L5）	1176.45
E5b	1207.14
E6	1278.75
E2-L1-E1	1575.42

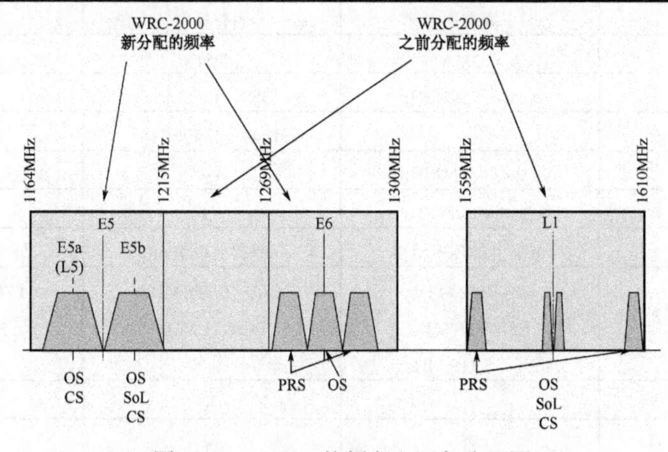

图 2.29　Galileo 的频率和服务分配图

2.4.4 北斗卫星导航系统

BD-2 第一阶段建成了区域卫星导航定位系统，在服务区内与 GPS、GLONASS 性能相当，在重点区域具有报文通信功能，采取有源无源相结合的体制，兼容北斗系统全部功能，服务区域覆盖南北纬 55 °、东经 55 °～180 °，提供开放服务和授权服务两种服务。BD-2 采用 RDSS 和 RNSS 两种工作模式，BD-2 系统信号包括 RNSS 信号、上行注入信号、站间时间同步与数据传输信号及 RDSS 信号。RNSS 信号采用 QPSK 调制，包括三个频点：B1、B2 和 B3。B1 频点频率为 1561.098MHz，码速率为 2.046MHz；B2 频点频率为 1207.14MHz，普通测距码码速率为 2.046MHz，精密测距码码速率为 10.23MHz；B3 频点频率为 1268.52MHz，普通测距码和精密测距码码速率均为 10.23MHz。

BD-2 的第二阶段是将系统扩展为全球卫星导航定位系统。按照计划，2020 年前完成系统建设任务，形成覆盖全球的卫星导航定位系统。在此期间，北斗卫星要实现与 GPS、GLONSS、Galileo 的兼容，通过协调共用，促进世界和谐共存。

2.4.5 各系统的总结和比较

1．信号对比

由于保密和安全性考虑，本节只对 GPS、GLONASS 和 Galileo 三个星座的信号进行分析和对比，这三个系统信号的基本参数如表 2.2 所示，现代化后导航信号的完整频谱如图 2.30 和图 2.31 所示。注意当前有几个 GPS 和 GLONASS 卫星播发了 L2C，多数是限制到 L1 的 C/A 码和 L1 及 L2 的 P 码上。

表 2.2　GPS、GLONASS 和 Galileo 信号基本参数

系统	GPS	GLONASS	Galileo
信号识别	固有码	固有频率	固有码
多重存取方案	CDMA	FDMA	CDMA
E1/L1	1559～1591MHz	1589～1606MHz	1575.42MHz
L2		1243～1249MHz	1227.60MHz
E5	1164～1214MHz	—	—
E6	1260～1300MHz	—	—
编码	每个卫星各不相同	所有卫星相同	每个卫星各不相同
编码频率	E1：1.023 MHz E5：9.23 MHz E6：5.115 MHz	C/A：0.511 MHz P：5.11 MHz	C/A：1.023 MHz P：9.23 MHz
选择可用性	否	否	否
反电子欺骗	否	否	是

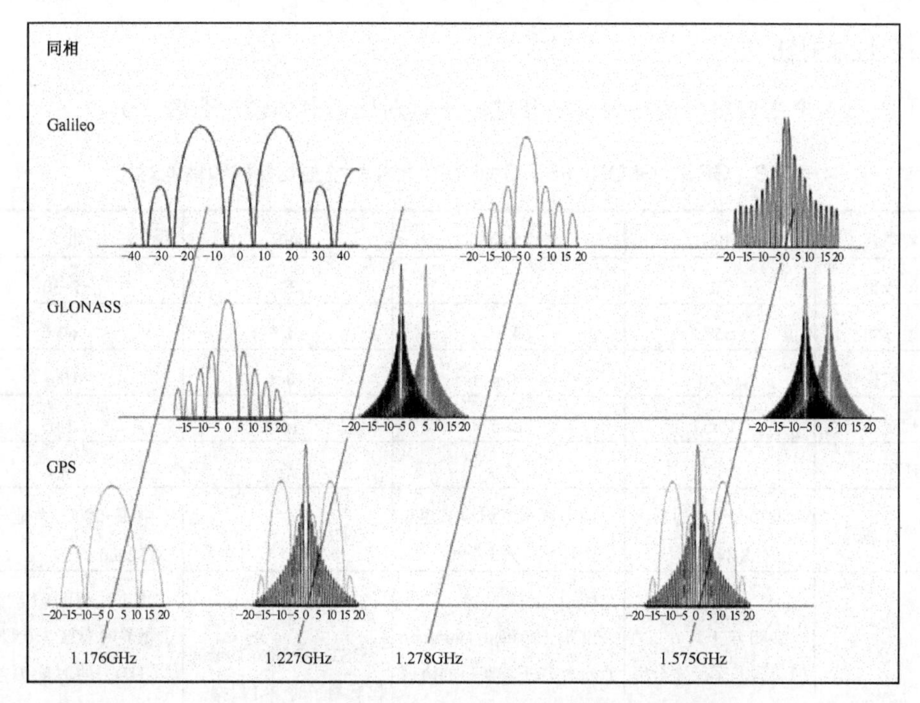

图 2.30　GPS、GLONASS 和 Galileo 同相信号频谱（不包括 GPS L1C）

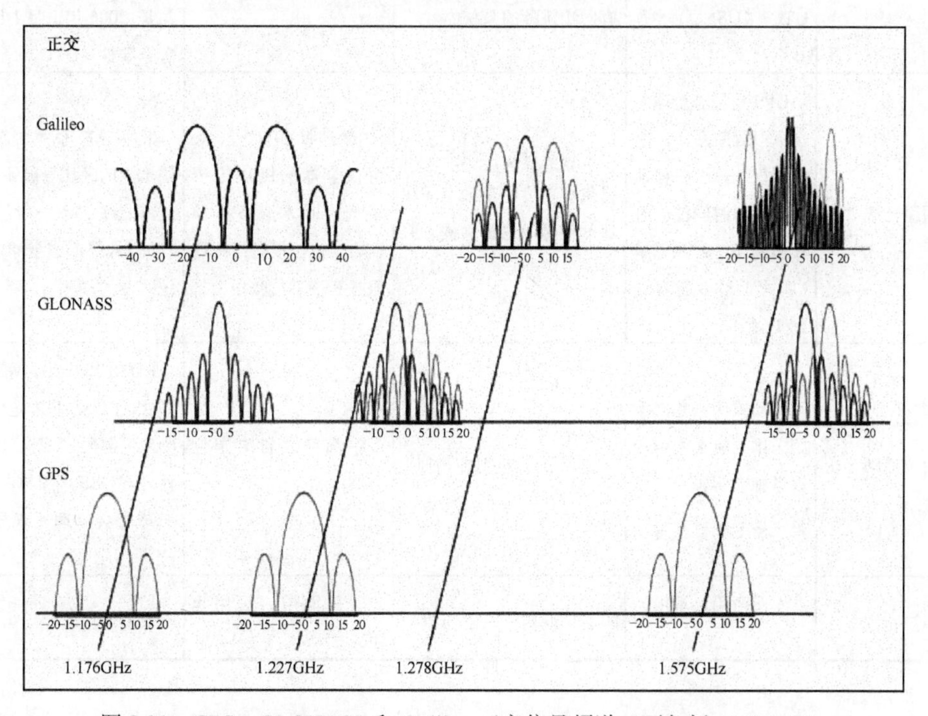

图 2.31　GPS、GLONASS 和 Galileo 正交信号频谱（不包括 GPS L1C）

2. 性能对比

下面对 4 个主要星座的主要参数和性能进行对比，具体情况见表 2.3。

表 2.3　GPS、GLONASS、Galileo 和北斗系统主要参数和性能对比

比较类目	GPS	GLONASS	Galileo	北斗
卫星数目	30	19	30	5+30
轨道倾角	55°	64.8 °	56 °	60 °
普通用户定位精度	100m	50m	10m	10m
特殊用户定位精度	10m	16m	1m	1m
通信	否	否	是	是
测量坐标体系	世界大地坐标系 WG S 84	前苏联军事测绘部建立的大地坐标系 PZ 90	GTRF	中国 2000 大地坐标系 CGS2000
时间系统	1980 年 1 月 6 日 0 时美国海军天文台华盛顿的协调世界时 UTC （USNO）	SCT（System Common Time）基于莫斯科的协调世界时 UTC（SU），并具有同步跳秒的系统	GST（Galileo Time）国际原子时 TAI 保持一致	北斗时（BDT）溯源到协调世界时 UTC （NTSC），与 UTC 的时间偏差小于 100ns。BDT 的起算历元时间是 2006 年 1 月 1 日零时零分零秒（UTC）
覆盖范围	GPS 是覆盖全球的全天候导航系统。能够确保地球上任何地点、任何时间能同时观测到 6～9 颗卫星（实际上最多能观测到 11 颗）	实现全球定位服务，可提供高精度的三维空间和速度信息，也提供授时服务	“欧洲版 GPS”之称，可供全球的民用定位系统。基本服务有导航、定位、授时；特殊服务有搜索与救援	北斗导航系统是覆盖我国本土的区域导航系统。覆盖南北纬 55 °、东经 55 °～180 °，最终形成全球定位系统
定位原理	被动式伪码单向测距三维导航。由用户设备独立解算自己三维定位数据	定位原理与 GPS 相似	中高度圆轨道定位方案	RDSS 和 RNSS 两种工作模式，RDSS 基本定位原理为双向测距、三球交汇测量原理，RNSS 采用单向测距、三球交会原理实现导航定位
用户范围	军民两用，军用为主	军民两用，军用为主	军民两用，民用为主	军民两用，民用为主

续表

优势	卫星数目较多，且分布均匀，保证了地球上任何地方任何时间至少可以同时观测4颗卫星，提供全球全天候定位，定位精度高，观测时间短，测站间无须通视，仪器操作简便，可提供全球统一的三维地心坐标，应用广泛	打破了美国对卫星导航独家经营的局面，即可为民间用户提供独立的导航服务，又可与GPS结合，提供更好的精度几何因子（GDOP）	覆盖面积大，地面定位误差不超过1m，使用多频段工作，在民用领域比GPS更经济、更透明、更开放	同时具备定位与通信功能，重点覆盖中国及周边国家和地区。特别适合于集团用户大范围监控管理和数据采集、用户数据传输应用。是我国自主系统，安全、可靠、稳定，保密性强，适合关键部门应用

参考文献

[1] Commission communications to the European Parliament and the Council on Galileo, COM(2000) 750 Final, Brussels, 22 November 2000.

[2] Commission staff working paper—progress report on the GALILEO programme. SEC(2001) 1960, 5 December 2001.

[3] Communication from the Commission to the European Parliament and the Council — taking stock of the GALILEO programme. COM(2006) 272 Final, Brussels, 2004.

[4] Communication from the Commission to the European Parliament and the Council — GALILEO at a cross-road: the implementation of the European GNSS programmes. COM(2007) 261 Final, Brussels, 16 May 2007.

[5] Council regulation on the establishment of structures for the management of the European satellite radio navigation programme. COM(2003) 471 Final, Brussels, 31 July 2003.

[6] Council Regulation (EC) No 876/2002 of 21 May 2002 setting up the Galileo Joint Undertaking. Official Journal of the European Parliament 2002.

[7] Council resolution of 5 April 2001 on Galileo. Official Journal of the European Parliament 2001, C157(01).

[8] Erhard P, Armengou-Miret E. Status and description of Galileo signals structure and frequency plan. European Space Agency Technical Note, April 2004.

[9] Galileo — involving Europe in a new generation of satellite navigation services. COM(1999) 54 Final, Brussels, 10 February 1998.

[10] Galileo study phase II. Executive Summary, PriceWaterHouseCoopers, 17 January 2003.

[11] Gibbons G. GPS, GLONASS and Galileo — our story thus far. InsideGNSS 2006, 1(1): 25–31, 67.

[12] Hatch RT, Sharpe T, Galyean P. StarFire: a global, high-accuracy, differential GPS system. In: ION NTM 2003: Proceedings, Anaheim (CA).

[13] Heinrichs G, et al. To locate a phone or PDA-GNSS/UMTS prototype for mass-market applications. GPS World 2006, 17(1):20–27.

[14] Hofmann-Wellenhof B, Lichtenegger H, Collins J. GPS theory and practice. Springer Verlag, 2001. Springer Wien, New York.

[15] Inception study to support the development of a business plan for the GALILEO programme. Executive Summary, PriceWaterHouseCoopers, TREN/B5/23–2001, 20 November 2001.

[16] Kaplan ED, Hegarty C. Understanding GPS: Principles and applications. 2nd ed. Artech House, 2006. Norwood, MA USA.

[17] Ku¨pper A. Location based services — fundamentals and operation. England: John Wiley and Sons, 2005.

[18] Ladetto Q, Merminod B. In step with INS: navigation for the blind tracking emergency crews. GPS World 2002, 13(10):30–38.

[19] Mezentsev O, et al. Pedestrian dead reckoning: a solution to navigation in GPS signal degraded areas? Geomatica 2005, 59(2):175–182.

[20] Mission high level definition. European Commission, 23 September 2002.

[21] Oehler V, et al. The Galileo integrity concept. In: ION GNSS 2004: Proceedings, Long Beach (CA).

[22] Parkinson BW, Spilker Jr. JJ. Global positioning system: theory and applications. American Institute of Aeronautics and Astronautics, 1996.

[23] 寇艳红．GPS 原理与应用（第 2 版）．北京：电子工业出版社，2007.

[24] 刘基余．GPS 卫星导航定位原理与方法（第 2 版）．北京：科学出版社，2008.

[25] 郝金明，吕志伟．卫星定位理论与方法．郑州：中国人民解放军信息工程大学.

[26] 徐爱功．全球卫星导航定位系统原理与应用．徐州：中国矿业大学出版社，2009.

[27] 李天文．GPS 原理及应用（第 2 版）．北京：科学出版社，2010.

[28] 党亚民．全球导航卫星系统原理与应用．北京：测绘出版社，2007.

第 3 章　卫星信号的捕获与跟踪

了解信号捕获与跟踪方法有助于理解卫星导航系统的工作原理和性能，本章主要讨论这方面的内容，分成两大部分："发射"部分，主要介绍卫星端的码和信号是如何产生的；"接收"部分，主要介绍信号的调整、接收机的结构和主要实现，在接收机结构部分主要介绍捕获中存在的问题、捕获跟踪的环路结构等详细内容。

3.1　发 射 部 分

3.1.1　简介

GPS、Galileo 卫星信号采用码分多址体制，每颗卫星的信号频率和调制方式相同，不同卫星的信号靠不同的伪码区分，编码要具有很强的互相关抑制特性。而 GLONASS 采用频分多址体制，卫星靠频率来区分，每组频率的伪随机码相同。由于卫星发射的载波频率不同，GLONASS 可以防止整个卫星导航系统同时被敌方干扰，因而具有更强的抗干扰能力。

1．GPS 信号

GPS 系统播发两种 PRN（伪随机噪声）测距码：C/A 码和 P 码（当激活反欺骗模式时 P 码可以变为 Y 码）。对于 Block IIR-M 还播发了两种附加码：L2 民用中等码（L2 CM）和 L2 民用长码（L2 CL）。在后续发射的卫星上还会增加 L5 附加码。

下面以 GPS 的 C/A 码和 P 码为例来说明。这两种码都是 Gold 码，C/A 码是两个最大长度的线性反馈移位寄存器（LFSR）的排列组合，而 P 码则是 4 个最大长度 LFSR 的排列组合。图 3.1 表示典型 C/A 码的产生过程。其中，H 是时钟，X1 是整个传输系统中的一个特定事件，可以进行同步并使寄存器 G1 和 G2 的初始化为全 1。例如，它可以对 C/A 码和 P 码进行非常精确的同步。导航信息也可以采用同样的方式进行同步。C/A 码是两个最大长度为 10bit 的 LFSR 的组合。时钟频率为 1.023MHz，这意味着完整码的长度为 1ms。对于 P 码，基本原理类似，但是使用 4 个最大长度为 12bit 的 LFSR 组合，码长为 266 天（时钟频率 10.23MHz）。

C/A 码的码长较短，易于捕获，而通过捕获 C/A 码所得到的信息又可以方便地捕获

P码，所以，通常称C/A码为捕获码。C/A码的码元宽度较大。由于其精度较低，所以称C/A码为粗精度码。P码的码长较长，一般是先捕获C/A码，然后根据导航电文中给出的相关信息捕获P码。P码的码元宽度为C/A码的1/10，可用于较精密的导航和定位，称为精密码。

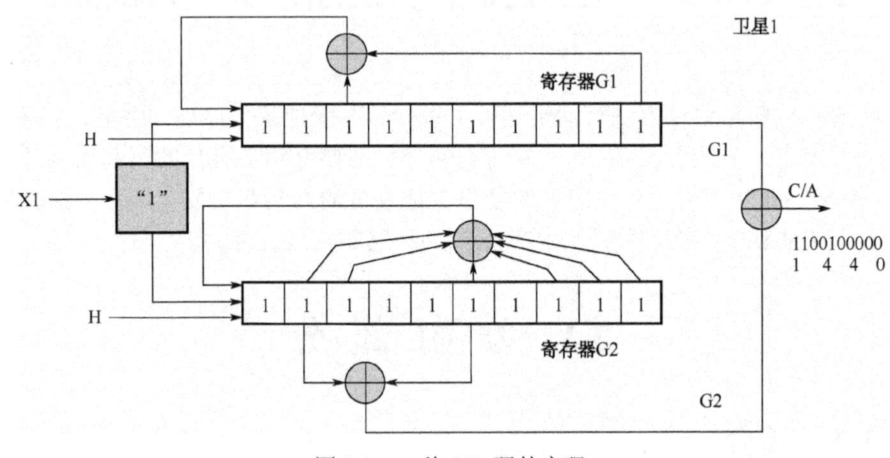

图3.1　一种C/A码的实现

2. GLONASS信号

GLONASS码和GPS码不同的是，不需要很强的互相关特性。C/A码是9bit最大长度LFSR。时钟频率为0.511MHz（是GPS C/A码的一半），码长为1ms（511码元）。码长更短的话可以实现快速捕获，只需要511个码移位。P码是一种军用码，任何官方文件都没有关于它的详细描述。P码的时钟频率是C/A码的10倍，即5.11MHz（C/A码和P码的时钟频率之比与GPS的时钟频率之比相同）。P码是25bit最大长度的LFSR，因此完整的码长为55 554 432个码元，完整码的持续时间为6.57s。GPS的P码是被截短之后的码序列，GLONASS P码序列截短后持续1s。P码比C/A码长得多，具有更好的相关特性，因此在噪声环境中具有更好的跟踪性能，但同时意味着捕获将更加复杂，因为目前1s内可能有5.11×10^6个码移位。

3. Galileo信号

Galileo码也是由LFSR产生的，但是基于两层连续结构，即一个被称作“主码”的短持续码调制（模2加），一个被称作“次码”的长持续码。产生码的等效持续时间与长码（次码）的一样，具有很好的抗干扰性能，并且仍然可使用主序列来实现快速的粗捕获。Galileo码的结构如图3.2所示。主码是25bit的Gold码，次码长度暂定为100个码元长度的序列。表3.1列出了各种Galileo信号的码长。注意：所谓的“导频信号”（或“导频音”）的实现码长为100ms，而不含数据的L1信号，持续25ms，这是因为主码（只有 4092 个码元）是经过截短处理产生的。表 3.1 中并没有给出 PRS 的相关特性，这是因为它并不对外公开。各种码持续时间都充分考虑了码速率。例如，L1 信号的码速率是 1023Mcps（百万码元每秒），从而完整的 4092 码长需要 4ms，而 E5 频带完整序列持续 20ms，其码速率是 L1 信号的 10 倍，为 10 230Mcps。

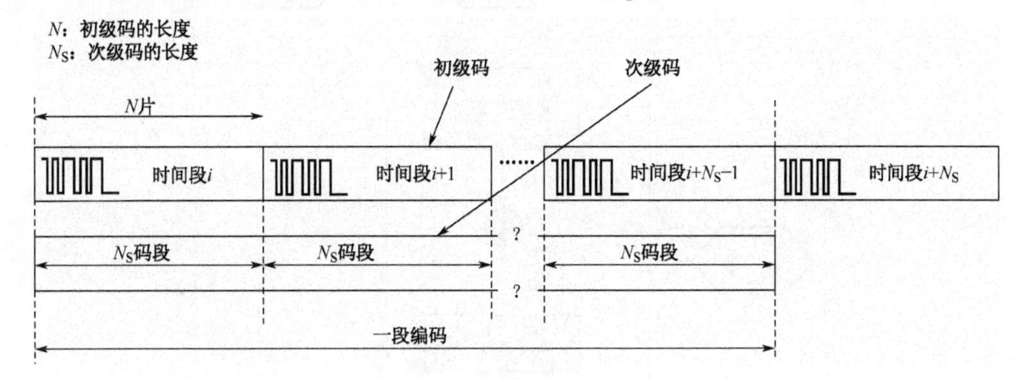

图 3.2　Galileo 编码实现

表 3.1　Galileo 编码结构

信　号	主　码 长度（码元）	次　码 长度（码元）	总持续时间 （ms）
E5a 数据	10 230	20	20
E5a 导频	10 230	100	100
E5b 数据	10 230	4	4
E5b 导频	10 230	100	100
E6c 数据	5115	NA	1
E6c 导频	5115	100	100
L1 数据	4092	NA	4
L1 导频	4092	25	100

3.1.2　码的结构及生成

本节主要介绍卫星端信号生成方法，主要介绍基本原理，以 GPS L1 C/A、L1 P 和 L2 P 为例来说明。

第一步是产生 P 码（如图 3.3 所示），用于所有码的同步。

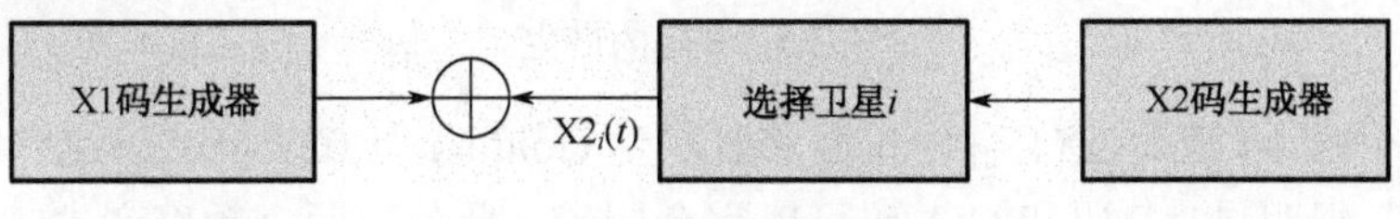

图 3.3　P 码的产生原理

第二步（如图 3.4 所示）由获得 P 码的特征事件 X1 组成，目的是使所有卫星产生的码完全同步，码的产生同样要与原子钟驱动振荡器同步，从而产生了 P 码（如图 3.5 所示）。

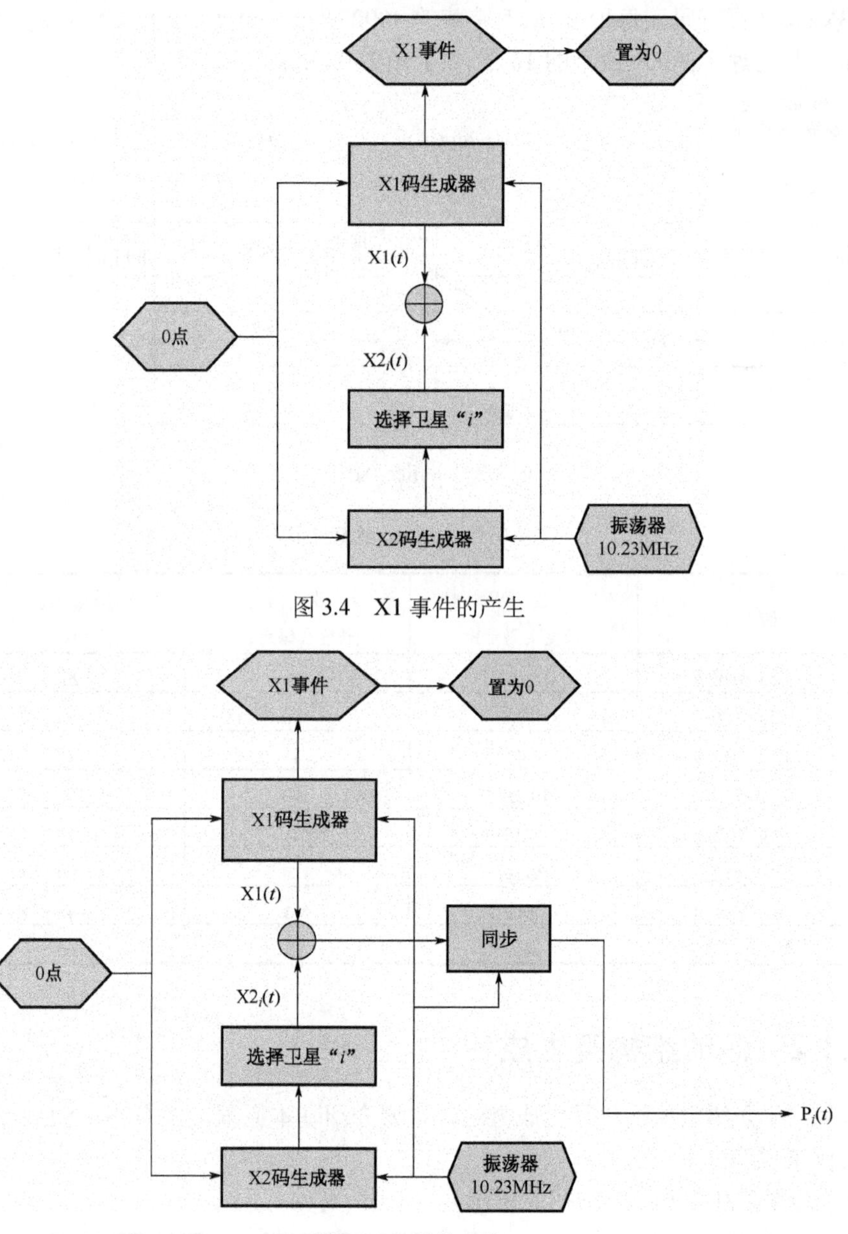

图 3.4　X1 事件的产生

图 3.5　P 码的产生

通过一个除 10 函数，X1 事件和振荡器产生 Gold 码，1.023MHz 码速率即 C/A 码所需的码速率。很明显，P 码和 C/A 码可以完全同步。此外，两个频率产生的码也可以在发射机端完全同步，如图 3.6 所示。

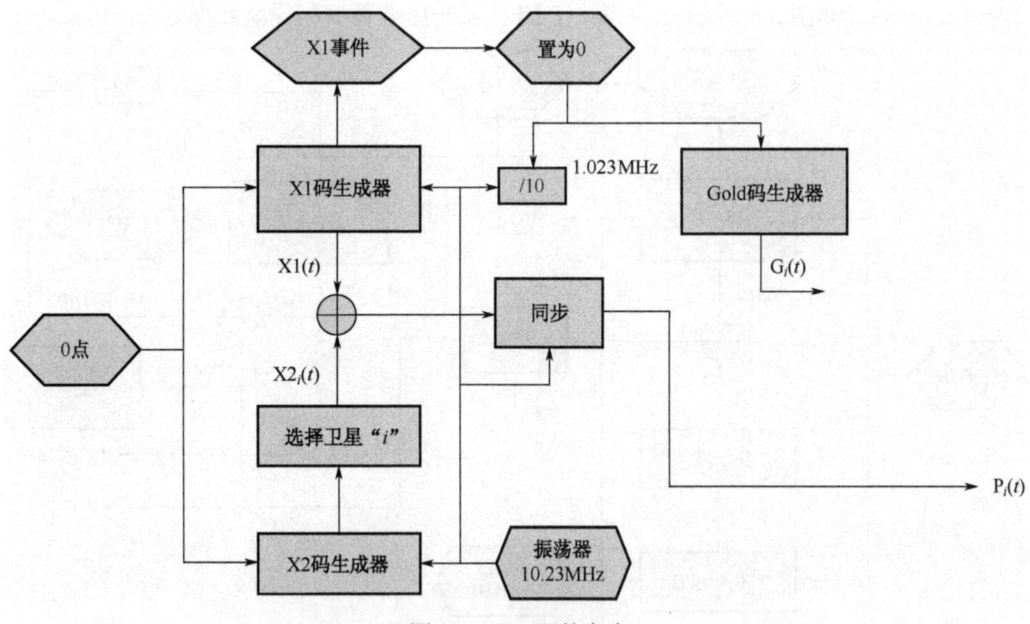

图 3.6　C/A 码的产生

在码的基础上再深入一步，就要考虑 GNSS 信号的另一个重要参数——导航数据，数据速率为 50Hz，并且为了实现跟踪和捕获的最优化就需要对测距码进行同步。图 3.7 给出了 C/A 码和所谓的 G 事件产生新频率的方法（基于 C/A 码的特殊结构即每秒重复一次）。

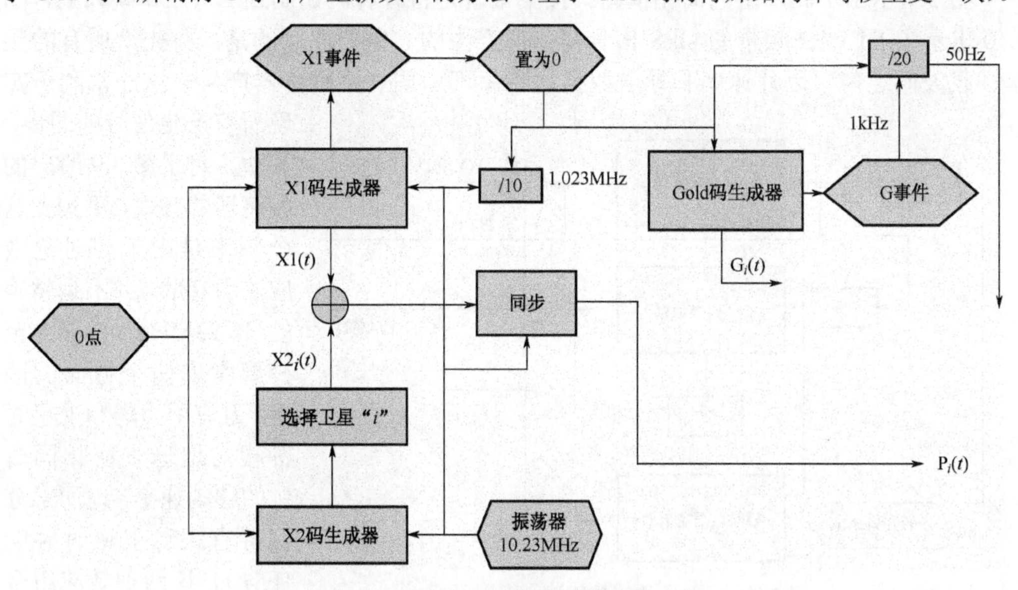

图 3.7　50Hz 导航数据比特率的产生

全局码附加数据信号可以通过模 2 加完成，如 L1 载频上的 C/A 码和 P 码，以及 L2 载频上的 P 码（如图 3.8 所示）。注意，P 码可以选择是否调制导航数据。

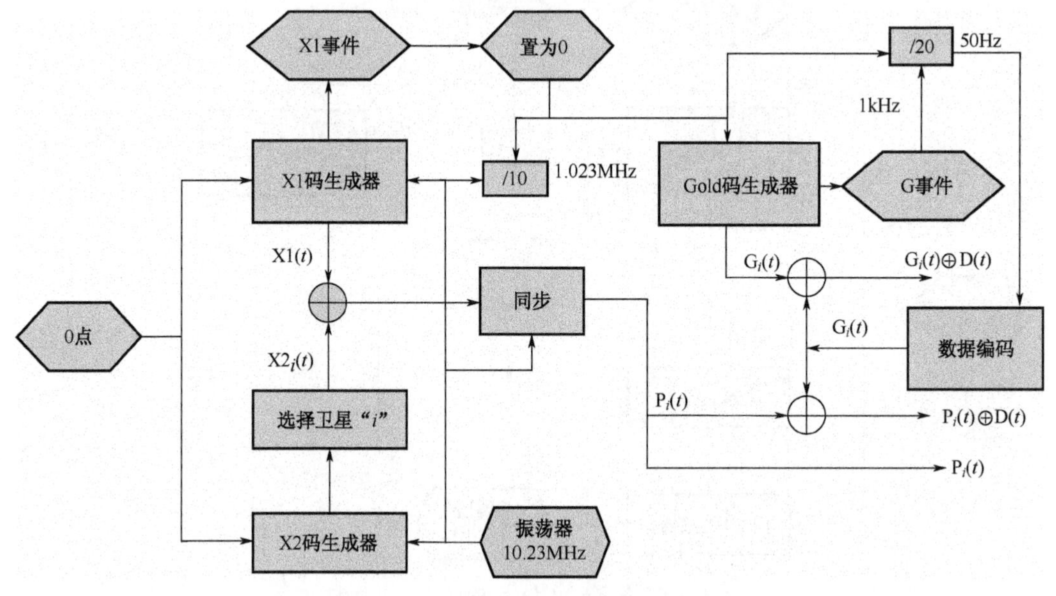

图 3.8 C/A 码、P 码和导航数据的产生

3.1.3 信号的结构及生成

图 3.9 示出了码产生的简化框图。接下来就是将各种码调制到 L1、L2 载频上。图 3.10 出示了 L1、L2 频带的 GPS 信号是如何产生的。需要注意的是，首先，所有的频率、载波码速率、码片速率和导航数据比特率都由同一个振荡器产生，这非常利于实现所有产生信号的同步。其次，对于图 3.9 给出的振荡器的频率，事实上这个频率是由于相对论效应才引起的，并不是精确的 10.23MHz。实际上至少要考虑两个方面的因素：万有引力场和卫星时钟相对地球表面相同时钟的移动速率（地面部分保持有跟踪卫星时钟的任务）。这两种效应组合

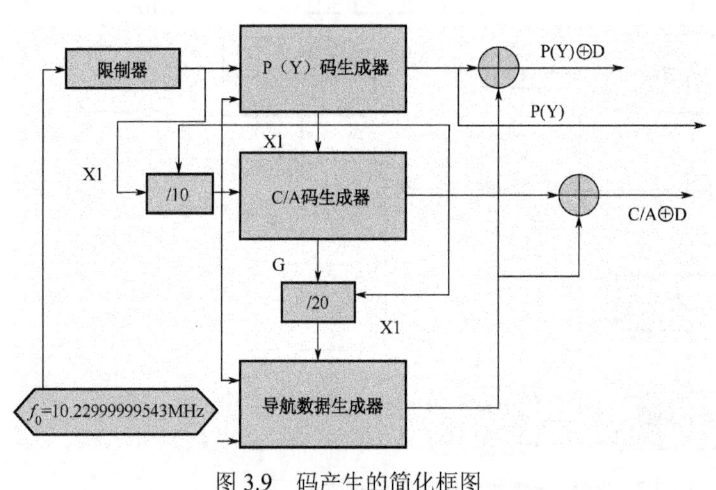

图 3.9 码产生的简化框图

起来可以产生大小为 4.45×10^{-10} 的误差，使得卫星时钟比地面上的时钟走得更快。与其不得不在接收机端将这种因素考虑在内，倒不如通过调整中心振荡器的频率在卫星端处理相对论效应，因此，用 10.229 999 995 43MHz 代替理论上的 10.23MHz。

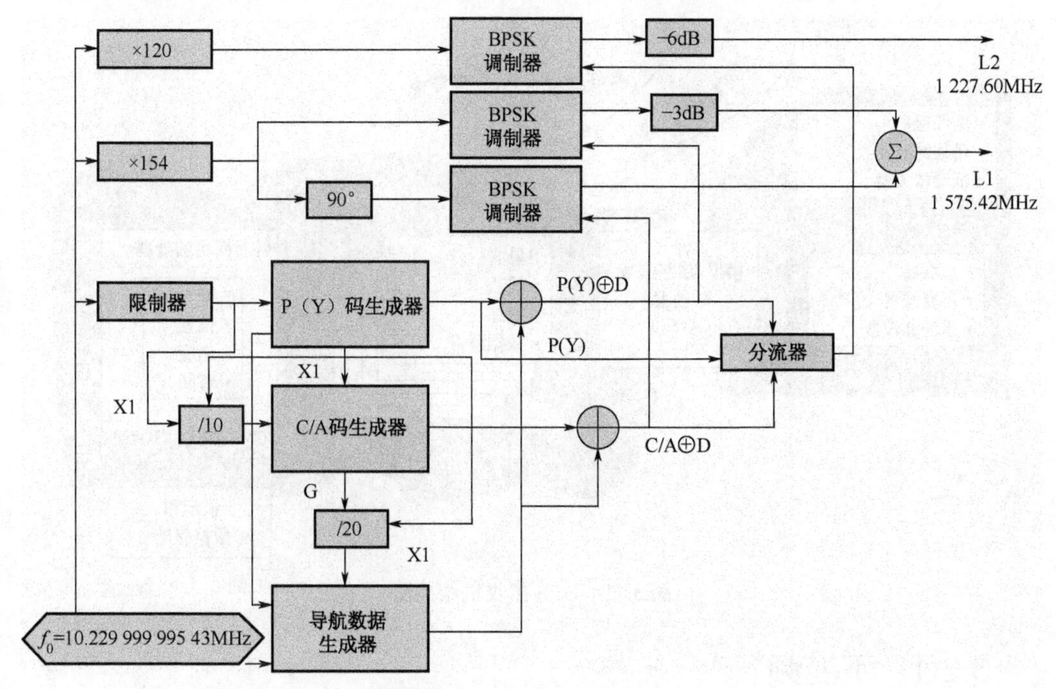

图 3.10　信号产生简化框图

3.2　信号的调整

卫星信号从卫星发射端经过大气层传到地球上后，其信号已经变得非常微弱，但接收机仍然有能力捕获到这个微弱的信号，并从中解算出用户所需的位置、速度和时间信息。

卫星上的 GPS 信号可以表示为：

$$s(t)=\sqrt{2P_{\text{tmt}}}D(t)x(t)\cos(2\pi f_L t+\theta_{\text{tmt}}) \tag{3.1}$$

接收机接收到的信号表示为：

$$r(t)=\sqrt{2P_{\text{rcv}}}D(t-\tau)x(t-\tau)\cos\left(2\pi(f_L+f_D)t+\theta_{\text{rcv}}\right)+n(t) \tag{3.2}$$

式中，$P_{\text{tmt}} >> P_{\text{rcv}}$。下标 tmt 和 rcv 分别代表“发射信号”和“接收信号”。

为了使接收机能够捕获微弱信号，接收机结构设计为多级系统，如图 3.11 所示。接收机的第一级即接收机前端对信号进行调整，以便后续进行数字处理。信号调整部分，本书只介绍下变频、镜像频率和信号采样，想要了解其他调整部分的内容，可以查阅相关书籍和资料。

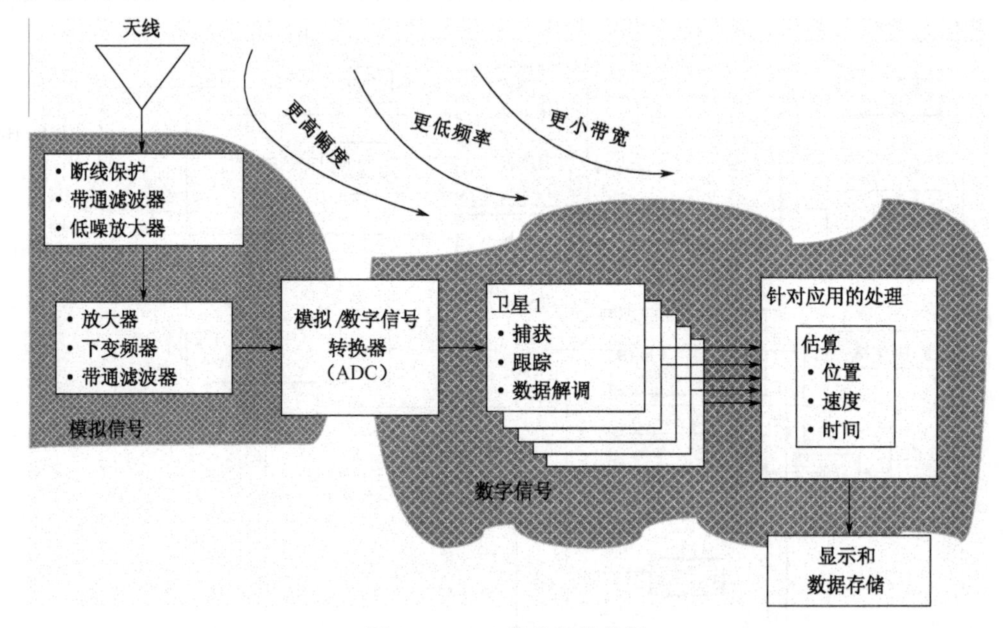

图 3.11 GPS 接收机结构图

3.2.1 下变频

下变频的转换基于三角恒等式：

$$(A\cos\alpha)(B\cos\beta)=\frac{AB}{2}\big(\cos(\alpha+\beta)+\cos(\alpha-\beta)\big) \tag{3.3}$$

式中，$A\cos\alpha$ 表示接收到的信号，$B\cos\beta$ 表示接收机产生的参考信号。

$$\begin{aligned}A\cos\alpha&=\sqrt{2C}x(t-\tau)D(t-\tau)\cos\big(2\pi(f_L+f_D)t+\theta\big)\\B\cos\beta&=\sqrt{2}\cos\big(2\pi(f_L-f_{IF})t+\theta_{IF}\big)\end{aligned} \tag{3.4}$$

接收到的信号强度用符号 C 表示。C 表示接收到的功率 p_{rcv}，其强度通过天线增益被放大，通过实现过程损耗而降低。接收到的信号频率位于卫星发射频率 f_L 附近，它也有多普勒频移 f_D（Hz）和相移 θ。本地产生的信号频率为 f_L-f_{IF}，其中 IF 代表中频。该信号也有相移 θ_{IF}，其取值相对于收到的卫星信号相位是随机的。最后，该信号的振幅比接收到的信号振幅大得多。将该振幅设为 $\sqrt{2}$，以简化下面的运算过程而又不失其通用性。总而言之，噪声和信号具有相同的缩放因子，所以可以选一个比较简单的系数。

如式（3.3）所示，接收到的信号与参考信号的乘积由两部分组成。一个称为和项，它的频率等于两个输入频率之和；另一个称为差项，它的频率等于两个输入频率之差：

$$\frac{AB}{2}\cos(\alpha+\beta)=\sqrt{C}x(t-\tau)D(t-\tau)\cos\left(2\pi(2f_L-f_{IF}+f_D)t+\theta+\theta_{IF}\right)$$
$$\frac{AB}{2}\cos(\alpha-\beta)=\sqrt{C}x(t-\tau)D(t-\tau)\cos\left(2\pi(f_{IF}+f_D)t+\theta-\theta_{IF}\right) \tag{3.5}$$

多普勒频移 f_D 比频率 f_L 小得多，选择的 f_{IF} 通常也比 f_L 小得多。因此，$2f_L >> f_{IF}$，且带通滤波器（BPF）滤除掉了和项，只允许中频 f_{IF} 附近的信号通过。显然滤波后的信号为 $(AB/2)\cos(\alpha-\beta)$，等于下变频处理后的接收信号。这个相乘和滤波的过程称为混频。

大多数接收机使用一级或多级变频，放大过程被分配到多个频率。图 3.12 中的接收机包括两级中频，放大操作在载波频率和两个中频上进行。

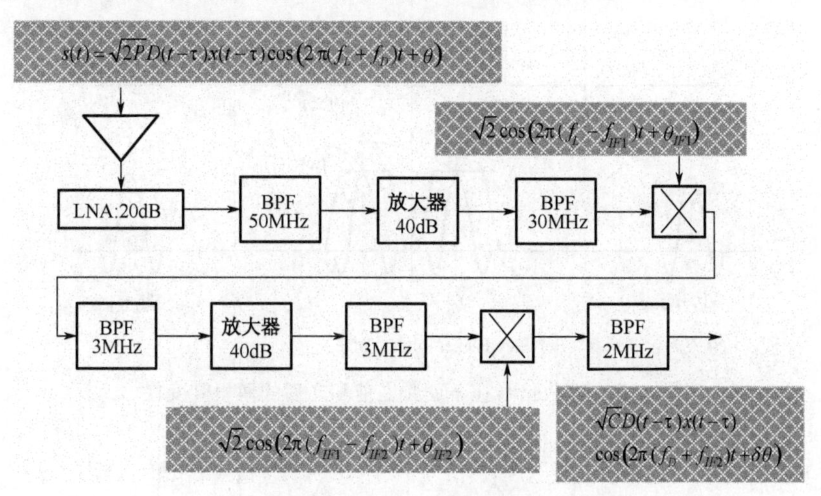

图 3.12　多个混频器和中频级的接收机结构

3.2.2　镜像频率

上述混频过程可以使用傅里叶变换来分析。傅里叶变换的调制特性对此特别有帮助，这个特性是：

$$F\left\{a(t)\cos(2\pi f_0 t)\right\}=\frac{A(f-f_0)}{2}+\frac{A(f+f_0)}{2} \tag{3.6}$$

在卫星上，与频率为 f_0 的正弦函数相乘的操作将 $A(f)$ 分成两部分，其中一半的频率上移 f_0，另一半的频率下移相同的量。在接收机上，混频将两个输入部分的每一个再分成两部分。如图 3.13 所示，接收机将输入频谱分离成了 4 部分，分别位于 $\left\{-2f_L+f_{IF},-f_{IF},f_{IF},2f_L-f_{IF}\right\}$。这些信号中，只有频率 $\left\{-f_{IF},f_{IF}\right\}$ 上的信号能够通过带通滤波器。

镜像频率是有别于 f_L 但在混频过程中也被变换到中频的信号。如图 3.14 所示，它们位于频率$\{-f_L+2f_{IF}, f_L+2f_{IF}\}$处。这些频率通常位于为 GNSS 预留的频带之外，包含的信号可能比 GNSS 信号强得多。毕竟，GNSS 信号很可能比地面产生的信号弱得多，由于这个原因，接收机前端在下变频前必须大大削弱镜像频率上的信号。这对接收机的前端滤波器来讲是个关键需求。

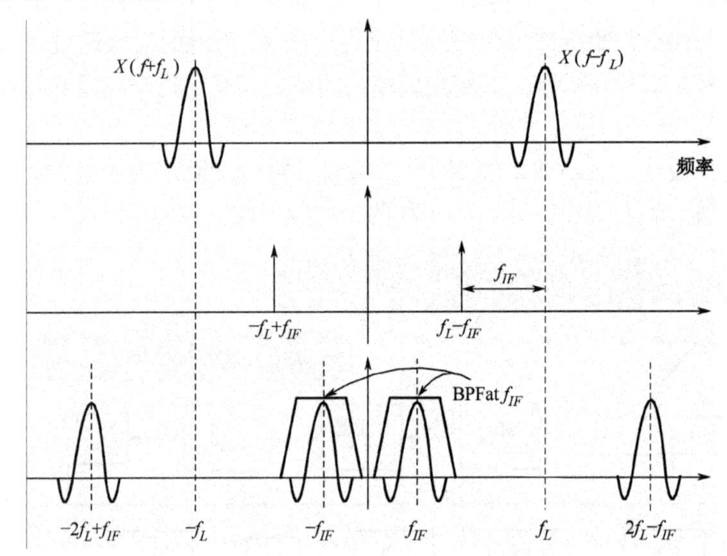

注：柏克莱封包过滤器（Berkeley Packet Filter，BDF）

图 3.13 接收信号在下变频之前和之后的傅里叶变换

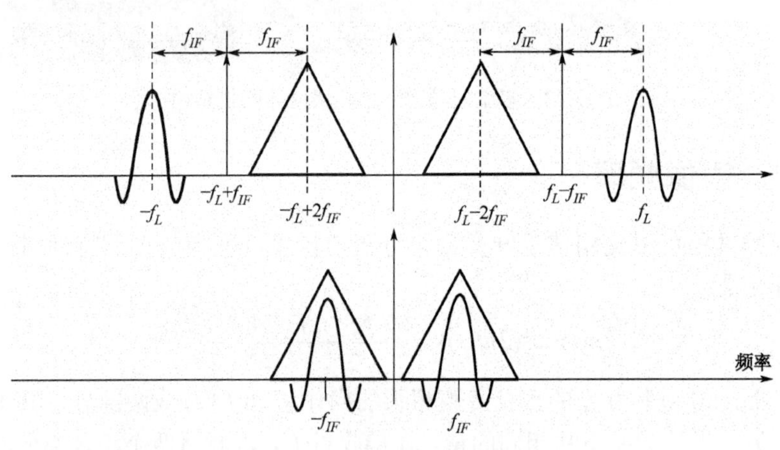

图 3.14 在下变频前去除镜像频率

3.2.3 采样

在变换器中，接收到的信号为模拟量，这是在连续时间上定义的连续值，波形如

图 3.15 所示。变换完成后，接收到的信号从模拟量被转换为数字量。这个变化过程的模型如图 3.16 所示，其中模拟量与采样波形相乘，生成的信号在时间上是离散的，但是振幅是连续的。

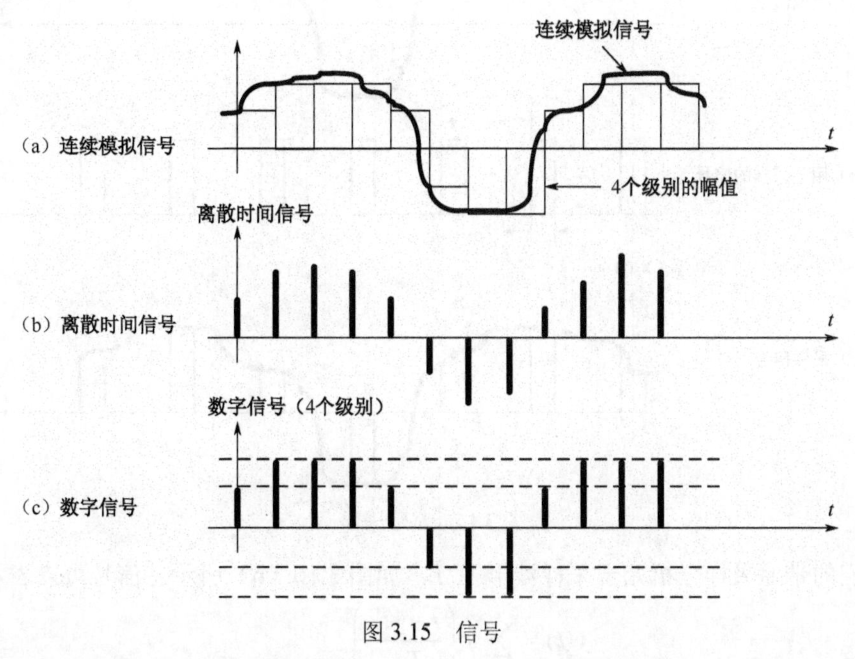

图 3.15　信号

模数转换器将输入信号的振幅也离散化。例如，1 位转换器只是简单地送回输入信号的符号。这很简单，但会导致在噪声中微小的性能损失。当 1 位 A/D 用于存在窄带射频干扰时，SNR 的损失更大。

许多 GNSS 接收机使用 2 位 A/D 变换，形成如图 3.15 所示的 4 级量化。这种接收机不会比无量化的接收机遭受更多的信噪比损耗，但是它们需要自动增益控制（AGC）。自动增益控制位于 A/D 前端，控制输入信号的振幅，确保信号振幅分布于 A/D 量化值之间。

图 3.16 所示的波形 $y(t)$ 的采样率比被采样信号 $x(t)$ 的变化率更高。如果采样率足够高，那么采样就能够用于真实地重构 $x(t)$ 。如果 $x(t)$ 在频率 f_{UP} 之上没有能量，那么它能够通过高于 $2f_{UP}$ 的采样率被重构。这种基于信号最大频率的采样方法称为基带采样。

带通采样是基带采样之外的另一种方法，越来越多地被应用于 GNSS 接收机。它根据带通信号的统一采样定理，将采样任务和下变频任务进行组合。如果 $x(t)$ 的上限频率为 f_{UP} ，带宽为 B ，那么它能够通过 $2f_{UP}/m$ 的统一采样率来重构信号，其中 $m=\lfloor f_{UP}/m \rfloor$，$\lfloor \bullet \rfloor$ 表示不超过变量的最大整数。采样率现在或多或少由信号带宽所左右，而不是基于它的最高频率。

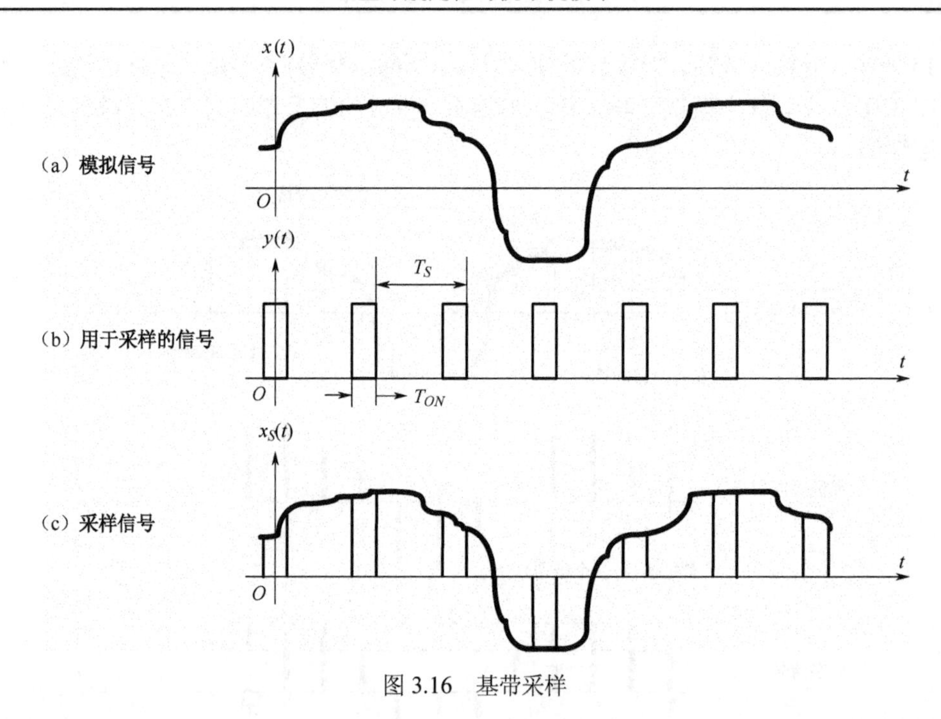

图 3.16　基带采样

我们的带通采样分析始于采样波形 $y(t)$，如图 3.16（b）所示。信号可以表示为：

$$y(t)=\sum_{j=-\infty}^{\infty}p\left(\frac{t-\mathrm{j}T_S}{T_{ON}}\right) \tag{3.7}$$

式中，$p(t)$ 为基本的矩形脉冲波；$y(t)$ 为脉冲序列；T_S 为采样之间的时间间隔；T_{ON} 为采样波形的作用时间。那么傅里叶级数是：

$$\begin{aligned}y(t)&=\frac{T_{ON}}{T_S}\left(1+\sum_{n=1}^{\infty}\frac{2\sin(\pi nf_ST_{ON})}{\pi nf_ST_{ON}}\cos(2\pi nf_St)\right)\\&=\frac{T_{ON}}{T_S}\left(1+\sum_{n=1}^{\infty}2\sin c(\pi nf_ST_{ON})\cos(2\pi nf_St)\right)\end{aligned} \tag{3.8}$$

现在从采样波的傅里叶变换中可以很容易得到：$y(t)$ 是一系列余弦函数之和。

$$Y(f)=\frac{T_{ON}}{T_S}\left(\delta(f)+\sum_{n=1}^{\infty}\sin c(\pi nf_ST_{ON})\big(\delta(f-nf_S)+\delta(f+nf_S)\big)\right) \tag{3.9}$$

图 3.17 示出了这个函数和原始采样函数。可以看到，$Y(f)$ 由梳状的系列 δ 函数组成。梳状波形的振幅经过 sinc 函数调制。调制 sinc 函数的第一个零点位于 $f=\pm1/T_{ON}$。在这个部分的讨论中，假定 T_{ON} 较小，并忽略 sinc 函数慢速的变化。实践中，T_{ON} 只要比中频周期小即可。

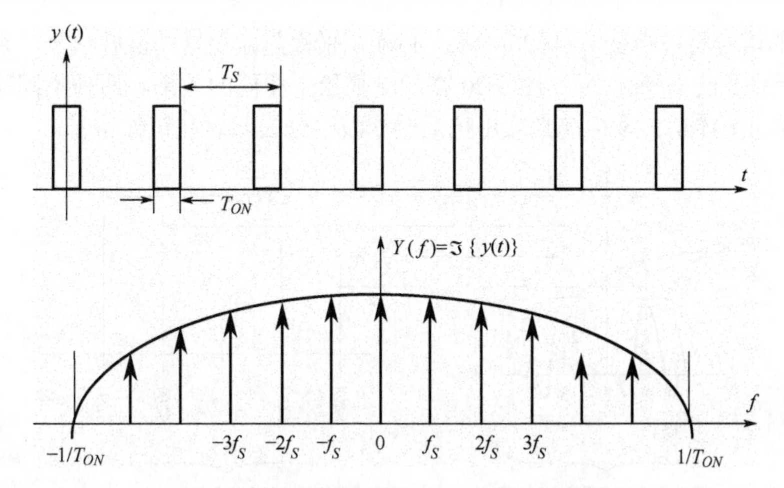

图 3.17　用于采样的波形及其傅里叶变换

对照图 3.17 所示的梳状函数和前面描述的正弦本地振荡器产生的图 3.13 中所示的函数。余弦波生成的两个原始频谱的混叠，形成了图 3.13 底部图形所示的频谱。当前的采样信号 $y(t)$，为图 3.17 底部图形的每一个脉冲产生了一对响应。这看起来有点混乱，但是如果选好采样频率，就能取得良好的效果。

举例来说，假设采样频率 f_S 为 100 Msps 。中心位于 1575MHz 的 GPS 频谱将被上移和下移到 $1575 \pm 100n$ MHz（其中，n 为整数），生成位于 $\{\cdots,-1625,-1525,\cdots,-25,75,175,\cdots,1475,1575,\cdots\}$ MHz 的序列；位于−1575MHz 的频谱将被频移到−1575±100nMHz（其中，n 为整数），生成位于$\{\cdots,-1675,-1575,\cdots,-75,25,125,\cdots,1425,1525,1625,\cdots\}$MHz 的序列。我们最感兴趣的是频率最低的序列，即被变频到 ±25 MHz 的采样波形。这些信号位于图 3.18 中的原点附近。在接收机中要对这些信号做进一步处理，但是必须将它们从大量带通采样造成的镜像信号中分离出来。

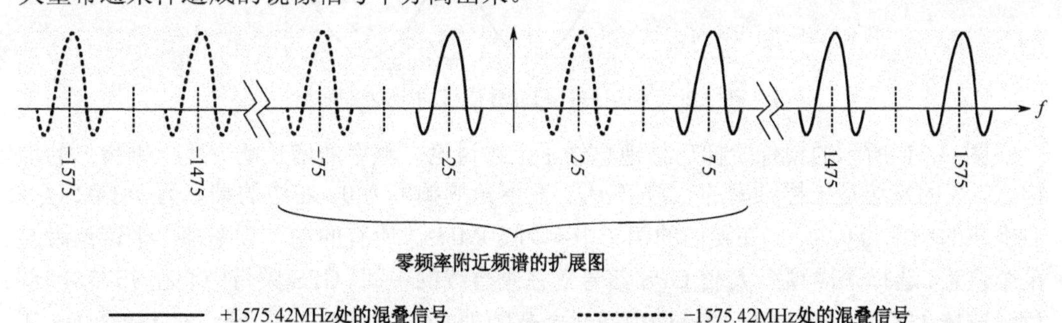

图 3.18　带通采样产生的混叠信号的频谱

靠近 1575MHz 的镜像如图 3.19 所示。可以看到，任何靠近 1525MHz 或 1625MHz 的信号通过 100Msps 的采样后其频率将被下变频到 25MHz。任何靠近 1475MHz 或

1675MHz 的信号将被下变频到-25MHz。必须在采样前减弱这些混叠信号，否则它们会大肆破坏所需要的 GPS 信号。图 3.20 在时域描绘了相同的效果。两种不同频率的信号能产生同样的采样集。采样前必须用抗混叠滤波器来去除这些镜像信号。

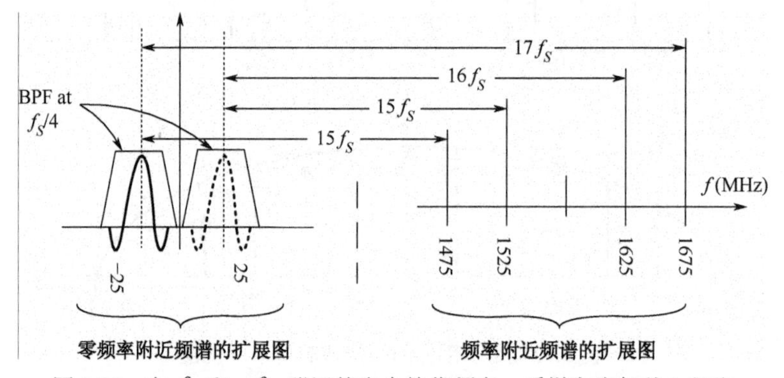

图 3.19　在 f_{L1} 和 $-f_{L2}$ 附近的多个镜像频率，采样率为每秒 1 亿次

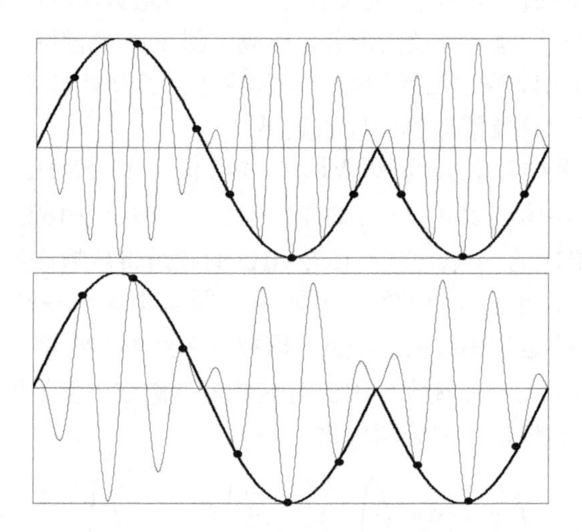

图 3.20　期望信号和混叠信号的带通采样

图 3.21 所示的镜像阶梯巧妙地总结了上述讨论。频率的增长就像爬上锯齿形的阶梯。锯齿的左边是采样频率的整数倍 nf_S，左下角的频率为 0。右边的频率为 $(n+0.5)f_s$，右下角的频率为 $0.5f_S$，在我们的例子中即为 50MHz。所有的输入频率都位于该锯齿的某个位置。选择采样频率 f_S 使 GPS 信号落在垂直线的中间。GPS 频带中心在 1575MHz，位于连接 1550～1600MHz 的横档中间。完整的带宽从 1565MHz 开始，在 1585MHz 结束，如图 3.21 中粗实线标记。

带通采样过程对所有输入信号都会产生混叠，并将它们下滑到梯子底部的横档上，所以位于 1575MHz 的 GPS 信号直接下变频到 25MHz。然而，中心位于 1625 MHz、

1675 MHz 等处的镜像信号也变频到该点。这个巧妙的可视化工具被命名为镜像阶梯。

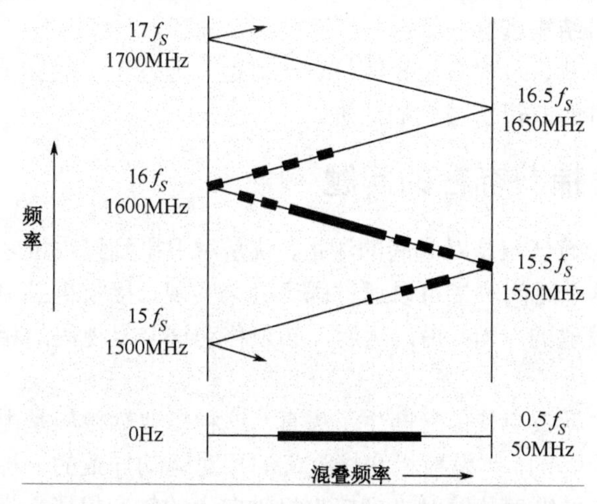

图 3.21　当带通采用率为每秒 1 亿次时的镜像阶梯

这个工具也使抑制镜像频率所需的滤波器可视化。理想的滤波器能够通过频率为 1565～1565MHz 的信号，阻止频率为 1615～1635MHz 和 1515～1535MHz 的信号。位于这两个阻带内的任何信号下滑到阶梯底部时，都会落在 GPS 混叠信号上。图 3.21 中的虚线区是过渡带，滤波器的衰减从通带到阻带不断增大。要去除这些镜像，滤波器在这些区域的衰减需要不断增强。

总结起来，镜像阶梯展示了 4 个频率区域。从底部横档开始，粗线表示希望得到的 GPS 输入信号的混叠。往上的锯齿形细线表示为了去除镜像需要滤掉的频率。当输入频率继续增加时，粗虚线表示过渡区的频率，滤波器开始让在这些区域不干扰 GPS 的信号通过。粗实线包含了需要的 GPS 频段。输入滤波器应该让这个区域内的信号没有显著衰减地通过。当频率继续增长后，重新进入过渡带并最终回到阻带。

3.3　接收机结构

GNSS 定位的关键是得到最好的可能测量结果，也就是最精确的测量结果，这样才能提供具有最优精度的定位服务。其实，只要测量结果是完全精确的，定位就会是正确的。遗憾的是，有许多种误差源会造成测量结果不精确。还有一部分误差是由接收机自身的电子器件和信号处理单元造成的，这会增加处理的难度，因为信号不像原来想象的那样纯净。多径、低功率电平或交叉信道（不同的卫星）也可能造成这种问题。另外，由于多普勒频移的存在，信号必须在频率和相位二维区域内搜索，一方面是由于卫星的运动和接收机的移动引起的多普勒频移；另一方面是由于从卫星到接收机的传播延迟导致的相移。当然，这两种搜索（即多普勒和时间）也是位置解算时需要的最基本的参数。本节主要基于接收机结构进行介绍。

人们为了解决捕获、跟踪GNSS信号这一难题，近些年已经尝试了很多种方法，并且确实在定位结果方面取得了很大的改进。

3.3.1 信号捕获存在的问题

最基本的测量参数当然是对时间的测量，就是对卫星到接收机之间的距离估计所需要时间的测量值。这个时间测量可以通过码序列来实现，接收机必须首先复现由接收机捕获的那颗卫星所发射的 PRN 码，然后，必须移动这个复现码的相位，直到与卫星的 PRN 码相关为止。

遗憾的是，多普勒效应使信号产生了失真。这种多普勒效应是由卫星或接收机移动或者两者同时移动引起的，是发射机和接收机的相对运动导致的一种物理的挤压或信号的扩张。它是速度向量沿着从发射机到接收机轴向上的轴向投影特性。由于这种失真是物理意义上的失真，意味着这也适用于载波及调制到载波上的各种码，因此也会导致码的失真，这一点必须考虑到。这种效应可能会造成码长的变化。如果没有考虑这种影响，相关性就可能不是最佳的，求出的传播时间也就不够精确。所以非常有必要采取一种方法来将收到信号的频率考虑在内。因此，接收机的基本结构必须同时实现频率搜索（多普勒频移Δf）和时间搜索（传播时间$\Delta\tau$）。

下面估计一下这两种搜索域的大小。卫星的多普勒频移，从卫星出现在水平面以上的那一刻到它消失在水平面的另一侧，如图 3.22 所示。这条典型曲线描述了卫星出现后先靠近接收机，后经过接收机，最后远离接收机的过程。卫星靠近接收机时，多普勒频移为正；经过接收机时，多普勒频移为零（当卫星位移方向与接收机与卫星之间的轴相切时）；远离接收机时，多普勒频移为负。注意图 3.22 给出的多普勒频移是相对于初始发射值的频率差。

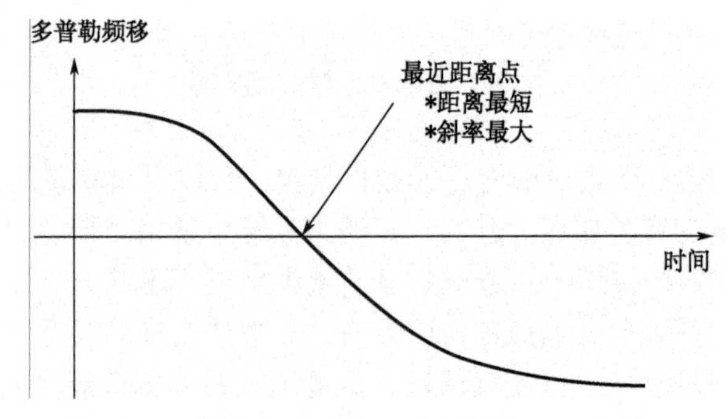

图 3.22　在固定位置得到的典型卫星多普勒频移曲线

通过对速度向量最大值投影的简单计算（也应加上地球的自转）可以获得多普勒频

移的典型区间。图 3.23 为需要考虑的几何结构。在这样一个例子中，多普勒频移的较大值在±5kHz 之间。另外，必须加上由位移引起的多普勒频移的相应量，以及接收机本地振荡器的漂移效应。典型的累积结果值是±10kHz。

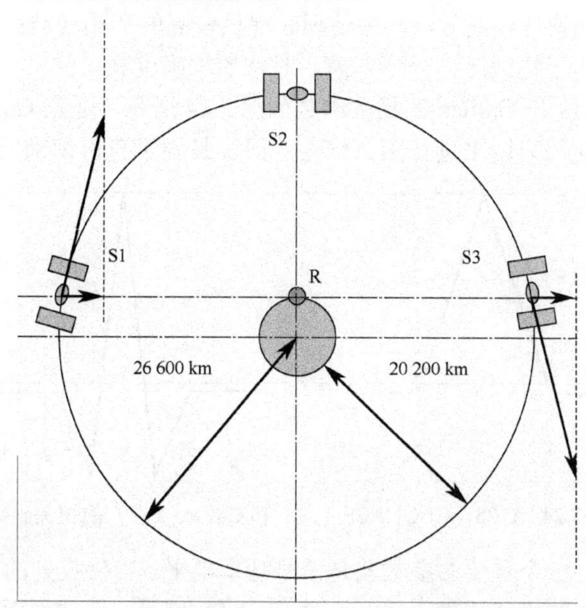

图 3.23　多普勒频移最大值的计算

时间方面稍有不同，因为它依赖于码的结构、长度和比率。最初的方法主要是考虑使不同时移的数量与码元数目一样多。以 GPS 的 L1 频段 C/A 码为例来说，就有 1023 个时移。Galileo L1-B 就有 4096 个时移。对于 GLONASS 的 C/A 码，有 511 个时移。另外重要的就是相当于码长度的持续时间。对于 GPS 的 C/A 码，码持续时间为 1ms，与 GLONASS 的 C/A 码持续时间相同，而 Galileo 的 L1-B 码持续时间为 4ms，码速率都是 1.023MHz。直接的影响就是对于 GPS 和 GLONASS 搜索域都是 1ms，分别是 1023 个时隙和 511 个时隙。Galileo 的 L1-B 码的搜索域在长度上是 4ms，共 4092 个时隙。这种简单的方法可以看出信号搜索的第二个基准线时间将随不同的码而取不同的值。

真正的信号搜索是多普勒与时间搜索的组合。信号搜索的困难之处在于二维搜索区域太大了。由于信号中有实际信号的存在，还有噪声源存在，判断真正的信号尖峰非常困难。

实际的信号是测距码、识别码和导航信息的组合，但是在捕获过程中仍然存在一个约束条件，就是锁定信号的时间。在 GPS 中，导航数据率为 50bps，也就是说每 20ms 导航信息的比特位就会改变，这时，信号的所有部分都已经同步了，这种变化是指载波和测距码相位的改变。这样会使码序列完全改变（反相），因为测距码和导航数据是模 2 相加的。对于捕获来说这显然是一个问题，除非接收机能够知道数据比特发生了改变。

因此，GPS 接收机只有 20ms 的时间去锁定卫星。对于某些 Galileo 信号这个时间甚至更短，因为导航信息数据率高达 250bps 甚至 1000bps。

很容易理解，对于搜索来讲，相关函数是相当重要的。一个好的相关函数应该实现：方法简单，响应时间快速；高效，相关处理时提供较高的变频增益；对非相关信号的抑制能力强，降低噪声干扰效应；分辨率高，时移的精确度高。

GPS、GLONASS 和 Galileo 的相关函数如图 3.24 所示。注意 Galileo 的相关函数非常特别，这是因为该码只用来进行距离修正，而不是用于身份识别的。

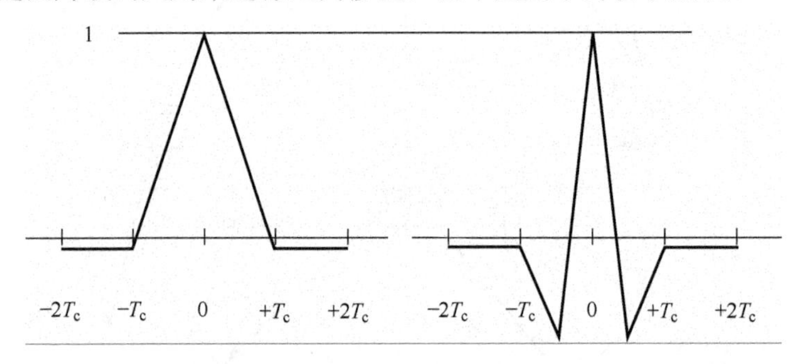

图 3.24　GPS、GLONASS（左）和 Galileo（右）的相关函数

信号捕获中，另一个重要的参数就是信号功率电平。当接收到的 GNSS 信号功率电平较高时，相关函数的峰值质量会很好。对于 GNSS 信号，地球表面处的功率电平确定在-125～-137dBm 之间。增大当前的 GPS 信号功率电平是不可能的，因为不可能考虑去掉现有的星座来重新建设一个新的星座。人们已经找到了一个折中办法，就是增大新发射卫星的功率电平，而不会对已经存在的卫星产生太大的影响。早期的 GPS 与现在 GNSS 所面临的情况非常不同。那时太空中的星座几乎是独一无二的（基于卫星导航的星座），并且其生命周期主要依赖于卫星的发射功率。功率电平设定的可接受的典型值为-130dBm。GLONASS 略有不同，它需要与无线天文学共享频段，因此，较大幅度地增大功率电平更是不可能的，以免产生干扰。

为了捕获比较微弱的卫星信号，人们提出了另一个解决方法，就是增大码的长度来降低检测门限（相关函数的等效增益是关于码长度的函数），但是这是以增加捕获时间为代价的。尽管如此，这种方法与增大功率电平（大约几 dB）仍然一起被一些 Galileo 信号所采用。但是，增加码长必然会带来的麻烦就是，导航信息比特持续时间，这是捕获的另一个限制因素。人们利用复制信号的方法来提供“导频音”。这样用户接收到了两种相似的信号，只是相位上相差 90°，并且都具有测距码，但是只有一种信号是调制了导航信息的，而另外一种信号没有导航数据，可以长时间积分（由于没有较长的导航数据位，积分就没有时间限制）。这些导频信号已经在 Galileo 信号中得到了实现，同样在 GPS 的 L2 信号和 L5 信号中也会使用这种导频信号。

3.3.2　提高卫星信号功率电平的方法

现在开始了解接收机的硬件部分，介绍一些接收机实现的最初方法。第一个可用的接收机（如 GPS 接收机）采用基于串行接收的方法，按次序捕获某些卫星信号。这意味着要具有高性能的振荡器，或者能够高精度地跟踪振荡器相对于时间的漂移。实际上，接收机捕获并跟踪第一颗卫星后就将相应的伪随机序列存储下来，然后捕获并跟踪第二颗卫星，然后第三颗，等等。一旦跟踪到足够的卫星并将数据存储下来，就可以计算出位置、速度和时间信息。

当整个星座都在运行时，随着电子工业技术的发展，接收机的结构也取得了很大的进步，出现了并行接收的多通道接收机，可以同时捕获与跟踪多路信号。多年来，典型的就是 8 通道接收机。随着地球同步卫星的出现及接收机灵敏度的改进，大众市场 8 通道接收机改进成了 12 通道接收机，而专业领域的接收机有 14～16 个通道。必须明白这样的结构原理，对于每个通道来讲，它要处理某一颗卫星的时间与多普勒搜索。

多通道接收机可以通过并行处理来减少捕获时间。事实上，这可以通过给一颗卫星分配一些相关器来实现。假设有 1023 个可能的相关时间，而且有 1023 个并行相关器可用。通过在多个通道上解决所有的时间漂移来立刻判断出相关时间是有可能的。如果接收机有足够的通道，可以用接收到的几颗卫星进一步地实现。这样的设想起初仅用 32 000 个相关器就实现了，后来增加到多达 200 000 个并行相关器，Global Locate 及 u-blox 等公司已经生产了这样的 GPS 芯片，其最大的优点是可以实现快速捕获。其实，一旦捕获成功，跟踪就容易多了，并且不需要像捕获时那样的并行结构。然而，即使在跟踪阶段，这种方法也有助于减少多径，但这是以高功率损耗为代价的。

在 GNSS 信号的捕获阶段同时处理二维搜索的另一个方法就是进行复杂信号处理，如快速傅里叶变换（FFT）。这种方法是将信号转换到频域以便能快速计算出信号的多普勒频移。但是使用这种方法的功率损耗也很严重。

3.3.3　接收机无线电结构

GNSS 接收机以典型的无线电结构为基础，由天线和将辐射电场（入射波）转化成电功率信号的前端部件组成。电场是由两万米以外的卫星天线产生的。接收机天线之后，第一个电子元器件是低噪声放大器（LNA）。天线的信噪比在-15～-20dB 之间，因此导致信号远远低于天线接收到的噪声。若要在较好的条件下捕获信号，就不能使接收到的信号，因为衰减太大。因此，最好选择增益高且噪声系数小的电子器件。接下来是接收机的射频部分，这包括高频信号处理部分，通常将高频信号下变频到一个较低的频带上。注意高频信号只是载波使用的，因为高频信号具有优良的传播特性且所要求的天线尺寸相对较小。有用的信号是较低频率（测距码是 1kHz，导航数据是 50Hz）上的测距码和导航数据。

下变频完成后，信号被数字化并送到数字信号处理器（DSP），进行伪距提取、噪声抑制等处理。接下来就是提供完整的导航解，即位置、速度和时间（PVT 解）。最终的数据可通过接口传输出来作为其他应用需要的数据。图 3.25 给出了接收机的一种典型实现过程。

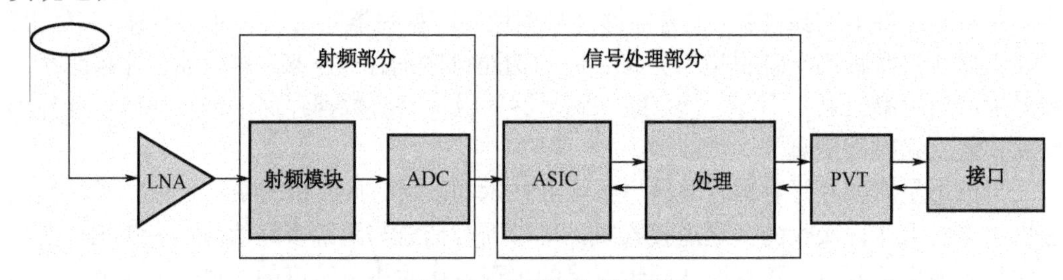

图 3.25　典型接收机简图

射频部分可以归结为下变频和多通道结构两部分，下变频部分是由本地振荡器和频率合成器组成的混频器。在图 3.26 中，多通道接收能力在数字部分完成，它也可以在射频部分完成，但这不是目前的典型结构。

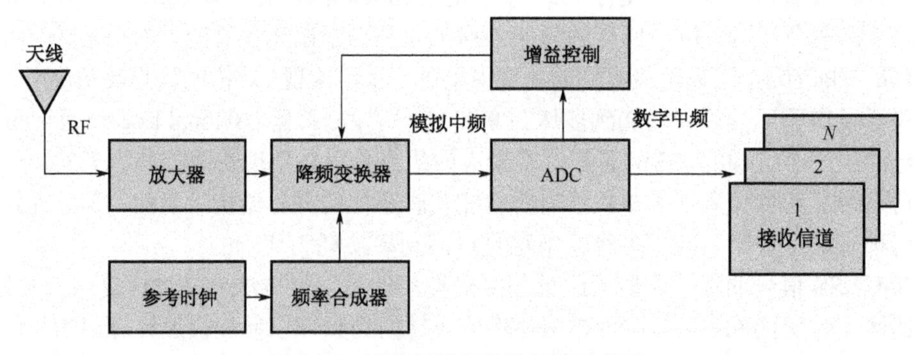

图 3.26　接收机射频部分结构示意图

图 3.27 是实现下变频的一个典型零差转换结构。在这个例子中，所谓的中频为 175.42MHz。模数转换器可以实现将 175.42MHz 的模拟信号转换到 24.56MHz 采样的数字信号。在输入端需要一些带通滤波器，本地振荡器的频率为 1400MHz，这样才可以得到 175.42MHz 的中频信号。在所有的无线电接收机中，本地振荡器是最基本的组成部分，在 GNSS 接收机中，尤其重要的是它为了应对信号的多普勒频移呈现出的频率捷变特性。另外，为了完成正确的相关，多普勒频移信息被发送到信号处理模块来调整复现码。

大多数接收机都采用超外差结构，连续进行两次下变频，如图 3.28 所示。图中的例子给出的是一些典型的值。接收机是 GPS C/A 码接收机，天线单元包括一个增益为 36dB、带宽为 50MHz 的低噪声放大器。图中最后一部分的最终带宽是 2MHz，即 C/A 码频谱的主瓣宽度。

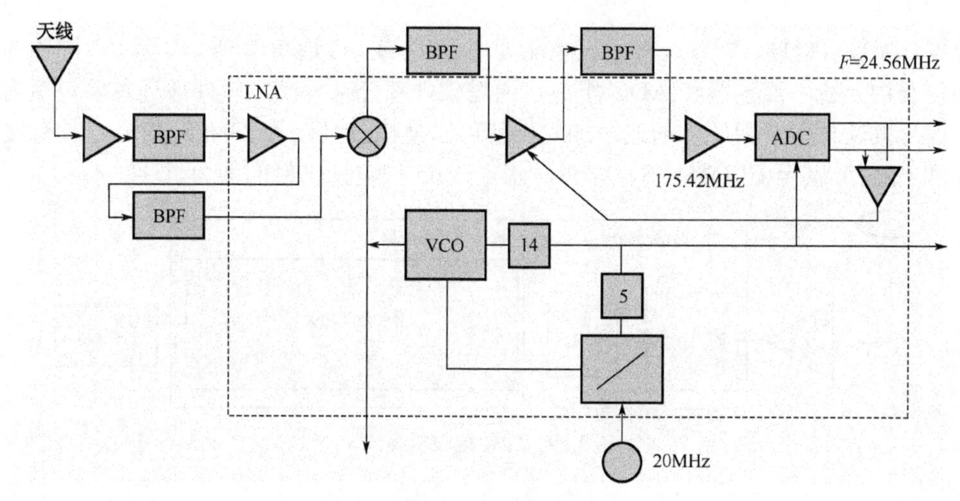

图 3.27　零差转换结构

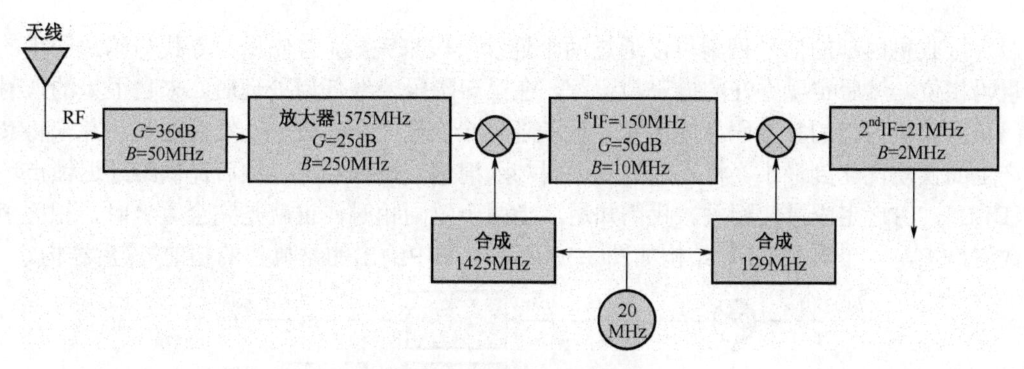

图 3.28　超外差转换结构

近些年，随着可编程微处理器计算能力的迅速增长，软件无线电方法迅速发展，它可能会代替数字信号处理器的专用硬件结构，成为无线电接收机的未来。软件无线电方法有易携带、修改方便、成本低、用途广等优点。图 3.29 给出了软件无线电方法的硬件与软件组成分配。

目前的软件接收机实现了从天线接收信号到下变频转换，从模拟到数字采样的模拟射频部分。此外，软件部分进行其他所有的处理工作。

在处理具有同频段的不同系统时，如 L1 频段的 GPS 和 Galileo 系统，软件接收机结构相对于传统的硬件结构展现出了极大的优势，因为加入新信号或改变已有信号只涉及软件的更新。

下一步，接收机要向纯软件无线电方向发展，具有宽频段处理能力而且能组合更多的无线电标准。主要想法是处理 L1、E1、L2、E5、E6 和 L5 频带信号的模拟部分。模数转换器（ADC）将采样的信号传递到可编程处理器，然后处理各种调制方式、码和导航数据。如果再延伸，同一个接收机也能处理 WiFi 或 3G 通信信号。实际上，同样的模拟硬件要由天线、混频器和 ADC 组成，通过软件部分来辅助，软件部分主要包括需要解码信号的软件包。因此，通过添加软件就可以使接收机接收 GNSS 信号，具有接收 GPS 和 Galileo 甚至 GLONASS、WiFi、蓝牙、3G 和电视信号的能力。

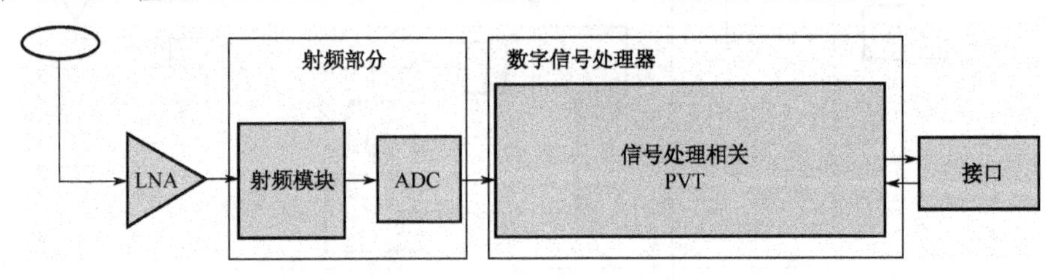

图 3.29　软件接收机概念

3.3.4 DLL 和 PLL

接收机内部的信号搜索可以通过两个连续阶段来完成，首先尽力寻找与码片同步的粗码相位，然后实现更好的捕获与跟踪。在第一阶段未经任何处理时，来自卫星的入射码与接收机内部的复现码之间的延迟误差通常会在一个码片左右。然后通过跟踪来将其产生的误差优化到最小。将本地的复现码与入射信号进行相关，然后提供给延迟锁定环（DLL），由它完成最佳相关。我们知道，当两个码同相时，也就是完全重叠时，相关函数值最大。一个典型 DLL 结构如图 3.30 所示，图中给出的是典型的超前-滞后结构。

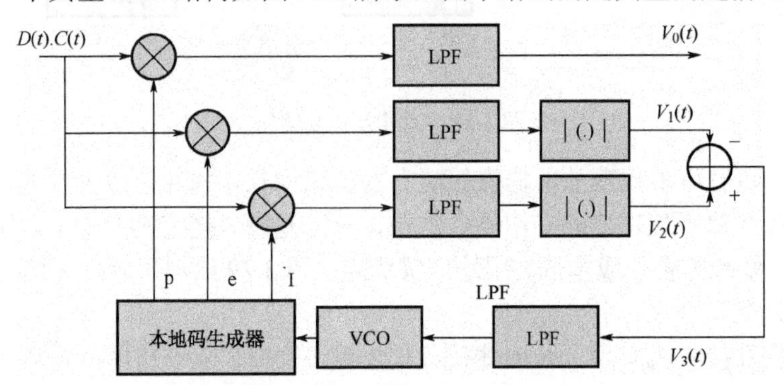

图 3.30　典型的 DLL 超前-滞后结构

这样的一个相关结构可以改进性能，但具体效果取决于相关器的精度；考虑到反馈回路原理，精度可以达到百分之一个码片的长度。例如，对 GPS 的 C/A 码来讲相当于 3m，因为一个码片长度相当于 293m（长度等效于码片的持续时间）。这里不是 1 个复现码，而是有 3 个复现码。第一个称作“即时”码，它将直接与来自卫星的入射信号进行比较，其相关函数值最大。第二个复现码是延迟了一定的码片之后得到的，如延迟 T_c/N，其中 T_c 为码持续时间，而 N 是整数，故这个码被称作滞后复现码。第三个称作超前复现码，通过 $-T_c/N$ 转换得到。在搜索即时复现码和入射码的最大相关值时，最大难点在于找到一种方法来使其相关性应用复现的时间变换，或者超前，或者滞后。实际上，如当相关值为 0.8（与完全同相时的相关值 1 相比）时，很难知道应该向哪个方向转换，换句话说，很难说相关函数曲线最大值是在左侧还是右侧。利用这 3 个复现码可以简单地解决这个问题。注意：如图 3.31 所示，观察相关函数的不同形状时，似乎其相关峰值变化时间量与复现码变化时间量相同。

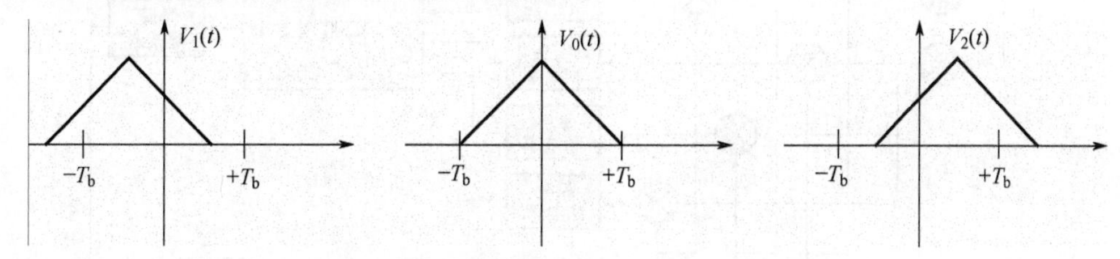

图 3.31　GPS 相关函数的超前、即时、滞后波形

利用这 3 个复现码可以计算出超前和滞后相关函数的差，得到典型的 S 曲线，如图 3.32 所示。显然，当后面的曲线与零点相交时能得到相关函数的最大值。另外，在超前减滞后相关函数的值过零点时，比较此时即时相关函数的值，可以得到达到真正的相关最大值时所需的时间信息。另外，超前减滞后值为正时，表明即时值应当被延后，超前减滞后值为负时表明应当将即时值提前。

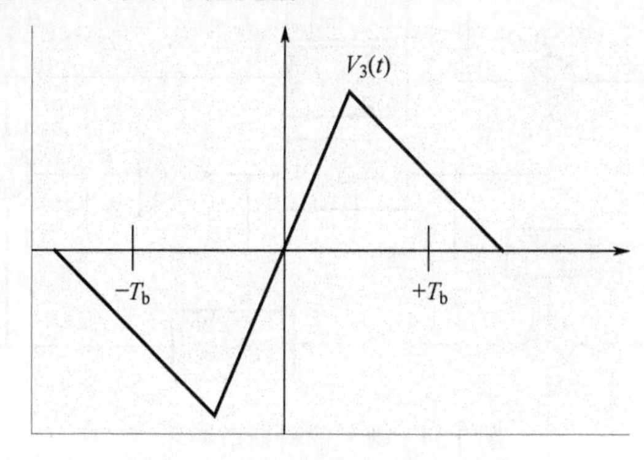

图 3.32　超前减滞后相关函数

最终的完整码环由两部分组成，分别是输入信号同相分量和正交分量部分，如图 3.33 所示。

为了获得更好的相关特性，同样有必要调整复现码的频率。这可以由所谓的锁相环（PLL）来完成。锁相环用于跟踪接收端接收到信号的真实频率。注意这里必须考虑两种效应：第一种是由于卫星位移和接收机运动产生的多普勒频移，另外一种是由于接收机振荡器引起的频移。实际上，后一种因素可以用与频移引起多普勒相同的方式使接收机观察到，而且这种因素必须考虑在内。不像由于卫星运动和接收机运动本身产生的多普勒频移，内部的振荡器频移是不可预测的，所以需要 PLL。图 3.34 给出了一个典型结构——科斯塔斯环。

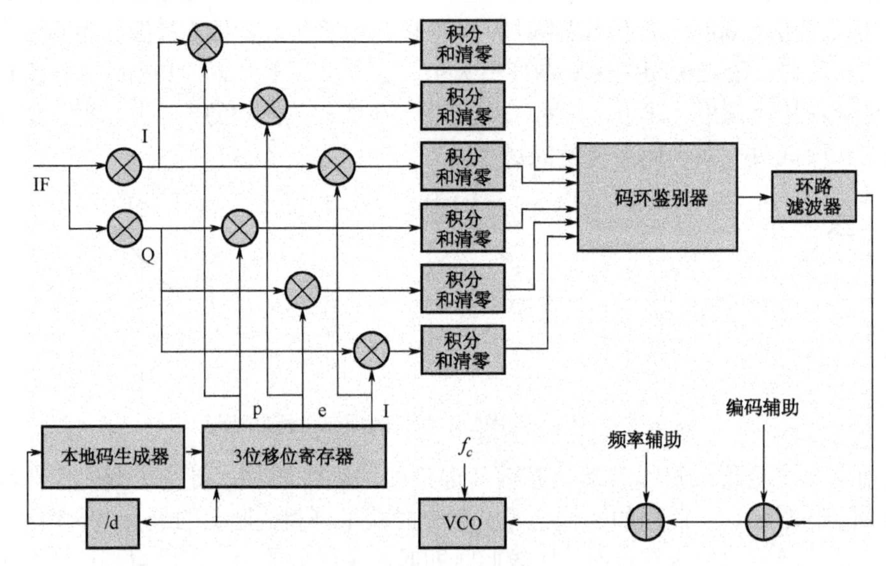

图 3.33　完整的 DLL

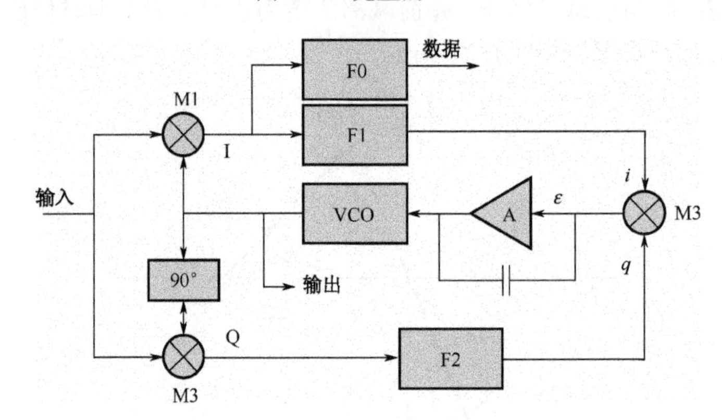

图 3.34　典型的科斯塔斯环

现在给出输入信号公式：

$$S_{\text{input}} = \sqrt{2}A\cos\left(\omega_0 t + \theta_i\right) \tag{3.10}$$

输出信号公式为：

$$S_{\text{output}} = \sqrt{2}A\cos\left(\omega_0 t + \theta_o\right) \tag{3.11}$$

那么很容易就可以得到：

$$\begin{aligned} I &= A\cos\left(2\omega_0 t + \theta_i + \theta_o\right) + A\cos\left(\theta_i - \theta_o\right) \\ &= A\cos\left(2\omega_0 t + \theta_i + \theta_o\right) + A\cos\left(\varphi\right) \end{aligned} \tag{3.12}$$

通过低通滤波器，可得到输入信号与输出信号之间的相位差φ。换句话说，可以用这样一个环路将可控振荡器调整到正确的频率上，也就是输入频率。事实上，可以看到信号“I”（见图 3.34）实际上就是$A\sin(\varphi)$，而信号“q”就是$A\cos(\varphi)$。然后，乘上 M3 就得到$A^2\sin(\varphi)\cos(\varphi)$，或者$A^2\sin(2\varphi)/2$。锁相环的反馈计算得到两倍的相位差。

完整的锁相环结构与 DLL 的组成方式类似，如图 3.35 所示。

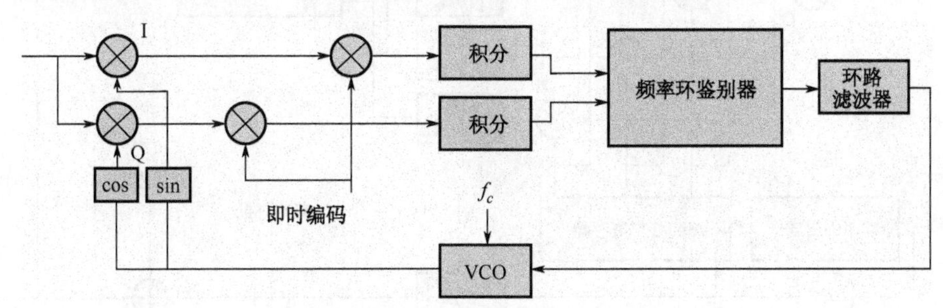

图 3.35　典型的 PLL 结构

使用其他外部手段可以辅助 PLL，如卫星位移引起的多普勒频移乃至振荡器偏移可以预先计算。最终的 PLL 完整结构如图 3.36 所示。

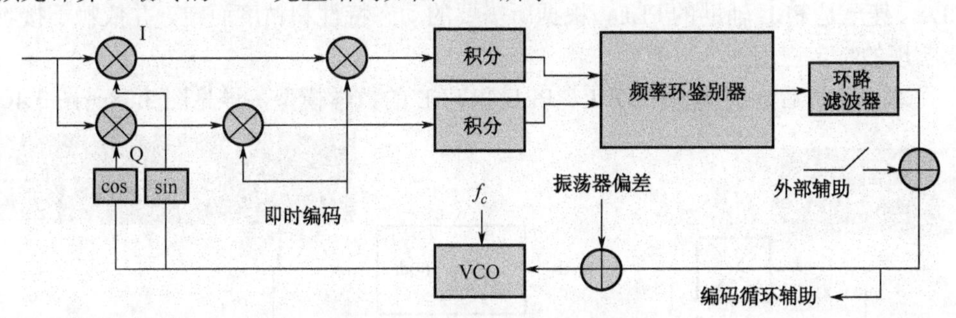

图 3.36　外部辅助的 PLL 结构

由于需要从 PLL 到 DLL 进行反馈，另外一种 DLL 结构如图 3.37 所示，这与图 3.33 所示的 DLL 结构不同。由 PLL 得到的多普勒频移作用到 DLL，并考虑到相当于载波频率和码频率之间频率比的比例因子。

频率环（或相位环）和延迟环有许多不同的实现方式。要想了解所有的鉴别器和环路滤波器具体的实现差别需要查阅相关资料。不过，它们都是典型的反馈环，并且与其相关的参数主要是响应时间、频带和精度。积分时间、滤波器的阶数或完整环结构等参数不同，其相应的功能也会有所不同。对于动态范围较大的接收机，即使在加速度非常大的情况下仍然能工作，那么相应的噪声带宽就要比静态模式条件下的要宽。这可以通过在输入端增强噪声信号功率实现，但这同时会降低测量结果的精度。就滤波器的阶数而言，只能说高阶的滤波器具有更好的动态特性，但这在一般情况下并不需要。

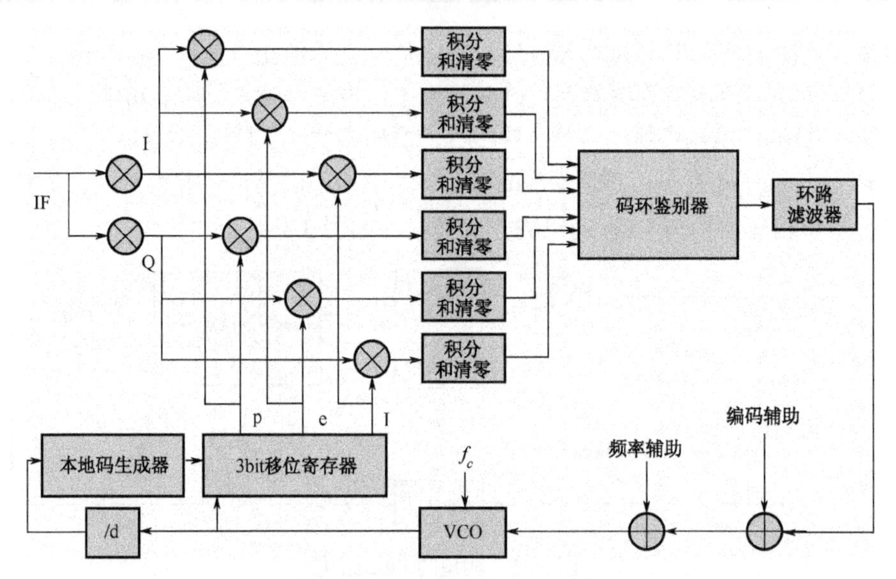

图 3.37　PLL 辅助的 DLL 结构

DLL 和 PLL 是接收机完成信号跟踪的重要单元，PLL 可以是科斯塔斯环或锁频环（FLL），甚至是 FLL 辅助的 PLL，根据所需要的动态特性和精度而定，并依赖于接收机需要实现的特定应用。

在本章的最后给出典型的 DLL、PLL 和 FLL 的数学模型，详见图 3.38～图 3.40。

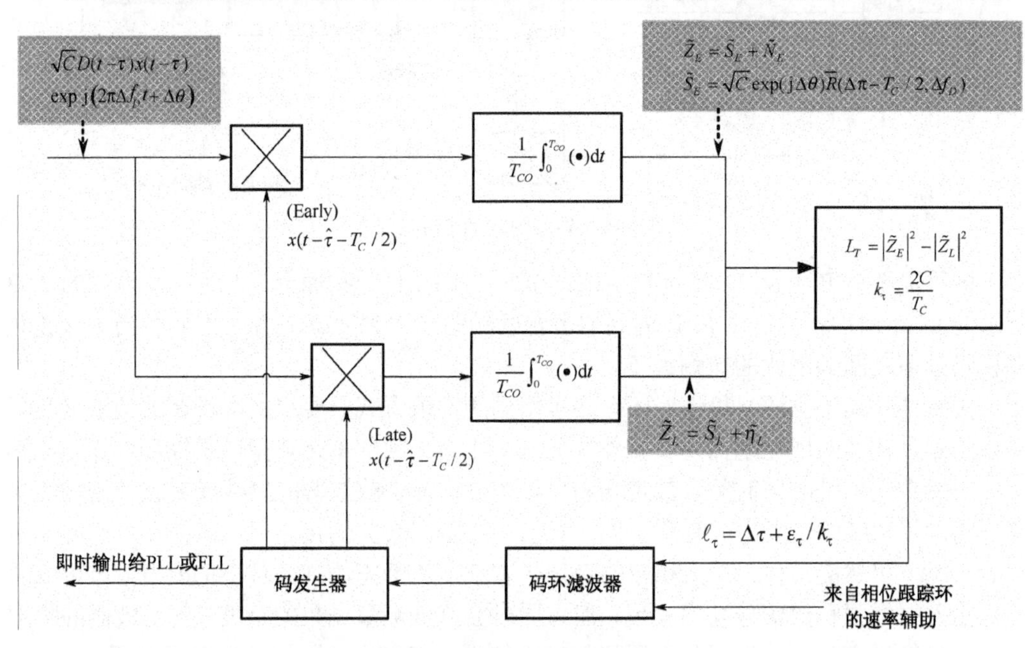

图 3.38　DLL 的数学模型

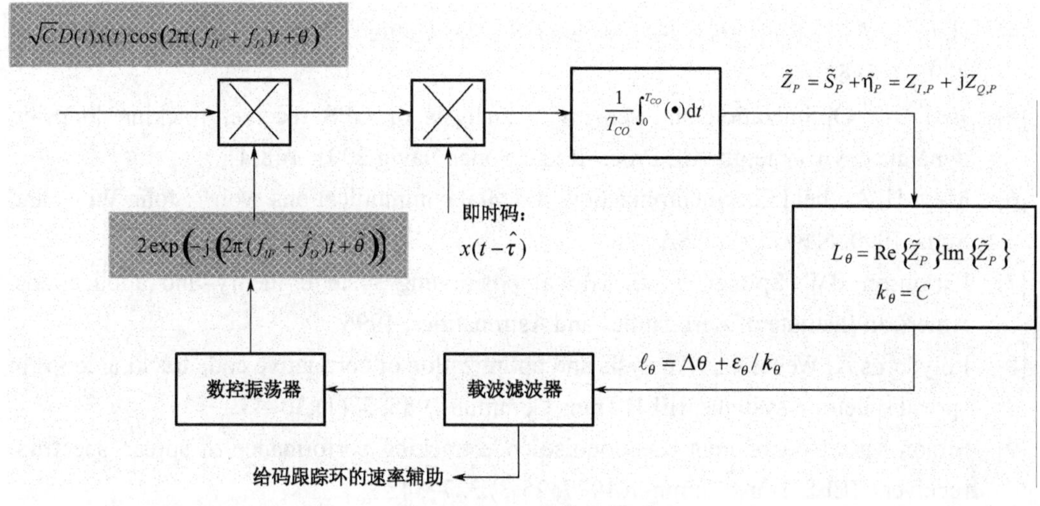

图 3.39　PLL 的数学模型

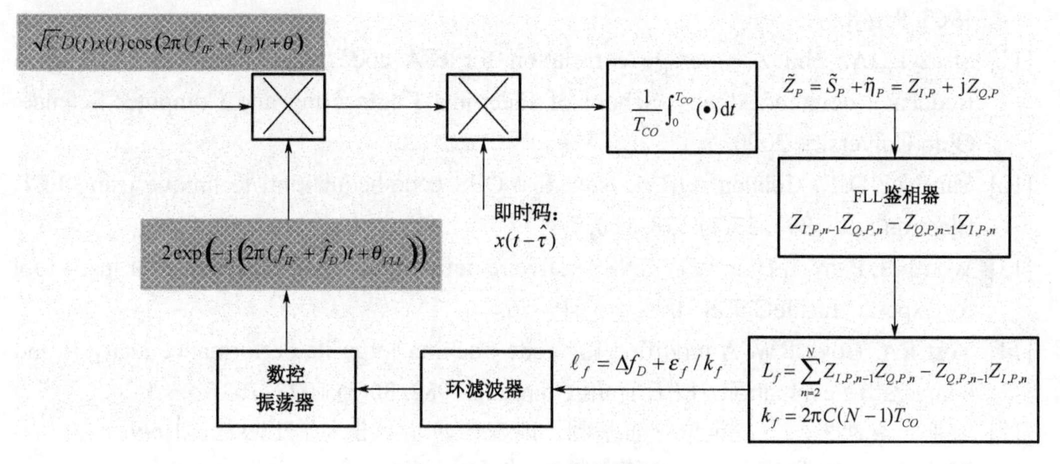

图 3.40　FLL 的数学模型

参 考 文 献

[1] Braasch MS, Van Dierendonck AJ. GPS receiver architectures and measurements. Proc IEEE 1999, 87(1).

[2] Gill WJ. A comparison of binary delay-lock loop implementations. IEEE Trans Aerosp Electron Syst 1966, 2: 415–424.

[3] Hartmann HP. Analysis of a dithering loop for PN code tracking. IEEE Trans Aerosp

Electron Syst 1974, 10(1):2–9.

[4] Hein G, Avila-Rodriguez J-A, Wallner S. The Galileo code and others. InsideGNSS 2006, 1(6):62–75.

[5] Jwo D-J. Optimization and sensitivity analysis of GPS receiver tracking loops in dynamic environments. IEE Proc. -Radar Sonar Navig 2001, 148(4).

[6] Meyr H, Ascheid G. Synchronization in digital communications. Vol. 1. John Wiley and Sons, 1990. New York, USA.

[7] Parkinson BW, Spilker Jr. JJ. Global positioning system: theory and applications. American Institute of Aeronautics and Astronautics, 1996.

[8] Polydoros A, Weber CL. Analysis and optimization of correlative code tracking loops in spread spectrum systems. IEEE Trans Commun 1985, 33(1):30–43.

[9] Simon MK. Noncoherent pseudonoise code tracking performance of spread spectrum receivers. IEEE Trans Commun 1977, 25(3):327–345.

[10] Spilker JJ. Delay-lock tracking of binary signals. IEEE Trans Space Electron Telem 1963, 9:1–8.

[11] Strazyk JA, Zhu Z. Average correlation for C/A code acquisition and tracking in frequency domain. Athens; School of Electrical Engineering and Computer Science, Ohio University. 2000.

[12] Van Nee DJR, Coenen AJRM. New fast GPS code-acquisition technique using FFT. Electron Lett 1991, 27(2):158–160.

[13] Won J-H, Pany T, Hein GW. GNSS software defined radio — real receiver or just a tool for experts? InsideGNSS 2006, 1(5):48–56.

[14] Yost RA, Boyd RW. A modified PN code tracking loop: its performance analysis and comparative evaluation. IEEE Trans Commun 1982, 30(5):1027–1036.

[15] 方群，袁建平．卫星定位导航基础．西安：西北工业大学出版社，1999.

[16] 寇艳红．GPS 原理与应用（第 2 版）．北京：电子工业出版社，2007.

[17] 刘基余．GPS 卫星导航定位原理与方法（第 2 版）．北京：科学出版社，2008.

[18] 董绪荣，唐斌．卫星导航软件接收机原理与设计．北京：国防工业出版社，2008.

[19] 李强．GPS 理论、算法与应用（第 2 版）．北京：清华大学出版社，2011.

[20] 吴勇．GPS 弱信号的捕获与跟踪的算法研究硕士论文．重庆大学，2012.

[21] 雷蕾．GPS 信号捕获、跟踪算法研究硕士论文．电子科技大学，2010.

[22] 徐爱功．全球卫星导航定位系统原理与应用．徐州：中国矿业大学出版社，2009.

第4章　导航解算技术

本章首先介绍与接收机定位相关的坐标系和时间系统的理论基础，接下来重点介绍GNSS接收机的位置、速度和时间（PVT）解算过程，最后讨论对PVT解算的一些影响因素。

4.1　地球坐标系及其转换

4.1.1　常用坐标系

1．地心直角坐标系

地心直角坐标系的定义是：坐标系原点为地球质心；坐标系Z轴由原点指向地球地极（即Z轴与地球自转轴一致、指向地球北地极），X轴与Z轴正交、指向格林尼治子午线与赤道交点E，Y轴与X轴、Z轴正交，构成右手坐标系；单位为米。如图4.1所示，空间或地面上任意一点K的坐标用直角坐标(X,Y,Z)来表示，称为该点的地心直角坐标。

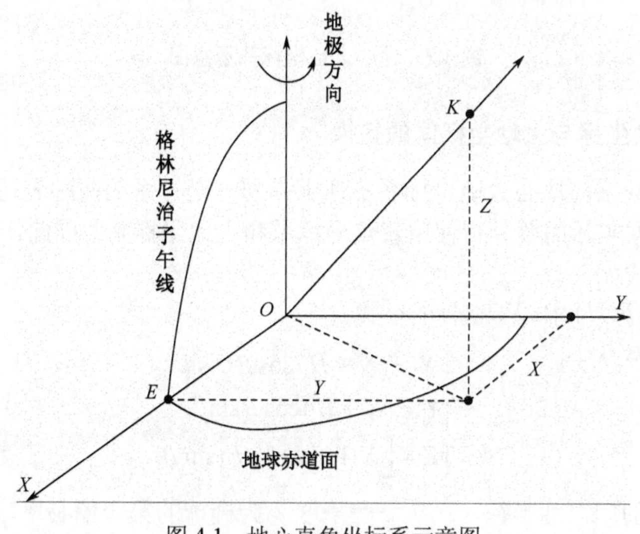

图4.1　地心直角坐标系示意图

2. 地心大地坐标系

用直角坐标表征地面点和空间点的位置，具有简单、直观的几何意义，且在坐标系转换时简单又方便。但直角坐标实际使用起来很不方便，通常人们都习惯用经度、纬度、高程来表征点位的地理位置，即所称的大地坐标。

地心大地坐标系的定义是：坐标系原点为地球椭球中心（即地球质心）；坐标系 Z 轴为地球椭球短轴，指向地极；地球椭球起始子午面与格林尼治子午面重合，X 轴由坐标系原点指向起始子午面与地球椭球赤道的交点，Y 轴与 X 轴、Z 轴构成右手坐标系；单位为米。

地面上或空间的点位坐标用大地坐标表征，即大地经度 L、大地纬度 B 和大地高 H。其定义是：地面或空间任意一点 K，自该点做过该点的椭球大地子午面，则该子午面与起始大地子午面间的夹角即称为该点的大地经度 L；大地纬度 B 是过该点的椭球面法线 KN 与椭球赤道面的夹角；大地高 H 是该点沿椭球面法线至椭球面的距离，如图 4.2 所示。

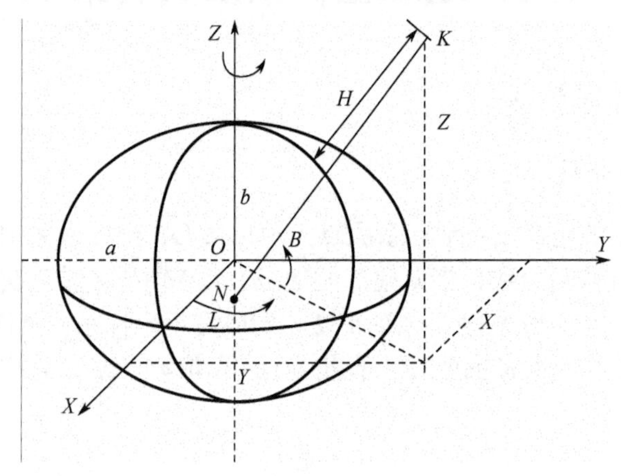

图 4.2　地心大地坐标系示意图

3. 空间直角坐标与大地坐标间的转换

地心直角坐标系与地心大地坐标系实质上是同一坐标系的两种表述方式。在实际应用中，经常要根据实际需要分别使用直角坐标系和大地坐标系。因此，经常需要进行互相转换，转换公式如下。

（1）已知 (L,B,H) 求 (X,Y,Z) 的公式：

$$\begin{cases} X = (N+H)\cos B\cos L \\ Y = (N+H)\cos B\sin L \\ Z = \left[N(1-e^2)+H\right]\sin B \end{cases} \tag{4.1}$$

式中，N 为椭球的卯酉圈半径，$N=\frac{a}{\sqrt{1-e^2\sin^2 B}}$；$e$ 为椭球的第一偏心率，$e=\frac{\sqrt{a^2-b^2}}{a}$；$a$ 和 b 分别为椭球的长半轴和短半轴。

（2）已知 (X,Y,Z) 求 (B,L,H) 的公式。

① 迭代计算公式：

$$\begin{cases} B = \arctan\left[\dfrac{Z}{\sqrt{X^2+Y^2}}\left(1+\dfrac{ae^2}{Z}\cdot\dfrac{\sin B}{W}\right)\right] \\ L = \arctan\dfrac{Y}{X} \\ H = \dfrac{\sqrt{X^2+Y^2}}{\cos B} - N \end{cases} \tag{4.2}$$

式中，$W = \sqrt{1-e^2\sin^2 B}$。

计算大地纬度 B 时，需用迭代法。由于 e 远小于 1，所以收敛很快。因此，实际应用仍普遍采用以上迭代公式。

② 直接解算公式。

为避免迭代计算，也可采用以下直接计算公式，即：

$$\tan B = \tan\Phi + A_1 e^2\left\{1+\frac{1}{2}e^2\left[A_2+\frac{1}{4}e^2\left(A_3+\frac{1}{2}A_4 e^2\right)\right]\right\} \tag{4.3}$$

式中：

$$\begin{cases} \Phi = \arctan\left[\dfrac{Z}{\sqrt{X^2+Y^2}}\right] \\ A_1 = \left(\dfrac{a}{R}\right)\tan\Phi \\ A_2 = \sin^2\Phi + 2\left(\dfrac{a}{R}\right)\cos^2\Phi \\ A_3 = 3\sin^4\Phi + 16\left(\dfrac{a}{R}\right)\sin^2\Phi\cos^2\Phi + 4\left(\dfrac{a}{R}\right)^2\cos^2\Phi(2-5\sin^2\Phi) \\ A_4 = 5\sin\Phi + 48\left(\dfrac{a}{R}\right)\sin^4\Phi\cos^2\Phi + 20\left(\dfrac{a}{R}\right)^2\sin^2\Phi\cos^2\Phi(4-7\sin^2\Phi) + \\ \qquad 16\left(\dfrac{a}{R}\right)^3\cos^2\Phi(1-7\sin^2\Phi+8\sin^4\Phi) \end{cases}$$

式中，$R = \sqrt{X^2+Y^2+Z^2}$。

注意，在 (B,L,H) 与 (X,Y,Z) 的转换计算中，一定要使用坐标系所选用的相应椭球体参数。

4．瞬时地球坐标系与协议地球坐标系

（1）地极移动与协议地极

地心坐标是以地球自转轴为基准轴的，当地球自转轴在地球内的位置固定不变时，

可唯一地定义地心坐标系。但大量实测资料证明，地球自转轴在地球内的位置不是固定的，而是变化的。因而自转轴与地面的交点即地极点在地球表面上的位置也是随时间变化的，这种现象称为地极移动，简称极移。显然，如果地心坐标系以瞬时自转轴为基准轴，那么地心坐标系就是一个时时都在变化的坐标系，应用起来很不方便，为此，人们寻求一个固定的地球自转轴，用以建立固定的地心坐标系。

1899 年，国际纬度服务（ILS）机构成立，在全球组织若干个台、站进行连续的纬度观测，用以专门研究极移，并提供瞬时极位置。长期观测结果表明，地极移动主要由两种周期性变化组成：一种变化周期约为一年，振幅约为 0.1″；另一种变化周期约为 432 天，振幅约为 0.2″，称为张德勒（S.C.Chandler）周期变化。另外还有一些小的不规则的变化。

国际时间局（BIH）利用 ILS 五个纬度站在 1900—1905 年的观测结果，求得一个平均地极作为地极原点，简称为国际协议原点（CIO，Conventional International Origin）。在 1967 年国际天文学会和国际大地测量与地球物理联合会共同召开的第 32 次讨论会上，建议采用 CIO 作为平均地极，故又称此平均地极为协议地极（CTP，Conventional Terrestrial Pole）。与协议地极相对应的地球平均赤道面称为协议赤道面。

国际时间局（BIH）于 1968 年决定，将通过国际协议原点 CIO 和格林尼治天文台的子午线作为起始子午线，该子午线与协议赤道的交点 E_{CTP} 作为经度零点。该子午线称为 BIH 零子午线，它是与协议地极相对应的。目前，该起始子午线是由国际上若干个天文台来维持的，故又称为格林尼治平均天文台起始子午线，简称格林尼治平均起始子午线。

（2）瞬时地球坐标系与协议地球坐标系

瞬时地球坐标系是以历元 t 的瞬时地极 P_t 定义为基础的，其坐标原点在地球质心，Z_t 轴指向地球的瞬时地极 P_t（真地极），X_t 轴指向瞬时极和 E_{CTP} 构成的格林尼治起始子午线与真赤道的交点 E，Y_t 轴与 X_t、Z_t 轴构成右手坐标系。

协议地球坐标系（CTS，Conventional Terrestrial System）是以协议地极 CTP 为基准定义的，其坐标系原点在地球质心，Z 轴由地球质心指向地球协议地极 CTP，X 轴指向 BIH 经度零点 E_{CTP}，Y 轴与 X 轴、Z 轴构成右手坐标系；单位为米，如图 4.3 所示。

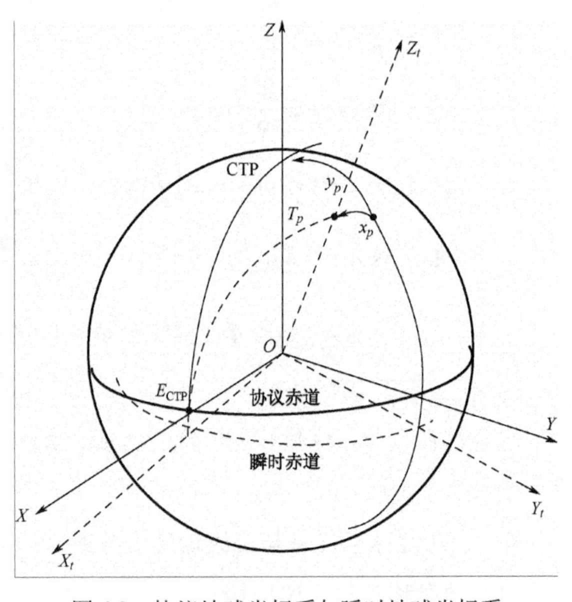

图 4.3　协议地球坐标系与瞬时地球坐标系

协议地球坐标系与瞬时地球坐

标系的空间直角坐标转换公式为：

$$\begin{bmatrix} X \\ Y \\ Z \end{bmatrix}_{CTS} = \boldsymbol{R}_Y(-x_p)\cdot\boldsymbol{R}_X(-y_p)\begin{bmatrix} X \\ Y \\ Z \end{bmatrix}_t = \boldsymbol{A}\begin{bmatrix} X \\ Y \\ Z \end{bmatrix}_t \tag{4.4}$$

式中，$(X\ Y\ T)_{CTS}^T$ 是以 CTP 为指向的协议地球坐标，$(X\ Y\ T)_t^T$ 是观测历元 t 的瞬时地球坐标，$\boldsymbol{A}$ 为极移旋转矩阵。

$$\boldsymbol{R}_Y(-x_p)=\begin{bmatrix} \cos x_p & 0 & \sin x_p \\ 0 & 1 & 0 \\ -\sin x_p & 0 & \cos x_p \end{bmatrix}$$

$$\boldsymbol{R}_X(-y_p)=\begin{bmatrix} 1 & 0 & 0 \\ 0 & \cos x_p & -\sin x_p \\ 0 & -\sin x_p & \cos x_p \end{bmatrix}$$

考虑到地极坐标为微小量，如果仅取至一次微小量，则有：

$$\boldsymbol{A}=\boldsymbol{R}_Y(-x_p)\cdot\boldsymbol{R}(-y_p)=\begin{bmatrix} 1 & 0 & x_p \\ 0 & 1 & -y_p \\ -x_p & y_p & 1 \end{bmatrix}$$

地极的瞬时坐标(x_p, y_p)是由 BIH 根据所属台站的观测资料推算的，并定期出版公报提供给用户。

5. 天文坐标系

在地心大地坐标系中，如果以大地水准面代替椭球面，则该坐标系称为天文坐标系。在天文坐标系中，任意点 P 的坐标用天文纬度 φ、天文经度 λ 和正常高 $H_{高}$ 表示，如图 4.4 所示。

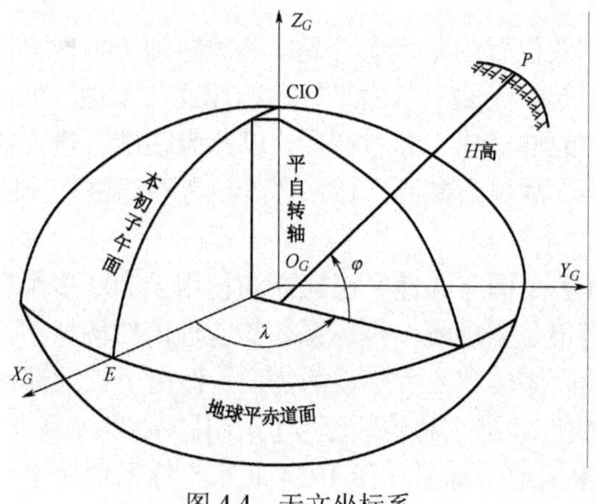

图 4.4　天文坐标系

天文纬度φ为P点的铅垂线方向与地球平赤道面的夹角；天文经度λ为包含P点铅垂线并平行于地球平自转轴的天文子午面与本初（起始）天文子午面之间的夹角；正常高$H_{高}$为任意点P至似大地水准面的高度，可以由P点的大地高减去高程异常ξ求得。

由于任意一点P的铅垂线方向一般不经过地球质心，也不与地球的平自转轴相交。所以，只有取得P点的垂线偏差和高程异常的数据后，才可能把天文坐标系中的坐标换算为地心大地坐标系中的坐标。设ξ为P点垂线偏差在子午圈上的分量，η为垂线偏差在卯酉圈上的分量，ζ为P点的高程异常，则P点的天文坐标$(\varphi,\lambda,H_{高})$与地心大地坐标(B,L,H)之间的换算关系可由下式表达：

$$\begin{cases} B=\varphi-\xi \\ L=\lambda-\eta\sec\varphi \\ H=H_{高}+\zeta \end{cases} \tag{4.5}$$

在式（4.5）中，如果垂线偏差分量(ξ,η)和高程异常（ζ）是相对于地心坐标系的绝对量，则所求出的大地坐标(B,L,H)属于地心大地坐标系；如果(ξ,η,ζ)是相对于参心坐标系的相对量，则所求出的大地坐标(B,L,H)属于参心大地坐标系。

6．参心坐标系

由以上讨论可知，地心坐标系是以地球质心为坐标原点、以地球椭球为参考面的。这种地心坐标系在卫星没有发射成功之前是很难建立的。长期以来，各个国家和地区，为了处理大地测量结果，计算点位坐标，测绘本地区的地图和进行工程建设，都需要建立一个适合本国的大地坐标系。这种区域型坐标系建立方法通常是：选用一个大小和形状与地球相近的椭球作为基本参考面，选择一参考点作为大地测量的起算点（称为大地原点），通过大地原点上的天文测量结果，将选用的椭球体与地球的关系位置确定下来，用以建立大地坐标系。

确定椭球与地球相关位置的基本条件是：椭球短轴与地球自转轴平行；椭球的起始大地子午面与格林尼治起始天文子午面平行；椭球面与本地区的大地水准面充分密合。按上述条件定位、定向的椭球称为参考椭球。以此为基础所建立的大地坐标系，以参考椭球中心为坐标系原点，故称为参心坐标系。而参考椭球中心一般是不与地球质心重合的。如图 4.5 所示。

目前，世界上 100 多个国家和地区已建立和使用了 200 多个参心坐标系。这些坐标系都是局部坐标系，而不是全球统一坐标系。其所选用的椭球不同，椭球的定位、定向也不同，只能满足本地区测图和工程建设的需要。但由于长期都使用本地区的参心坐标系，特别是测绘地图，故许多国家和地区至今仍沿用参心坐标系。例如，我国采用的 1954 北京坐标系、1980 国家大地坐标系和新 1954 北京坐标系均属参心坐标系，而航天和远程武器则需采用地心坐标系。

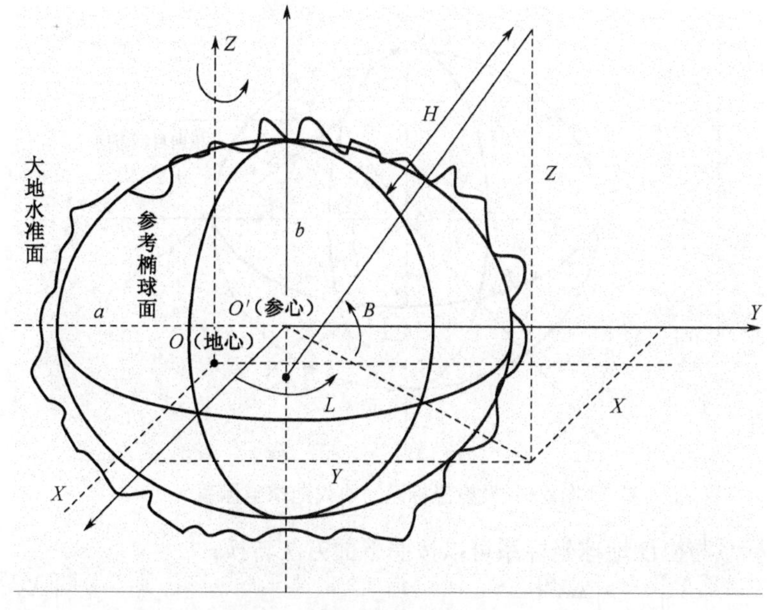

图 4.5　参考椭球与参心坐标系

7．站心坐标系及其转换

站心坐标系是以地面站中心为坐标系原点而建立的坐标系。在导弹和航天器发射、测量站跟踪测量和实时处理中，站心坐标系使用广泛。本节主要介绍发射坐标系、法线测量坐标系和垂线测量坐标系及其与地心坐标系之间的转换。

（1）发射坐标系及其转换

发射坐标系主要用来描述导弹、航天器相对于发射点的运动，确定导弹、航天器相对于地面发射点的位置和导弹、航天器的姿态。

发射坐标系的定义为：坐标系原点位于发射台中心在发射工位的地面投影点 O_F 上；Y_F 轴与发射点的铅垂线一致，指向地球外（天顶方向），X_F 轴位于水平面内，指向目标点方向（即发射点至目标点的照准面与发射点水平面的交线），Z_F 轴与 X_F、Y_F 构成右手坐标系；单位为米。

显然，发射坐标系属于铅垂线系，是以铅垂线、水准面为基准的坐标系。其 X_F 轴、Z_F 轴构成水平面，X_F 轴与发射点天文子午面夹角为目标方向的天文方位角 α_F；Y_F 轴与赤道面的夹角为发射点的天文纬度 φ_F；其所在天文子午面与格林尼治起始子午面的夹角为发射点的天文经度 λ_F，如图 4.6 所示。

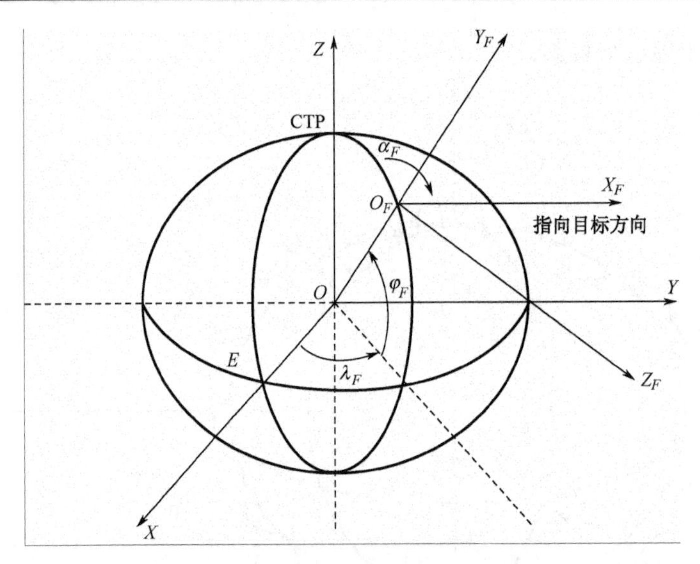

图 4.6　发射坐标系与协议地球坐标系

发射坐标系与协议地球坐标系可以按照下面方法转换：

$$\begin{bmatrix} X \\ Y \\ Z \end{bmatrix}_{CTS} = \begin{bmatrix} \Delta X \\ \Delta Y \\ \Delta Z \end{bmatrix}_{CTS} + \boldsymbol{R}_Z(90^\circ - \lambda_F)\cdot \boldsymbol{R}_X(-\varphi_F)\cdot \boldsymbol{R}_Y(90^\circ + \alpha_F)\begin{bmatrix} X_F \\ Y_F \\ Z_F \end{bmatrix} \tag{4.6}$$

式中，$(\Delta X, \Delta Y, \Delta Z)$ 为发射点 O_F 在协议地球坐标系中的坐标。

若考虑尺度偏差 D_{yi}，则上式应为：

$$\begin{bmatrix} X \\ Y \\ Z \end{bmatrix}_{CTS} = \begin{bmatrix} \Delta X \\ \Delta Y \\ \Delta Z \end{bmatrix}_{CTS} + (1+\Delta m)\boldsymbol{R}_Z(90^\circ - \lambda_F)\cdot \boldsymbol{R}_X(-\varphi_F)\cdot \boldsymbol{R}_Y(90^\circ + \alpha_F)\begin{bmatrix} X_F \\ Y_F \\ Z_F \end{bmatrix} \tag{4.7}$$

由转换公式可知，发射坐标系的转换参数如下。① 坐标平移参数：发射点在地心坐标系的坐标 $(\Delta X, \Delta Y, \Delta Z)$；② 坐标轴转换参数：发射点的天文经度 λ_F、天文纬度 φ_F 和发射点至目标点的天文方位角 α_F；③ 尺度偏差 D_{yi}。因此，发射坐标系转换到地心坐标系，必须测定发射点在地心坐标系中的坐标，测定发射点的天文坐标和目标点方位角；而（λ_F、φ_F）和 α_F 需加极移修正，使之与地心坐标系的地轴指向一致。另外，要测定尺度偏差 D_{yi}，但一般情况下，常规定 $D_{yi}=0$。

若由协议地球坐标系转换为发射坐标系，则其转换方式为：

$$\begin{bmatrix} X_F \\ Y_F \\ Z_F \end{bmatrix} = (1+\Delta m')\boldsymbol{R}_Y(-90^\circ - \alpha_F)\cdot \boldsymbol{R}_X(\varphi_F)\cdot \boldsymbol{R}_Z(\lambda_F - 90^\circ)\begin{bmatrix} X-\Delta X \\ Y-\Delta Y \\ Z-\Delta Z \end{bmatrix}_{CTS} \tag{4.8}$$

注意：式（4.8）中尺度偏差为 $\Delta m'$，$1+\Delta m' = 1/(1+\Delta m)$。

（2）法线测量坐标系及其转换

① 法线测量坐标系。

该坐标系的定义是：原点为测量设备中心 O_N，如无线电测量设备接收天线回转中心；Y_N 轴与 O_N 点的地球椭球面法线重合，指向椭球面外；X_N 轴为 O_N 点的大地子午面与含 O_N 的且垂直于法线的平面的交线，指向大地北向；Z_N 轴与 X_N、Y_N 构成右手坐标系；单位为米，如图 4.7 所示。

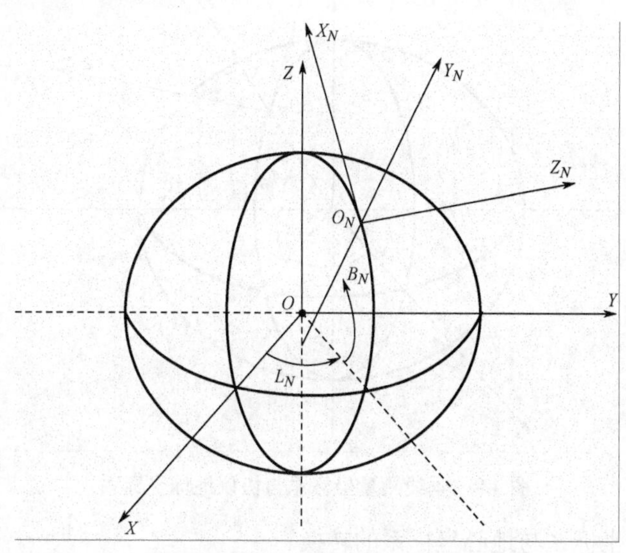

图 4.7　法线测量坐标系与协议地球坐标系

② 法线测量坐标系与协议地球坐标系的转换。

$$\begin{bmatrix} X \\ Y \\ Z \end{bmatrix}_{CTS} = \begin{bmatrix} \Delta X \\ \Delta Y \\ \Delta Z \end{bmatrix}_{CTS} + (1+\Delta m)\boldsymbol{R}_Z(90^\circ - L_N)\cdot\boldsymbol{R}_X(-B_N)\cdot\boldsymbol{R}_Y(90^\circ)\begin{bmatrix} X_N \\ Y_N \\ Z_N \end{bmatrix} \tag{4.9}$$

其逆转换公式为：

$$\begin{bmatrix} X_N \\ Y_N \\ Z_N \end{bmatrix} = (1+\Delta m')\boldsymbol{R}_Y(-90^\circ)\cdot\boldsymbol{R}_X(B_N)\cdot\boldsymbol{R}_Z(L_N - 90^\circ)\begin{bmatrix} X-\Delta X \\ Y-\Delta Y \\ Z-\Delta Z \end{bmatrix}_{CTS} \tag{4.10}$$

式中，$(\Delta X, \Delta Y, \Delta Z)$ 为测量设备中心点 O_N 在协议地球坐标系中的坐标；(L_N, B_N) 为设备中心 O_N 在地心坐标系中的大地经度、纬度。

法线测量坐标系适用于非测角的测量设备，如测距、测距离和、距离差的定位测量设备。

（3）垂线测量坐标系及其转换

① 垂线测量坐标系。

垂线测量坐标系的定义为：坐标系原点是测量设备中心 O_H；Y_H 与 O_H 点的铅垂线一致，指向地球外，X_H 轴与 Y_H 垂直，指向天文北（即 O_H 的天文子午面与水平面的交线），Z_H 轴与 X_H、Y_H 构成右手坐标系；单位为米，如图 4.8 所示。

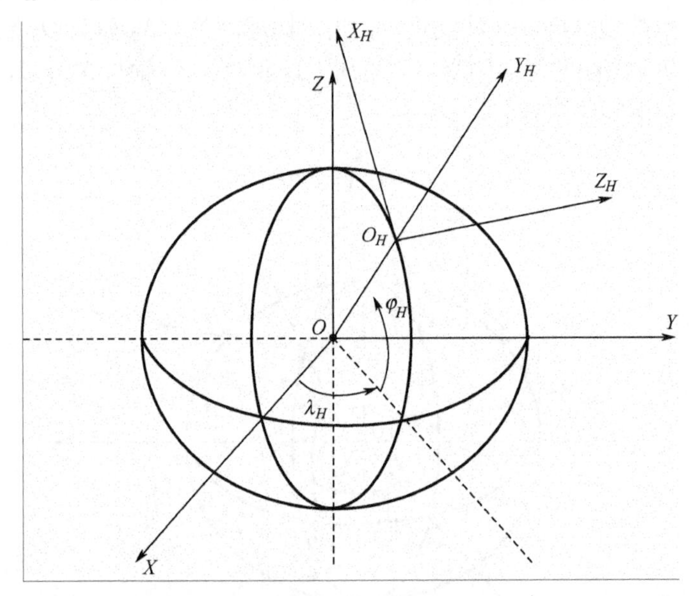

图 4.8　垂线测量坐标系与协议地球坐标系

② 垂线测量坐标系与地心坐标系的转换。

由图 4.8 可得坐标转换公式为：

$$\begin{bmatrix} X \\ Y \\ Z \end{bmatrix} = \begin{bmatrix} \Delta X \\ \Delta Y \\ \Delta Z \end{bmatrix} + (1+\Delta m)\boldsymbol{R}_Z(90^\circ - \lambda_H)\cdot \boldsymbol{R}_X(-\varphi_H)\cdot \boldsymbol{R}_Y(90^\circ)\begin{bmatrix} X_H \\ Y_H \\ Z_H \end{bmatrix} \tag{4.11}$$

式中，$(\Delta X, \Delta Y, \Delta Z)$ 为测量设备中心点 O_H 在地心坐标系的坐标；(λ_H, φ_H) 为设备中心 O_H 的天文经度、纬度，是加极移修正后的值。

其逆转换的公式为：

$$\begin{bmatrix} X_H \\ Y_H \\ Z_H \end{bmatrix} = (1+\Delta m')\boldsymbol{R}_Y(-90^\circ)\cdot \boldsymbol{R}_X(\varphi_H)\cdot \boldsymbol{R}_Z(\lambda_H - 90^\circ)\begin{bmatrix} X-\Delta X \\ Y-\Delta Y \\ Z-\Delta Z \end{bmatrix} \tag{4.12}$$

需要强调指出的是，垂线测量坐标系适用于测角、测距定位设备，如光学测量设备和某些无线电测量设备。这些测量设备跟踪测量目标的方位角 A_H、仰角 E_H 和距离 R_H。其中 A_H、E_H 均是以铅垂线和水平面为基准的，如图 4.9 所示。

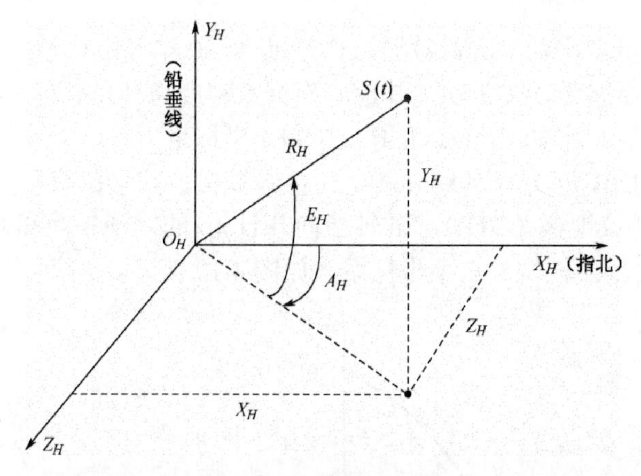

图 4.9　目标点在垂线测量坐标系中的坐标

由(R_H,A_H,E_H)计算垂线测量坐标系的空间直角坐标(X_H,Y_H,Z_H)的公式为：

$$\begin{bmatrix} X_H \\ Y_H \\ Z_H \end{bmatrix} = \boldsymbol{R}_H \begin{bmatrix} \cos E_H \cos A_H \\ \sin E_H \\ \cos E_H \sin A_H \end{bmatrix} \tag{4.13}$$

反之，已知(X_H,Y_H,Z_H)，可按下式计算(R_H,A_H,E_H)，即：

$$\begin{cases} R_H = \sqrt{{X_H}^2 + {Y_H}^2 + {Z_H}^2} \\ A_H = \arctan \dfrac{Z_H}{X_H} \\ E_H = \arctan \dfrac{Y_H}{\sqrt{{X_H}^2 + {Y_H}^2}} \end{cases} \tag{4.14}$$

由以上坐标转换公式可看出，所有坐标转换均通过空间直角坐标进行，这样转换的公式较为简单。但实际工作中，往往需要求得目标点的大地坐标，这可应用公式由(X,Y,Z)求得(B,L,H)。

站心坐标系与地心坐标系间的转换公式有着广泛的应用。它不仅可将各测量站的跟踪测量结果转换为全球统一的地心坐标系，以进行统一的数据处理，计算导弹或卫星的弹道或轨道，而且可以根据预报弹道或轨道将其转换成测量坐标系坐标，并换算为(R,A,E)，用以引导测量设备快速捕获目标，进行跟踪观测。

8．WGS-84 坐标系

建立地心坐标系最理想的技术是采用空间大地测量技术。美、俄等国利用卫星进行洲际和国际联测，并综合利用地面天文、大地和重力测量等资料，开展了建立地心坐标系的工作。美国国防部先后建立了 WGS-60、WGS-66、WGS-72 等世界大地坐标系。在 WGS-72 的基础上，美国国防部利用卫星激光测距（SLR）、甚长基线干涉仪（VLBI）、海洋卫星测高和卫星多普勒等测量数据，于20世纪80年代中期建立了新的更高精度的世界大地坐标系，命名为WGS-84，其地心坐标系精度为1.0m左右。美国的全球定位系统GPS自1987年1月10日开始采用WGS-84坐标系。

WGS-84属于BIH定义的1984.0新纪元参考框架。其坐标系原点定义于地球质心；Z轴指向$\text{BIH}_{1984.0}$协议地极（CTP），X轴指向$\text{BIH}_{1984.0}$的零子午面和CTP相应赤道交点E_{CTP}，Y轴与X轴、Z轴构成右手坐标系，如图4.10所示。

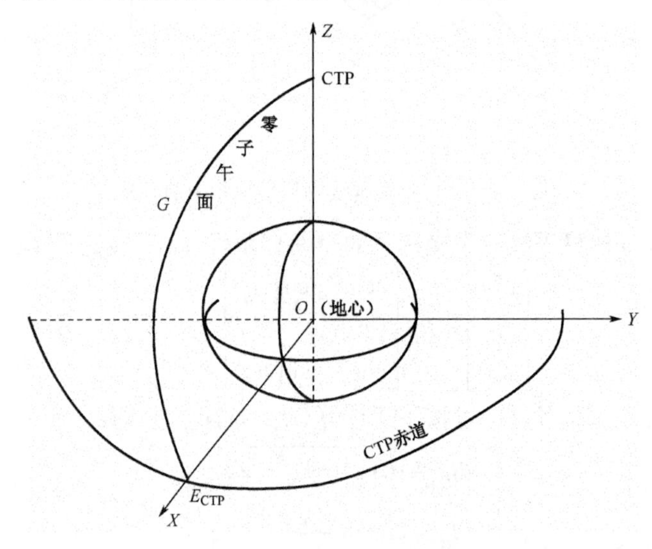

图4.10　WGS-84坐标系

WGS-84还定义了一个平均地球椭球及与其他大地参考系之间的变换参数。WGS-84坐标系采用的地球椭球参数在表4.1中给出。WGS-84椭球是一个定位在地心的旋转等位椭球，该椭球的中心和坐标轴指向与WGS-84三维直角坐标系相一致。因此，参照WGS-84椭球的任何地面点的大地经、纬度和大地高度与三维直角坐标参数是可以相互转换的。另外，WGS-84坐标系还给出了相应的地球重力场模型WGS-84EGM，由重力场模型计算大地水准面高，其精度为2m～6m。

表4.1　新、旧WGS-84椭球参数

参　数	旧WGS-84	新WGS-84
a	6 378 137.0 m	6 378 137.0 m
$1/f$	298.257 223 563	298.257 223 563
GM	$3.986\,005\times10^{14}\text{m}^3/\text{s}^2$	$3.986\,004\,418\times10^{14}\text{m}^3/\text{s}^2$
$C_{6.0}$	$-484.166\,85\times10^{-6}$	$-484.166\,85\times10^{-6}$
ω	$7.292\,115\times10^{-5}$ rad/s	$7.292\,115\times10^{-5}$ rad/s

最近几年，随着空间定位技术的发展，特别是 GPS 定位获得新的、精度高的测量数据，而且发现 WGS-84 定义的地心存在 0.5m 以上的偏差。因此，美国国防部自 1993 年开始一项旨在改进 WGS-84 的工作。第一次精化工作于 1994 年完成，精化后的 WGS-84 取名为 WGS-84（G730）；第二次精化于 1996 年完成，精化后的 WGS-84 取名为 WGS-84（G873）。括号中的“G”表示坐标系由 GPS 数据产生。第一次精化结果于 1994 年 6 月 29 日正式用于 GPS，第二次精化结果于 1997 年 1 月 29 日正式用于 GPS。精化后的 WGS-84 坐标系，其所采用的地球椭球参数已列于表 4.1 中。由表 4.1 可看出，地球椭球长半径 a 和扁率 f 没有变化，地球自转角速度也没有变化，仅地球引力常数与地球质量乘积 GM 变了。精化后的 WGS-84 坐标系，其点位的地心坐标的精度可达 0.1m。

在精化 WGS-84 坐标系的同时，美国还研制了新的更精确的地球重力场模型，命名为 WGS-84EGM96。该重力场模型完整至 360 阶（级），共有 130 676 个系数。利用 WGS-84EGM96 计算的大地水准面高，其精度为 0.5m～1m，大大优于 WGS-84EGM。该模型已代替了 WGS-84EGM。

4.1.2　我国坐标系

1. 我国使用的地心坐标系

自 20 世纪 70 年代以来，为满足航天技术与远程武器试验的需要，我国开展了研究和建立地心坐标系的工作。1978 年，我国提供了地心坐标系 1 号《DX-1》，其地心坐标系三分量的精度优于 15m。1978 年后，我国完成了全国天文大地网平差，布设了全国多普勒卫星网、人造卫星动力测地网，收集和归算了全球大地水准面成果。在此基础上，建立了更精密的地心坐标系《DX-2》，其地心坐标精度优于 5m。

《DX-2》所定义的地心坐标系为：① 坐标系原点为地球质心；② 坐标系轴向，Z 轴由地球质心指向国际协议地极 CIO，X 轴与 Z 轴垂直，由地心指向 BIH 经度零点 E_{CIO}，Y 轴与 X 轴、Z 轴构成右手坐标系；③ 单位长度采用米，光速 $c = 299\ 792\ 458\ \text{m/s}$。

《DX-2》的地球椭球采用 1975 年国际大地测量与地球物理联合会第 16 届大会的推荐值，简称 IUGG-75 地球椭球。其椭球四个基本参数是：$a = 6\ 378\ 140\ \text{m}$，$GM = 398\ 600.5 \times 10^9\ \text{m}^3/\text{s}^2$，$J_2 = 10826.3 \times 10^{-7}$，$\omega = 7.292\ 115 \times 10^{-5}\ \text{rad/s}$。另外，椭球扁率 $f = 1/298.257$。

随着时代的变迁和科学技术的发展，越来越多的实际应用要求采用地心系，为顺应这一趋势，我国提出了 2000 国家大地坐标系（China Geodetic Coordinate System 2000，CGCS2000）。

CGCS2000 的定义如下：CGCS2000 是右手地固直角坐标系，原点在地心（包括海洋和大气在内的整个地球的质心），Z 轴与国际地球自转服务（International Earth Rotation and Reference Systems Service，IERS）参考极（IRP）方向一致，X 轴为 IGRS 参考子午面（IRE）与垂直于 Z 轴的赤道面的交线，Y 轴与 Z 轴和 X 轴垂直并最终构成右手坐标系；长度单位为国际单位制米，与局部地心框架下地心坐标一致。通过适当的相对论模型获得；初始定向由 1984.0 时的 BIH 定向给定；参考历元为 2000.0。参考椭球采用 2000 参考椭球，长半径 $a = 6\,378\,137\text{m}$，地球扁率 $f = 1/298.257\,222\,101$，地心引力常数 $GM = 3.986\,004\,418 \times 10^{14}\,\text{m}^3/\text{s}^2$，重力场二阶带球谐系数 $J_2 = 0.001\,082\,629\,832\,258$，自转角速度 $\omega = 7\,292\,115 \times 10^{-11}\,\text{rad/s}$。

CGCS2000 已于 2008 年 6 月 18 日发布，7 月 1 日开始实施，计划 8～10 年完成我国现有大地基准的转换。

2. 我国使用的参心坐标系

由于历史原因，我国曾先后使用了 5 个参心坐标系，如表 4.2 所示。曾普遍采用的参心坐标系主要是 1954 北京坐标系和 1980 国家大地坐标。

表 4.2　我国参心坐标系

序号	坐标系	参考椭圆	大地原点	定位			附注
				ξ_0	η_0	ς_0	
1	1954 北京坐标系	克拉索夫斯基 a: 6 378 245 m f: 1/298.3					
2	1980 国家大地坐标系	IUGG-75 a: 6 378 140 m f: 1/298.257 GM: $3.986\,005 \times 10^{14}\,\text{m}^3/\text{s}^2$ ω: $7.291\,15 \times 10^{-5}$ rad/s	陕西永乐镇 34°32′ 108°46′	−1.9″	−1.6″	−14.2m	
3	南京坐标系	海福特 a: 6 378 388 m f: 1/297.0	大石桥天文观测站 32°03′ 118°46′				美国 1∶250 000 卫星图采用
4	长春坐标系	白塞尔 a: 6 377 397.155 m f: 1/298.1528	欢喜岭 43°49′ 125°18′				日伪时期东北地区采用
5	台湾坐标系	1967 年国际椭球 a: 6 378 160 m f: 1/298.247	台湾虎子山地理中心碑 23°58′ 120°58′				

（1）1954 北京坐标系（BJ54）

建国初期，为了布测全国天文大地网、测制地图，满足大规模经济建设和国防建设的需要，我国建立了 1954 北京坐标系（BJ54）。该坐标系采用克拉索夫斯基椭球作为参考椭球。起始点的点位坐标是通过与前苏联大地网联测而推算的；高程系统采用正常高，以 1956 年黄海平均海水面为基准，高程异常是以苏联 1955 年大地水准面重新平差值为起算值，按我国天文水准路线推算出来的。BJ54 的缺陷：

- 椭球参数有较大误差；
- 参考椭球面与我国大地水准面存在着自西向东明显的系统性倾斜，在东部地区大地水准面差距最大达+68m；
- 几何大地测量和物理大地测量应用的参考面不统一，我国在处理重力数据时采用赫尔默特 1900—1909 年正常重力公式，与这个公式相对应的赫尔默特扁球不是旋转椭球，它与克拉索夫斯基椭球是不一致的，这给实际工作带来了麻烦；
- 定向不明确。

（2）1980 年国家大地坐标系（GDZ80）

该坐标系是在全国布测完成天文大地网的基础上建立的。该坐标系选用 IUGG-75 椭球为参考椭球，起始大地点（大地原点）地处我国中部，位于西安市以北 60km 处的泾阳县永乐镇，简称西安原点，在大地原点上进行了精密天文测量和水准测量。GDZ80 依据全国天文大地网和重力测量数据对椭球进行定位和定向。GDZ80 的特点：

- 采用 1975 年国际大地测量与地球物理联合会（IUGG）第 16 届大会上推荐的 5 个椭球基本参数，长半径 $a = 6\,378\,140\,\text{m}$、地球扁率 $f = 1/298.257$、地心引力常数 $GM = 3.986\,005 \times 10^{14}\,\text{m}^3/\text{s}^2$、自转角速度 $\omega = 7\,292\,115 \times 10^{-11}\,\text{rad/s}$；
- 在 1954 年北京坐标系的基础上建立；
- 椭球面同似大地水准面在我国境内最为密合，是多点定位；
- 定向明确，椭球短轴平行于地球质心指向地极原点的方向；
- 大地高程基准采用 1956 年黄海高程系。

（3）新 1954 年北京坐标系（新 BJ54）

新 1954 年北京坐标系（新 BJ54）是在 GDZ80 基础上，改变 GDZ80 相对应的 IUGG1975 椭球几何参数为克拉索夫斯基椭球参数，并将坐标原点（椭球中心）平移，使坐标轴保持平行而建立起来的。新 BJ54 的特点：

- 采用克拉索夫斯基椭球参数；
- 综合 GDZ80 和 BJ54 新建立起来的参心坐标系；
- 采用多点定位，但椭球面与大地水准面在我国境内不是最佳拟合；
- 定向明确，坐标轴与 GDZ80 平行，椭球短轴平行于地球质心指向 1968.0 地极原点的方向，起始子午面平行于我国起始天文子午面；
- 大地原点与 GDZ80 相同，但大地起算数据不同；
- 大地高程基准采用 1956 年黄海高程系；

- 与 BJ54 相比，所采用的椭球参数相同，其定位相近，但定向不同。

4.2　时 间 系 统

在 GPS 卫星定位中，时间系统有着重要的意义。作为观测目标的 GPS 卫星以每秒几千米的速度运动，对观测者而言卫星的位置（方向、距离、高度）和速度都在不断地迅速变化。因此，在卫星测量中，例如在由跟踪站对卫星进行定轨时，给出卫星位置的同时，必须给出对应的瞬间时刻。当要求 GPS 卫星位置的误差小于1cm时，相应的时刻误差应小于$6.6\mu\text{s}$。又如在卫星定位测量中，GPS 接收机接收并处理 GPS 卫星发射的信号，测定接收机至卫星之间的信号传播时间，再乘以光速换算成距离，进而确定观测站的位置。因此，要准确地测定观测站至卫星的距离，必须精确的测定信号的传播时间。如果要求距离误差小于1cm，则信号传播时间的测定误差应小于0.03ns。所以，任何一个观测量都必须给定取得该观测量的时刻。为了保证观测量的精度，对观测时刻要有一定的精度要求。

时间系统与坐标系统一样，应有其尺度（时间单位）与原点（起始历元）。其中，时间的尺度是关键，而原点可以根据实际应用加以选定。只有把尺度与原点结合起来，才能给出时刻的概念。

一般来说，任何一个周期运动，只要具有下列条件，都可作为确定时间的基准：

① 运动是连续的、周期性的；

② 运动的周期具有充分的稳定性；

③ 运动的周期必须具有复现性，即在任何时间和地点，都可以通过观测和实验复现这种周期运动。在实践中，由于所选择的上述周期运动现象不同，便产生了不同的时间系统。

本节首先对三大类时间系统即世界时、原子时和力学时进行简要介绍。然后介绍当前最常采用的协调世界时 UTC。在此基础上，介绍 GPS 时、GLONASS 时和北斗时。

4.2.1　世界时系统

世界时系统是以地球自转运动为基准的时间系统。因为地球自转运动是连续的，而且比较均匀，易于观测，且与人类活动息息相关，所以世界时系统是人类最先建立的时间系统。在实际中，由于观察地球自转运动时所选的空间参考点不同，世界时系统又有下列表述形式。

1. 恒星时 ST

恒星时以春分点为参考点。恒星时定义为：春分点连续两次经过某地子午圈上中天所经历的时间段，称为一个恒星日；春分点与该点子午圈间的时角称为该地的恒星时。一个恒星日等于 24 个恒星时，一个恒星时等于 60 个恒星分，一个恒星分等于 60 个恒星秒。时间的计量单位为时、分、秒，用符号 h 、m 、s 表示。显然，恒星时是地方时，在同瞬间各地的恒星时不同。而春分点的格林尼治时角则称为格林尼治恒星时。

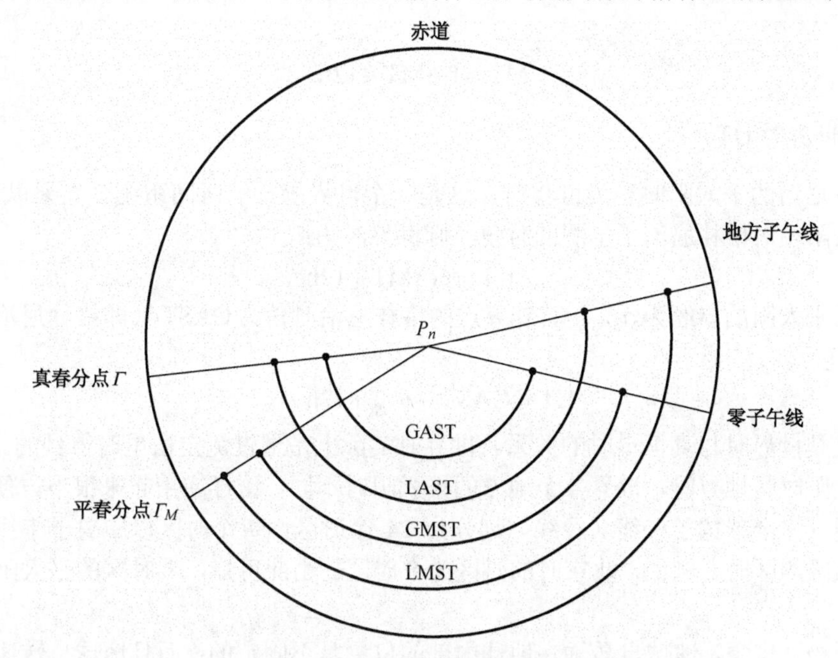

图 4.11　真恒星时和平恒星时之间的关系

由于岁差、章动的影响，春分点区分为真春分点和平春分点，因此恒星时也区分为真恒星时和平恒星时。图 4.11 表示了真恒星时和平恒星时之间的关系，还给出了格林尼治恒星时和地方恒星时的关系。其中 LAST、LMST 和 GAST、GMST 分别表示地方真恒星时、平恒星时和格林尼治真恒星时、平恒星时。由图 4.11 可得地方恒星时与格林尼治恒星时的关系：

$$\text{LMST}-\text{GMST}=\text{LAST}-\text{GAST}=\lambda \tag{4.15}$$

真恒星时和平恒星时的关系：

$$\text{LAST}-\text{LMST}=\text{GAST}-\text{GMST}=\Delta\psi\cos\varepsilon \tag{4.16}$$

式中，$\Delta\psi$ 为黄经章动；ε 为黄赤交角；λ 为天文经度。

由于平春分点受岁差的影响，每年约西移 50″，所以一平恒星日的长度并不真正等于地球自转周期，约短 0.008s。

2．平太阳时 MT

由于真太阳的视运动是不均匀的，不能作为建立时间系统的参考点。因此，假设将平太阳作为参考点。该平太阳的视运动速度等于真太阳周年视运动的平均速度，且在天球赤道上做周年视运动。平太阳两次经过某地子午圈下中天（平子夜）所经历的时间段称为一个平太阳日，一平太阳日的 1/86400 为1s。平太阳日以平子夜瞬间为时间零点起始时刻，因此，某地的平太阳时就等于平太阳的时角 LAMT 与12h之和，即：

$$\mathrm{MT}=\mathrm{LAMT}+12\mathrm{h} \tag{4.17}$$

3. 世界时 UT

格林尼治的平太阳时称为世界时，这是一个世界统一的时间系统。如果以 GAMT 表示平太阳相对格林尼治子午圈的时角，则世界时为：

$$\mathrm{UT}=\mathrm{GAMT}+12\mathrm{h} \tag{4.18}$$

假设平太阳的赤经为α_{MS}，真春分点的格林尼治时角为GAST（即格林尼治真恒星时），则：

$$\mathrm{UT}=\mathrm{GAST}-\alpha_{MS}+12\mathrm{h} \tag{4.19}$$

这就是世界时与真恒星时的关系。世界时实际上是通过测定恒星时得到的。

平太阳时是地方时，世界各个地方的平太阳时不同，这样应用起来很不方便。为了实用方便，将全球按子午线（经线）划分为 24 个时区，每个时区以中央子午线的平太阳时为该区的区时。例如，北京时的时区为 8 时区。由此可知，零时区的平太阳时即为世界时。

由于极移现象，地球自转轴在地球内部的位置是不固定的；而且地球自转速度是不均匀的，它不仅含有长期的减缓趋势，还含有一些短周期的变化和季节性的变化。由于上述原因，导致世界时是不均匀的。为了解决这个问题，从 1956 年开始，便在世界时中加入了极移改正和地球自转速度的季节性改正。由此得到的世界时相应地表示为 UT1 和 UT2，而未经改正的世界时一般以 UT0 表示，它们的关系为：

$$\mathrm{UT1}=\mathrm{UT0}+\Delta\lambda \qquad \mathrm{UT2}=\mathrm{UT1}+\Delta T_S \tag{4.20}$$

式中，$\Delta\lambda$ 为极移改正，其表达式为：

$$\Delta\lambda=\frac{1}{15}(x_p\sin\lambda-y_p\cos\lambda)\tan\varphi$$

式中，(λ,φ) 为天文经度、纬度；(x_p,y_p) 为极移坐标；ΔT_S 按下式计算：

$$\Delta T_S=0.022^s\sin 2\pi t-0.012^s\cos 2\pi t-0.006^s\sin 4\pi t-0.007^s\cos 4\pi t \tag{4.21}$$

式中，t 为白塞尔年岁首回归年的小数部分。

UT1 和 UT2 仍不是一个严格均匀的时间系统。但它们与地球自转有着密切的关系，因此在天文学、大地测量学和空间技术中仍有广泛的应用。在 GPS 测量中，其主要应用于天球坐标系与地球坐标系之间的转换等计算工作中。

4.2.2 原子时系统

随着现代科学技术的发展，对时间准确度和稳定度的要求日益提高。以地球自转为基础的世界时系统已难以满足各种高精度应用的要求。为此，人们从 20 世纪 50 年代便建立了以物质内部原子运动的特征为基础的原子时系统（AT，Atomic Time）。因为物质内部的原子跃迁所辐射和吸收的电磁波频率具有很高的稳定性和复现性，所以以此为基础建立的原子时便成为当代最理想的时间系统。

1967 年定义了原子时的尺度标准：国际制秒（SI）。原子时秒长的定义为：位于海平面上的铯 133 原子基态两个超精细结构能态间在零磁场中跃迁辐射振荡 9 192 631 770 周所经历的时间为一原子时秒。原子时的原点由下式确定：

$$\mathrm{AT} = \mathrm{UT2} - 0.0039\ \mathrm{s} \tag{4.22}$$

原子时的出现，在全球各国获得迅速的应用，但不同地方的原子时之间存在着差异。为此，国际时间局对世界上精选出的一百多台原子钟进行比对，经数据处理推算出统一的原子时，称为国际原子时（IAT，International Atomic Time）。

原子时是用高精度原子钟来守时和授时的，该原子钟的准确度和稳定度取决于其中的核心部件——振荡器，不同类型的振荡器的原子时精度不同。表 4.3 给出了当前几种频率标准的特性。

表 4.3 几种常用频标的特性比较

特征值		振荡器的种类			
		晶体振荡器	铷气泡	铯原子束	氢原子激射器
相对频率稳定度	1s	10^{-6}～10^{-12}	2×10^{-11}～5×10^{-12}	5×10^{-11}～5×10^{-13}	5×10^{-13}
	1d	10^{-6}～10^{-12}	5×10^{-12}～5×10^{-13}	10^{-13}～10^{-14}	10^{-13}～10^{-14}
钟差达 1μs 的时间		1s～1d	1d～10d	7d～30d	7d～30d
相对频率再现性		不可应用必须校准	10^{-10}	10^{-11}～2×10^{-12}	5×10^{-13}
相对频率漂移		10^{-9}～10^{-11}/d	10^{-11}/月	$<5\times10^{-13}$/d	$<5\times10^{-13}$/a

在卫星测量学中，原子时作为高精度的时间基准，普遍地用于精密测定卫星信号的传播时间。

4.2.3 力学时系统

力学时是在研究天体运动中采用的一种时间系统。在天文学中，天体的星历是根据天体动力学理论建立的运动方程而编算的，其中所采用的独立变量是时间参数 T，这个数学变量 T 便被定义为力学时。

力学时是均匀的时间系统。根据所述运动方程和对应参考点的不同，力学时可分为两种。

① 太阳系质心力学时（BDT，Barycertric Dynamic Time），BDT 是相对于太阳系质心的运动方程所采用的时间参数。

② 地球质心力学时（TDT，Terrestrial Dynamic Time），TDT 是相对地球质心的运动方程所采用的时间参数。

在 GPS 定位中，地球质心力学时作为一种严格均匀的时间尺度和独立变量被用于描述卫星的运动。

地球质心力学时的基本单位是国际制秒（SI），与原子时的尺度一致。国际天文学联合会（IAU）规定，地球质心力学时与原子时在 1977 年 1 月 1 日原子时 0 时的严格关系定义为：

$$\mathrm{TDT} = \mathrm{IAT} + 36.184\ \mathrm{s} \tag{4.23}$$

若以 ΔT 表示地球质心力学时 TDT 与世界时 UT1 之间的时差，则由式（4.23）可得：

$$\Delta\mathrm{T}=\mathrm{TDT}-\mathrm{UT1}=\mathrm{IAT}-\mathrm{UT1}+36.184\ \mathrm{s} \tag{4.24}$$

该差值可通过国际原子时与世界时的比对确定，通常载于天文年历中。

4.2.4　协调世界时

原子时虽是秒长均匀、稳定度很高的时间系统，但其与地球自转无关，应用起来不够方便。原子时秒长与世界时 UT1 秒长不等，大约每年累积相差 1s，如此下去，两者会越差越大。为了协调原子时与世界时的关系，建立了一种折中的时间系统，称为协调世界时 UTC。

根据国际规定，协调世界时的秒长采用原子时秒长，其累积的时刻与 UT1 时刻之差保持在±0.9s 之内，当超过时，采用跳秒的办法来调整（又称闰秒）。一般规定，闰秒在 6 月 30 日或 12 月 31 日最后 1 秒加入，具体日期由 BIH 提前两个月安排并通告各国。

目前，世界各国播发的时号均以 UTC 为基准。为了给使用 UT1 的用户提供世界时 UT1，时间服务部门在播发协调世界时 UTC 时号的同时，还给出 UT1 与 UTC 的差值，这样用户便可容易地由 UTC 求得相应的 UT1。

4.2.5　GPS 时

为了满足精密导航和定位的需要，GPS 在系统设计与试验之初就建立了专用的时间系统，简称 GPST。它是以 GPS 地面监控系统主控站的主原子钟为基准的连续时间尺度。

GPST 属于原子时系统，其秒长采用原子时秒长，但原点不同。GPST 的原点，规定于 1980 年 1 月 6 日 0 时与协调世界时 UTC 时刻相一致，以后就按原子时秒长累积计时。GPST 的原点与国际原子时 IAT 相差 19s，其关系式为：

$$\mathrm{IAT} - \mathrm{GPST} = 19\ \mathrm{s} \tag{4.25}$$

而 GPST 与 UTC 之差为秒的整倍数。例如，1989 年为 5s，1996 年为 11s，2002

年为 13s。

GPST 的表述形式为 GPS 周和 GPS 周内秒。GPS 周为从 1980 年 1 月 6 日 0 时起算的星期数，每星期六午夜周数加 1，秒数置 0。1999 年 8 月 22 日 0 时周数计数器满，重新将周数置 0。GPS 周内秒累计周内所经历的秒数取值在 0～604 800 之间。GPST 与其他几种主要时间系统之间的关系如图 4.12 所示。

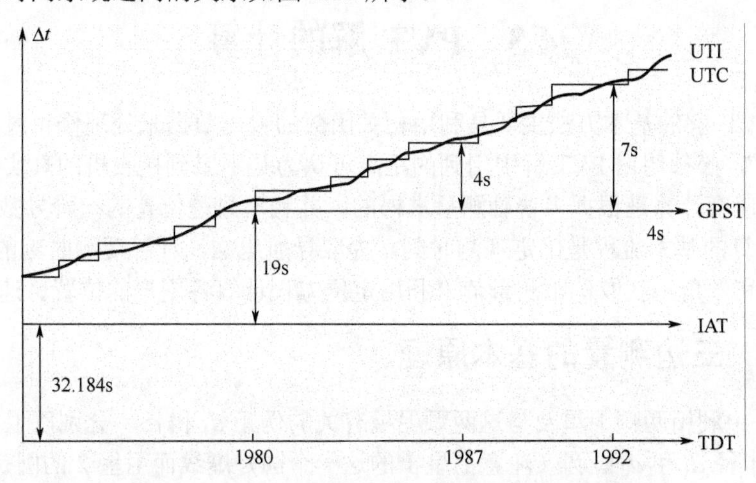

图 4.12　GPST 与其他几种主要时间系统之间的关系

4.2.6　GLONASS 时

GLONASS 时是俄罗斯 GLONASS 系统采用的时间基准，属于 UTC 时间系统，与俄罗斯维持的世界协调时 UTC（UC）相差不到 1 毫秒，UTC（UC）与国际标准 UTC 相差小于 1 微秒。GLONASS 时与 UTC（UC）之间存在 3 个小时的整数差。

4.2.7　北斗时

北斗时（BDT）是我国北斗导航系统采用的时间基准。BDT 是一个连续的时间系统，属于原子时。它的秒长取为国际单位值 SI 秒，不闰秒；以“周”和“周内秒”为单位连续计数，通过导航电文发播。其时间起点为 2006 年 01 月 01 日 UTC 00 时 00 分 00 秒。

BDT 通过 UTC（NTSC）与国际 UTC 建立联系，BDT 与 UTC 时间差分为“整数秒部分和“小数秒部分”。BDT 与 UTC 的偏差保持在 100ns 以内（模 1 秒），BDT 与 UTC 之间的闰秒信息在导航电文中播报。BDT 与 UTC 差值的“小数秒部分”（也称“秒内偏差”）、差值的“整数秒部分”有如下关系：

$$\mathrm{BDT}=\mathrm{UTC}+\mathrm{DTAI}-33\mathrm{s} \tag{4.26}$$

式中，DTAI=TAI−UTC（整秒）是由国际文件定义的，是随 UTC 发生闰秒事件而不同的变量，由国际授时组织适时公布和预报。2013 年 5 月，DTAI=35s，BDT=UTC+2s，即某一事件发生时刻用 BDT 计量标示，要比用 UTC 计量的日期、时刻提前 2s，BDT 的“星期”历元也比日常用 UTC 的“星期”历元要早 2s。随着 UTC 闰秒的增多，该值也会改变，不是常数。

4.3　PVT 解的计算

计算 PVT 解的基本方法主要是利用相关函数的输出数据来处理修正过的伪距离。关于“修正”，必须明白 PVT 解中用到的距离可认为是卫星到接收机的真实的欧几里得距离。注意速度计算是根据多普勒测量求得的（并且不只是位置的一阶导数）。

PVT 解算的基本流程是确定观测时刻，提取导航电文，计算观测时刻的卫星位置、速度、仰角和倾角，获取伪距测量值，利用定位方程计算各用户的位置、速度和时间。

4.3.1　三边测量的基本原理

图 4.13 中利用两颗卫星及与这两颗卫星有关的伪距 d_1 和 d_2，分别以卫星 1 和卫星 2 为中心、半径 d_1 和 d_2 画圆（注意卫星 1 的这一个圆是虚线而卫星 2 的圆是点线）。现在考虑一下，d_1 圆和 d_2 圆在地球表面的轨迹。图 4.13 中将轨迹画成了粗线（对应于卫星 1 和卫星 2 的虚线和点线）。它们存在两个交点（第二个点在该图中地球的另一面）。

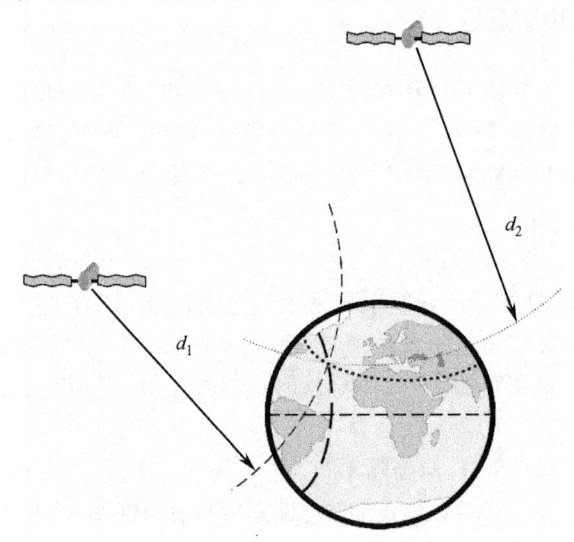

图 4.13　典型的伪距测量结构

在这个例子中，假定高度未知，因此，需要第三个测量值。注意第三个伪距可以实现地面位置的几何判定，因为这是附加的一部分信息（事实是正在搜索的位置就在地球表面上）。注意从数学的观点来看，三个球面的交点（以卫星为中心）其实有两个交点，一个在包括这三颗卫星的平面上面，因此并不在地球表面上。尽管如此，这并不直接用在计算中，因为它并不能提供真正的简化。另外，为了确定 GNSS 时间与接收机时间之间的时间偏差，仍需要第四颗卫星来实现。

另一个需要特别考虑的方面与测量噪声有关。伪距实际上是存在“噪声”的，因此可能存在这样一种情况，实际数学计算的三个球面交叉点可能并不存在。因此，定位采用的方法必须能够解决这个问题，如图 4.14 所示。在图 4.14 的左边，测量误差为零，可以使数学解完美地匹配。当然，这种结构与实际情况仍然相去甚远，其实另外两幅图才是实际情况，就是两个中的任意一个并不相交或交点是一种球面三角形。最灵活的定位方法当然是与时间偏差处理有关的。这种方法就是将接收机时钟偏差当作所有信号的一个普通未知变量，因为所有的测量值是在相同的时间测出的，它们关于接收机的时钟漂移是同时进行的（因此是可以忽略的）。

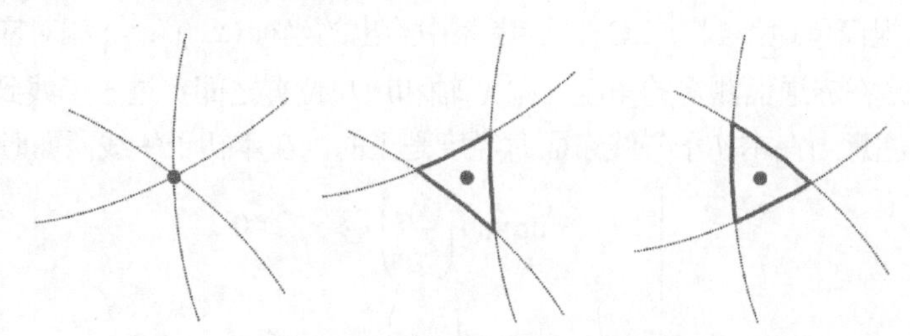

图 4.14　位置测定扩展方法的图示

4.3.2　坐标系

对于位置计算的目的来说，使用地心地固（ECEF）参考坐标系是有用的，它具有随地球的自转而转动的特性。注意：由于地球是个椭球体，就是说地面位置的垂线并不穿过地球的中心，除非它在赤道或两极上。

另外，(x, y, z) 的表示在实际生活中并不实用（计算除外）。因此，作为参考的经度、纬度和高度更合适。不过，仍然需要一个方法来给地球建模，这通常是通过使用椭圆体来实现的。

一个椭圆体可以用它的两个半轴完全描述出来。在 GNSS 相关的椭圆体中，长半轴通常是地球赤道面的半径，短半径是从两极到地球中心的距离。长半轴用 a 表示，短半轴用 b 表示，因此可以计算椭圆体的偏心率 e 和扁率 f：

$$e = \sqrt{1 - \frac{b^2}{a^2}} \tag{4.27}$$

$$f = 1 - \frac{b}{a} \tag{4.28}$$

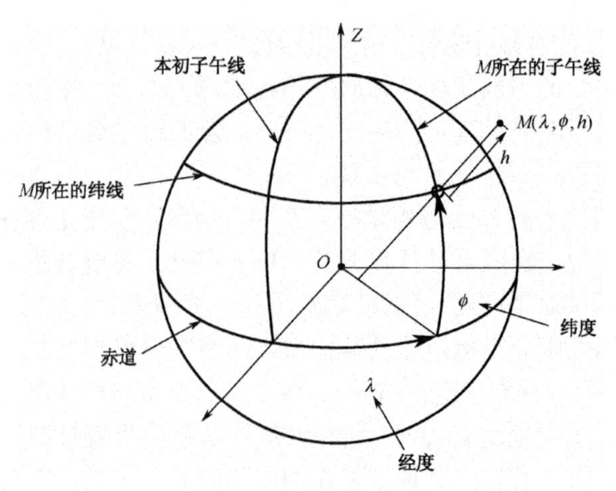

图 4.15　经度、纬度和高度表示及关联椭圆体

然后就可以很简单地得到与 ECEF 参考系中给出的坐标(x_r, y_r, z_r)相对应的经度、纬度和高度。经度λ是在赤道面测得的角度，在X轴和用户位置之间穿过子午线到赤道面上，然后由下式给出（注意当在本初子午线东面时经度是正的，在本初子午线西面时经度是负的）：

$$\lambda=\begin{cases}\arctan\left(\dfrac{y_r}{x_r}\right)\leftrightarrow x_r\geqslant 0\\ 180^\circ+\arctan\left(\dfrac{y_r}{x_r}\right)\leftrightarrow x_r\leqslant 0, y_r\geqslant 0\\ -180^\circ+\arctan\left(\dfrac{y_r}{x_r}\right)\leftrightarrow x_r<0, y_r<0\end{cases} \tag{4.29}$$

纬度ϕ是椭球体在用户位置处的法向量和赤道面之间的角度。通常当在赤道面北边时纬度是正的，在赤道面南边时纬度是负的。

4.3.3　球面交叉法

下面将给出一种计算位置的基本方法。这种方法以从至少四颗卫星中得到伪随机序列的一阶泰勒级数展开为基础，该方法是为了处理三个空间坐标与接收机的时钟偏移。与 4.3.4 节描述的双曲面交叉方法相比，这种解法可以看作一种圆交叉相关法。

待求解的系统由 4 个伪距表达式（ρ_i）组成，伪距表达式为：

$$\rho_i=\sqrt{(x_i-x_r)^2+(y_i-y_r)^2+(z_i-z_r)^2}+ct_r \tag{4.30}$$

式中(x_r, y_r, z_r)是（待求解的）接收机的位置，(x_i, y_i, z_i)是卫星“i”（必须根据导航数据计算出来）的位置，t_r是接收机时钟相对于星座参考时间的偏差。卫星的位置是卫星发射信号到接收机发射时刻的卫星坐标。这种解法执行迭代处理。事实上，在这个迭代过程的第一步，只能使用传播时间的估计值（建立在接收机位置估计的基础上），并且必须在第一步迭代的最后进行核查。当发现不匹配时，就必须进行新的迭代过程，以此类推。

因此，这种解法的原理就是对接收机设置一个初始的预测位置，如移动电信网络能够提供粗略的位置，也可以用于接收机的初始估计位置。初始位置写作$\left(\hat{x}_r,\hat{y}_r,\hat{z}_r\right)$。此外，GNSS 位置的解向量不但包括空间向量，还包括接收机内部时钟的时间偏差，因此实际初始估计值为$\left(\hat{x}_r,\hat{y}_r,\hat{z}_r,c\hat{t}_r\right)$。最后将时间坐标与光速相乘，就得到了同类的四个坐标向量，也就是所有的坐标向量给出的都是以米为单位的值。然后使用第一个位置来估计一次迭代到下一次迭代的相位位移。这个量将被用作迭代算法的收敛判别标准。真实的位置与估计位置之间的差由向量$\left(\Delta\hat{x}_r,\Delta\hat{y}_r,\Delta\hat{z}_r,\Delta c\hat{t}_r\right)$表示。

定义函数 f：

$$\rho_i=\sqrt{(x_i-x_r)^2+(y_i-y_r)^2+(z_i-z_r)^2}+ct_r=f\left(x_r,y_r,z_r,t_r\right) \tag{4.31}$$

也可以用估计位置定义函数 f：

$$\hat{\rho}_i=\sqrt{(x_i-\hat{x}_r)^2+(y_i-\hat{y}_r)^2+(z_i-\hat{z}_r)^2}+c\hat{t}_r=f\left(\hat{x}_r,\hat{y}_r,\hat{z}_r,\hat{t}_r\right) \tag{4.32}$$

接收机的实际位置为：

$$\begin{cases} x_r=\hat{x}_r+\Delta x_r \\ y_r=\hat{y}_r+\Delta y_r \\ z_r=\hat{z}_r+\Delta z_r \\ t_r=\hat{t}_r+\Delta t_r \end{cases} \tag{4.33}$$

那么就可以得到：

$$f\left(x_r,y_r,z_r,ct_r\right)=f\left(\hat{x}_r+\Delta x_r,\hat{y}_r+\Delta y_r,\hat{z}_r+\Delta z_r,c\hat{t}_r+\Delta ct_r\right) \tag{4.34}$$

在收敛附近，$\left(\Delta\hat{x}_r,\Delta\hat{y}_r,\Delta\hat{z}_r,\Delta c\hat{t}_r\right)$比$\left(\hat{x}_r,\hat{y}_r,\hat{z}_r,c\hat{t}_r\right)$小很多，可以进行一阶泰勒级数展开，从而有：

$$\begin{aligned} & f\left(\hat{x}_r+\Delta x_r,\hat{y}_r+\Delta y_r,\hat{z}_r+\Delta z_r,\hat{t}_r+\Delta t_r\right) \\ & =f\left(\hat{x}_r,\hat{y}_r,\hat{z}_r,\hat{t}_r\right)+\frac{\partial f\left(\hat{x}_r,\hat{y}_r,\hat{z}_r,c\hat{t}_r\right)}{\partial\hat{x}_r}\Delta x_r+\frac{\partial f\left(\hat{x}_r,\hat{y}_r,\hat{z}_r,c\hat{t}_r\right)}{\partial\hat{y}_r}\Delta y_r \\ & +\frac{\partial f\left(\hat{x}_r,\hat{y}_r,\hat{z}_r,c\hat{t}_r\right)}{\partial\hat{z}_r}\Delta z_r+\frac{\partial f\left(\hat{x}_r,\hat{y}_r,\hat{z}_r,c\hat{t}_r\right)}{\partial\hat{t}_r}\Delta t_r \end{aligned} \tag{4.35}$$

考虑到中间变量：

$$\hat{r}_i=\sqrt{(x_i-\hat{x}_r)^2+(y_i-\hat{y}_r)^2+(z_i-\hat{z}_r)^2} \tag{4.36}$$

方程就变成了：

$$\begin{aligned} & f\left(\hat{x}_r+\Delta x_r,\hat{y}_r+\Delta y_r,\hat{z}_r+\Delta z_r,\hat{t}_r+\Delta t_r\right) \\ & =\hat{r}_i+c\hat{t}_r-\frac{x_i-\hat{x}_r}{\hat{r}_i}\Delta x_r-\frac{y_i-\hat{y}_r}{\hat{r}_i}\Delta y_r-\frac{z_i-\hat{z}_r}{\hat{r}_i}\Delta z_r+c\Delta t_r \end{aligned} \tag{4.37}$$

偏导数为：

$$\begin{cases}\dfrac{\partial f\left(\hat{x}_r,\hat{y}_r,\hat{z}_r,c\hat{t}_r\right)}{\partial \hat{x}_r}\Delta x_r=-\dfrac{x_i-\hat{x}_r}{\hat{r}_i}\Delta x_r\\ \dfrac{\partial f\left(\hat{x}_r,\hat{y}_r,\hat{z}_r,c\hat{t}_r\right)}{\partial \hat{y}_r}\Delta y_r=-\dfrac{y_i-\hat{y}_r}{\hat{r}_i}\Delta y_r\\ \dfrac{\partial f\left(\hat{x}_r,\hat{y}_r,\hat{z}_r,c\hat{t}_r\right)}{\partial \hat{z}_r}\Delta z_r=-\dfrac{z_i-\hat{z}_r}{\hat{r}_i}\Delta z_r\\ \dfrac{\partial f\left(\hat{x}_r,\hat{y}_r,\hat{z}_r,c\hat{t}_r\right)}{\partial \hat{t}_r}\Delta t_r=c\end{cases} \tag{4.38}$$

估计值与实际伪距之间的最终关系式为：

$$\rho_i=\hat{\rho}_i-\frac{x_i-\hat{x}_r}{\hat{r}_i}\Delta x_r-\frac{y_i-\hat{y}_r}{\hat{r}_i}\Delta y_r-\frac{z_i-\hat{z}_r}{\hat{r}_i}\Delta z_r+c\Delta t_r \tag{4.39}$$

或

$$\hat{\rho}_i-\rho_i=\frac{x_i-\hat{x}_r}{\hat{r}_i}\Delta x_r+\frac{y_i-\hat{y}_r}{\hat{r}_i}\Delta y_r+\frac{z_i-\hat{z}_r}{\hat{r}_i}\Delta z_r-c\Delta t_r \tag{4.40}$$

定义一组新的中间变量：

$$\begin{cases}\Delta\rho=\hat{\rho}_i-\rho_i\\ a_{xi}=\dfrac{x_i-\hat{x}_r}{\hat{r}_i}\\ a_{yi}=\dfrac{y_i-\hat{y}_r}{\hat{r}_i}\\ a_{zi}=\dfrac{z_i-\hat{z}_r}{\hat{r}_i}\end{cases} \tag{4.41}$$

对于任意给定的卫星，待求解的方程式为：

$$\Delta\rho=a_{xi}\Delta x_r+a_{yi}\Delta y_r+a_{zi}\Delta z_r-c\Delta t_r \tag{4.42}$$

进行三维定位时，需要四颗卫星，必须处理由 4 个方程和 4 个未知量 $\left(\Delta\hat{x}_r,\Delta\hat{y}_r,\Delta\hat{z}_r,\Delta c\hat{t}_r\right)$ 组成的方程组：

$$\begin{cases}\Delta\rho_1=a_{x1}\Delta x_r+a_{y1}\Delta y_r+a_{z1}\Delta z_r-c\Delta t_r\\ \Delta\rho_2=a_{x2}\Delta x_r+a_{y2}\Delta y_r+a_{z2}\Delta z_r-c\Delta t_r\\ \Delta\rho_3=a_{x3}\Delta x_r+a_{y3}\Delta y_r+a_{z3}\Delta z_r-c\Delta t_r\\ \Delta\rho_4=a_{x4}\Delta x_r+a_{y4}\Delta y_r+a_{z4}\Delta z_r-c\Delta t_r\end{cases} \tag{4.43}$$

这样的等式可用矩阵表示为：

$$\Delta\boldsymbol{\rho}=\begin{bmatrix}\Delta\rho_1\\ \Delta\rho_2\\ \Delta\rho_3\\ \Delta\rho_4\end{bmatrix}\quad \boldsymbol{H}=\begin{bmatrix}a_{x1} & a_{y1} & a_{z1} & 1\\ a_{x2} & a_{y2} & a_{z2} & 1\\ a_{x3} & a_{y3} & a_{z3} & 1\\ a_{x4} & a_{y4} & a_{z4} & 1\end{bmatrix}\quad \Delta\boldsymbol{x}=\begin{bmatrix}\Delta x_r\\ \Delta y_r\\ \Delta z_r\\ -c\Delta t_r\end{bmatrix} \tag{4.44}$$

最终方程表示成：

$$\Delta\boldsymbol{\rho}=\boldsymbol{H}\Delta\boldsymbol{x} \tag{4.45}$$

式（4.45）的解为

$$\Delta\boldsymbol{x}=\boldsymbol{H}^{-1}\Delta\boldsymbol{\rho} \tag{4.46}$$

假设向量$\Delta\boldsymbol{x}$趋近于 0，求解接收机的位置，这样的话，最后一次迭代的接收机位置可认为是初始估计的位置。因此这种迭代方法必须给出收敛标准的（由于测量结果的不确定性$\Delta\boldsymbol{x}$通常不可能达到 0）。

假设初始点距离实际点并不是太远，伪距含有噪声不太多，通常可以在 10 次迭代以内达到收敛。

所有这些计算都是用码相位相关测量法实现的。但是，码相位测量仍然存在同样的不确定度问题，因为卫星与接收机之间的距离远远大于一个码长。因此，伪距并不只是包含码的分数部分（这是接收机信号处理部分的实际测量结果），而是这个小数部分再加上与整个码的整数部分相当的距离。注意在时间上码长是 1ms，相当于 300km 少一点，从卫星到接收机的实际距离通常在 19 100km～28920km 之间（对于所有的星座）。因此，实际的伪距由下式（注意n_i和码相位都以毫秒为单位）给出：

$$\mathrm{PR}_{\mathrm{satellite}\_i\_\mathrm{receiver}}=n_i\times 299\ 792.458+R_{\mathrm{code\_phase}}\times 299\ 792.458 \tag{4.47}$$

从而可得到需要求解的方程组：

$$\begin{bmatrix}\mathrm{PR}_{\mathrm{satellite}\_i\_\mathrm{receiver}}=n_i\times 299\ 792.458+R_{\mathrm{code\_phase}}(i)\times 299\ 792.458\\ \mathrm{PR}_{\mathrm{satellite}\_j\_\mathrm{receiver}}=n_j\times 299\ 792.458+R_{\mathrm{code\_phase}}(j)\times 299\ 792.458\\ \mathrm{PR}_{\mathrm{satellite}\_k\_\mathrm{receiver}}=n_k\times 299\ 792.458+R_{\mathrm{code\_phase}}(k)\times 299\ 792.458\\ \mathrm{PR}_{\mathrm{satellite}\_m\_\mathrm{receiver}}=n_m\times 299\ 792.458+R_{\mathrm{code\_phase}}(m)\times 299\ 792.458\end{bmatrix} \tag{4.48}$$

这些不确定量可以使用转换字（HOW）来确定，它包含在下一个遥测字（TLM）开始第一个数据比特跳变的时间。事实上，这个数据比特与 C/A 码同步，可以预测卫星到接收机的传输时间。不过，每个 TLM 数据比特（20ms）中仍有 20 个 C/A 码。接下来进行的计算就是要核查（并进行最终的校正）1ms 的 C/A 码和 20ms 的 TLM 数据比特之间的精确对准。

这些不确定量也可以根据初始位置估计值估计出来，对于位置计算来讲，也就是$\left(\Delta\hat{x}_r,\Delta\hat{y}_r,\Delta\hat{z}_r,c\Delta\hat{t}_r\right)$。事实上，接下来计算的就是一个双重迭代过程，第一重迭代估计一组整数模糊度，然后通过第二重迭代循环产生的位置进行计算。然后，需要验证关于整数模糊度量的初始假设，这可能会得出一组新的整数模糊度，然后进行新的第二重循环处理。

4.3.4 双曲面分析模型

4.3.3 节介绍的方法非常有效而且总是会收敛，具有能解出时钟偏差的优点，但是它需要迭代计算。另外有一种双曲面分析方法，可以实现接收机位置的分析解。下面将介绍一般情况，并对这种方法进行讨论。

待求解的方程式表示如下（由于要计算差值，所以开始时不考虑时钟偏差）：

$$\begin{cases} d_1^2 = (x_1 - x_r)^2 + (y_1 - y_r)^2 + (z_1 - z_r)^2 \\ d_2^2 = (x_2 - x_r)^2 + (y_2 - y_r)^2 + (z_2 - z_r)^2 \\ d_3^2 = (x_3 - x_r)^2 + (y_3 - y_r)^2 + (z_3 - z_r)^2 \\ d_4^2 = (x_4 - x_r)^2 + (y_4 - y_r)^2 + (z_4 - z_r)^2 \end{cases} \tag{4.49}$$

式中，(x_i, y_i, z_i) 是卫星“i”的位置。任意两个等式之间的差值都很容易得到：

$$d_2^2 - d_1^2 = (x_2 - x_r)^2 - (x_1 - x_r)^2 + (y_2 - y_r)^2 - (y_1 - y_r)^2 + (z_2 - z_r)^2 - (z_1 - z_r)^2 \tag{4.50}$$

该式可以写成另一种形式：

$$\begin{aligned} d_2^2 - d_1^2 = & 2x_r(x_1 - x_2) + (x_1 + x_2)(x_2 - x_1) \\ & + 2y_r(y_1 - y_2) + (y_1 + y_2)(y_2 - y_1) \\ & + 2z_r(z_1 - z_2) + (z_1 + z_2)(z_2 - z_1) \end{aligned} \tag{4.51}$$

引入中间变量，上面的表达式可以简化成：

$$d_2^2 - d_1^2 = 2x_r\Delta X_{12} + \sum X_{12}\Delta X_{21} + 2y_r\Delta Y_{12} + \sum Y_{12}\Delta Y_{21} + 2z_r\Delta Z_{12} + \sum Z_{12}\Delta Z_{21} \tag{4.52}$$

其中：

$$\begin{aligned} &\Delta X_{12} = x_1 - x_2 \quad \Delta Y_{12} = y_1 - y_2 \quad \Delta Z_{12} = z_1 - z_2 \\ &\Delta X_{21} = x_2 - x_1 \quad \Delta Y_{21} = y_2 - y_1 \quad \Delta Z_{21} = z_2 - z_1 \\ &\sum X_{12} = x_1 + x_2 \quad \sum Y_{12} = y_1 + y_2 \quad \sum Z_{12} = z_1 + z_2 \end{aligned} \tag{4.53}$$

以卫星 1 的方程作为基准，对初始方程组的所有等式作差，可以得到这个表达式。因此，得到新的方程组：

$$\begin{cases} d_2^2 - d_1^2 = 2x_r\Delta X_{12} + \sum X_{12}\Delta X_{21} + 2y_r\Delta Y_{12} + \sum Y_{12}\Delta Y_{21} + 2z_r\Delta Z_{12} + \sum Z_{12}\Delta Z_{21} \\ d_3^2 - d_1^2 = 2x_r\Delta X_{13} + \sum X_{13}\Delta X_{31} + 2y_r\Delta Y_{13} + \sum Y_{13}\Delta Y_{31} + 2z_r\Delta Z_{13} + \sum Z_{13}\Delta Z_{31} \\ d_4^2 - d_1^2 = 2x_r\Delta X_{14} + \sum X_{14}\Delta X_{41} + 2y_r\Delta Y_{14} + \sum Y_{14}\Delta Y_{41} + 2z_r\Delta Z_{14} + \sum Z_{14}\Delta Z_{41} \end{cases} \tag{4.54}$$

该式也可以写成：

$$\begin{cases} 2x_r\Delta X_{12} + 2y_r\Delta Y_{12} + 2z_r\Delta Z_{12} = \left(d_2^2 - d_1^2\right) - \left(\sum X_{12}\Delta X_{21} + \sum Y_{12}\Delta Y_{21} + \sum Z_{12}\Delta Z_{21}\right) & \text{(4.45a)} \\ 2x_r\Delta X_{13} + 2y_r\Delta Y_{13} + 2z_r\Delta Z_{13} = \left(d_3^2 - d_1^2\right) - \left(\sum X_{13}\Delta X_{31} + \sum Y_{13}\Delta Y_{31} + \sum Z_{13}\Delta Z_{31}\right) & \text{(4.45b)} \\ 2x_r\Delta X_{14} + 2y_r\Delta Y_{14} + 2z_r\Delta Z_{14} = \left(d_4^2 - d_1^2\right) - \left(\sum X_{14}\Delta X_{41} + \sum Y_{14}\Delta Y_{41} + \sum Z_{14}\Delta Z_{41}\right) & \text{(4.45c)} \end{cases}$$

引入如下新的中间变量：

$$\begin{cases} D_{12} = \left(d_2^2 - d_1^2\right) - \left(\sum X_{12}\Delta X_{21} + \sum Y_{12}\Delta Y_{21} + \sum Z_{12}\Delta Z_{21}\right) \\ D_{13} = \left(d_3^2 - d_1^2\right) - \left(\sum X_{13}\Delta X_{31} + \sum Y_{13}\Delta Y_{31} + \sum Z_{13}\Delta Z_{31}\right) \\ D_{14} = \left(d_4^2 - d_1^2\right) - \left(\sum X_{14}\Delta X_{41} + \sum Y_{14}\Delta Y_{41} + \sum Z_{14}\Delta Z_{41}\right) \end{cases} \tag{4.56}$$

现在继续进行计算，根据式（4.55）及通过中间变量的简单线性组合，可以消去 z_r。得到新的方程如下（其中 (a) 到 (c) 为式（4.55）的相应部分）：

$$\begin{aligned} \Delta Z_{13}\times(a) - \Delta Z_{12}\times(b) \Rightarrow\ & 2x_r\Delta X_{12}\Delta Z_{13} + 2y_r\Delta Y_{12}\Delta Z_{13} + 2z_r\Delta Z_{12}\Delta Z_{13} \\ & - 2x_r\Delta X_{13}\Delta Z_{12} - 2y_r\Delta Y_{13}\Delta Z_{12} - 2z_r\Delta Z_{13}\Delta Z_{12} \\ & = \Delta Z_{13}D_{21} - \Delta Z_{12}D_{31} \end{aligned} \tag{4.57}$$

和

$$\begin{aligned} \Delta Z_{14}\times(a) - \Delta Z_{12}\times(c) \Rightarrow\ & 2x_r\Delta X_{12}\Delta Z_{14} + 2y_r\Delta Y_{12}\Delta Z_{14} + 2z_r\Delta Z_{12}\Delta Z_{14} \\ & - 2x_r\Delta X_{14}\Delta Z_{12} - 2y_r\Delta Y_{14}\Delta Z_{12} - 2z_r\Delta Z_{14}\Delta Z_{12} \\ & = \Delta Z_{14}D_{21} - \Delta Z_{12}D_{41} \end{aligned} \tag{4.58}$$

引入如下新的中间变量：

$$\begin{aligned} \Delta XZ_{12}^{13} &= \Delta X_{12}\Delta Z_{13} - \Delta X_{13}\Delta Z_{12} \\ \Delta YZ_{12}^{13} &= \Delta Y_{12}\Delta Z_{13} - \Delta Y_{13}\Delta Z_{12} \\ \Delta XZ_{12}^{14} &= \Delta X_{12}\Delta Z_{14} - \Delta X_{14}\Delta Z_{12} \\ \Delta YZ_{12}^{14} &= \Delta Y_{12}\Delta Z_{14} - \Delta Y_{14}\Delta Z_{12}, \end{aligned} \tag{4.59}$$

可以得到：

$$\begin{cases} 2x_r\Delta XZ_{12}^{13} + 2y_r\Delta YZ_{12}^{13} = D_{21}\Delta Z_{13} - D_{31}\Delta Z_{12} \\ 2x_r\Delta XZ_{12}^{14} + 2y_r\Delta YZ_{12}^{14} = D_{21}\Delta Z_{14} - D_{41}\Delta Z_{12}. \end{cases} \tag{4.60}$$

这样可以解出前两个空间变量，也就是 x_r 和 y_r：

$$\begin{cases} x_r = \dfrac{1}{2}\dfrac{\left[\Delta YZ_{12}^{14}\left(D_{21}\Delta Z_{13} - D_{31}\Delta Z_{12}\right) - \Delta YZ_{12}^{13}\left(D_{21}\Delta Z_{14} - D_{41}\Delta Z_{12}\right)\right]}{\left[\Delta XZ_{12}^{13}\Delta YZ_{12}^{14} - \Delta XZ_{12}^{14}\Delta YZ_{12}^{13}\right]} \\ y_r = \dfrac{1}{2}\dfrac{\left[\Delta XZ_{12}^{14}\left(D_{21}\Delta Z_{13} - D_{31}\Delta Z_{12}\right) - \Delta XZ_{12}^{13}\left(D_{21}\Delta Z_{14} - D_{41}\Delta Z_{12}\right)\right]}{\left[\Delta YZ_{12}^{13}\Delta XZ_{12}^{14} - \Delta YZ_{12}^{14}\Delta XZ_{12}^{13}\right]} \end{cases} \tag{4.61}$$

为了得到 z_r，可以使用式（4.55(c)），得：

$$z_r = \frac{1}{2}\frac{\left[D_{41} - 2x_r\Delta X_{14} - 2y_r\Delta Y_{14}\right]}{\left[\Delta Z_{14}\right]} \tag{4.62}$$

当然，如果想要使用矩阵方法，就有可能以如下形式直接求解式（4.55）（使用式（4.56））：

$$\begin{bmatrix} \Delta X_{12} & \Delta Y_{12} & \Delta Z_{12} \\ \Delta X_{13} & \Delta Y_{13} & \Delta Z_{13} \\ \Delta X_{14} & \Delta Y_{14} & \Delta Z_{14} \end{bmatrix} \cdot \begin{bmatrix} x_r \\ y_r \\ z_r \end{bmatrix} = \frac{1}{2} \begin{bmatrix} D_{21} \\ D_{31} \\ D_{41} \end{bmatrix} \tag{4.63}$$

然后可以得到解

$$\begin{bmatrix} x_{\mathrm{r}} \\ y_{\mathrm{r}} \\ z_{\mathrm{r}} \end{bmatrix} = \frac{1}{2} \begin{bmatrix} \Delta X_{12} & \Delta Y_{12} & \Delta Z_{12} \\ \Delta X_{13} & \Delta Y_{13} & \Delta Z_{13} \\ \Delta X_{14} & \Delta Y_{14} & \Delta Z_{14} \end{bmatrix}^{-1} \cdot \begin{bmatrix} D_{21} \\ D_{31} \\ D_{41} \end{bmatrix} \tag{4.64}$$

后面一种方法存在潜在的问题就是不可能在所有情况下都能进行直接距离测量，如室内定位或移动电信网络定位情况，在这些情况下只有差值是精确已知的。在这样的情况下，这种方法仍然是可行的，但是需要假定 d_1 的初始值。那么，为了求出最终解仍然需要进行迭代。

通常，定位时可用的卫星不止 4 颗。例如，在巴黎地区天空中通常有 8～12 颗 GPS 卫星。另外，和现在 GLONASS 星座的大约 15 颗卫星一起，在大约 80%的时间都有 4 颗甚至更多卫星可见。Galileo 在运行时将会有超过 10 颗卫星可用，从而总共 20～30 个定位信号。为了只使用最好的卫星，当然会使用改进的挑选算法。为了处理多于 4 颗卫星的情况，通常会采用最小二乘法，这种方法将在 4.3.6 节描述，这是一种线性化方法。

4.3.5　与到达角相关的数学计算

使用角度测量的基本思想是减少所需要的卫星数目（或发射元件）。实际上我们能想象出，有 4 颗可用卫星的应用或环境中来实现三维空间的定位是很困难的。当使用 DOA（来波方向，Direction Of Arrival）测量时，仅需要 2 颗卫星就可以了。由于该方法相对复杂，且受所需天线的尺寸的限制，这种方法并不能用来代替经典的方法。本节集中于理论方面介绍，包括该方法的基本方程，以及关于所需要的原始数据的注释。

考虑笛卡儿参考系（$Oxyz$），所有给出的位置坐标均是笛卡儿参考系内的。待求解的位置是移动终端的位置，定义为(x_r, y_r, z_r)。因此，看起来好像未知量只有这 3 个坐标，但是，当处理 DOA 时，测量的角度需要一个参考系，给出的角度是在这个参考系中的。当接收天线（进行角度测量的天线）在位置和方向上均保持一个固定的姿态时，这很容易实现，如 GSM 的基站天线。但是很明显，对于移动终端并不是这种情况。涉及的移动终端 PDA 或蜂窝电话并不呈现出任意固定的姿态。处理未来的电子终端，除了 3 个未知的坐标变量外，还必须增加 3 个未知的旋转角 θ_x, θ_y 和 θ_z（分别指与 x-轴、y-轴、z-轴的夹角）。因此，必须处理具有 6 个未知量的系统，为了求出最终的位置解，就必须找到至少 6 个独立方程。

首先，假设卫星 S1 和卫星 S2 的位置已知，分别是(x_{s1}, y_{s1}, z_{s1})和(x_{s2}, y_{s2}, z_{s2})。最

终计算就是求出(x_r, y_r, z_r)和$(\theta_x, \theta_y, \theta_z)$。要进行的基本测量就是 DOA，也就是卫星 S1 的(θ_1, Φ_1)和卫星 S2 的(θ_2, Φ_2)。这意味着对于这 6 个未知量，DOA 只能提供 4 个方程式。因此，需要另外找到两个方程式，这可以利用第 3 颗卫星或其他传感器的附加数据。

测量结果（θ_1, Φ_1）和（θ_2, Φ_2）是在由$O'(x_m, y_m, z_m)$和本地坐标轴x'、y'、z'定义的本地参考系中得到的。在这个参考系下，由 DOA 定义的直接向量为：

$$\begin{pmatrix} \sin\theta_1 \cos\Phi_1 \\ \sin\theta_1 \sin\Phi_1 \\ \cos\theta_1 \end{pmatrix} \quad \text{和} \quad \begin{pmatrix} \sin\theta_2 \cos\Phi_2 \\ \sin\theta_2 \sin\Phi_2 \\ \cos\theta_2 \end{pmatrix}. \tag{4.65}$$

相应于θ_x、θ_y和θ_z的旋转矩阵为：

$$\boldsymbol{M}_{\theta_x} = \begin{pmatrix} 1 & 0 & 0 \\ 0 & \cos\theta_x & -\sin\theta_x \\ 0 & \sin\theta_x & \cos\theta_x \end{pmatrix}$$

$$\boldsymbol{M}_{\theta_y} = \begin{pmatrix} \cos\theta_y & 0 & -\sin\theta_y \\ 0 & 1 & 0 \\ \sin\theta_y & 0 & \cos\theta_y \end{pmatrix} \tag{4.66}$$

$$\boldsymbol{M}_{\theta_z} = \begin{pmatrix} \cos\theta_z & -\sin\theta_z & 0 \\ \sin\theta_z & \cos\theta_z & 0 \\ 0 & 0 & 1 \end{pmatrix}$$

然后就有可能通过简单转换将初始方向向量转换为$Oxyz$参考系下的方向向量（注意新的 DOA 定义为(θ'_1, Φ'_1)和(θ'_2, Φ'_2)）：

$$\begin{pmatrix} \sin\theta'_1 \cos\Phi'_1 \\ \sin\theta'_1 \sin\Phi'_1 \\ \cos\theta'_1 \end{pmatrix} = \boldsymbol{M}_{\theta_x}^{-1} \boldsymbol{M}_{\theta_y}^{-1} \boldsymbol{M}_{\theta_z}^{-1} \begin{pmatrix} \sin\theta_1 \cos\Phi_1 \\ \sin\theta_1 \sin\Phi_1 \\ \cos\theta_1 \end{pmatrix}$$

和

$$\begin{pmatrix} \sin\theta'_2 \cos\Phi'_2 \\ \sin\theta'_2 \sin\Phi'_2 \\ \cos\theta'_2 \end{pmatrix} = \boldsymbol{M}_{\theta_x}^{-1} \boldsymbol{M}_{\theta_y}^{-1} \boldsymbol{M}_{\theta_z}^{-1} \begin{pmatrix} \sin\theta_2 \cos\Phi_2 \\ \sin\theta_2 \sin\Phi_2 \\ \cos\theta_2 \end{pmatrix} \tag{4.67}$$

根据这两个方程能够计算$Oxyz$参考系下不同的角度（注意θ_x, θ_y和θ_z是嵌入在前面的方程式中的）。从这一点上就可定义从卫星 S1 和卫星 S2 到移动终端位置的直线方程，分别为：

$$a_1 x_r + b_1 y_r + c_1 z_r + d_1 = 0$$
$$A_1 x_r + B_1 y_r + C_1 z_r + D_1 = 0$$

和

$$\begin{aligned} a_2 x_r + b_2 y_r + c_2 z_r + d_2 = 0 \\ A_2 x_r + B_2 y_r + C_2 z_r + D_2 = 0 \end{aligned} \tag{4.68}$$

式中：

$$\begin{pmatrix} a_1 \\ b_1 \\ c_1 \end{pmatrix} = \begin{pmatrix} -\cos\theta_1' \cos\Phi_1' \\ -\cos\theta_1' \sin\Phi_1' \\ \sin\theta_1' \end{pmatrix} \quad 和 \quad \begin{pmatrix} A_1 \\ B_1 \\ C_1 \end{pmatrix} = \begin{pmatrix} \sin\Phi_1' \\ -\cos\Phi_1' \\ 0 \end{pmatrix} \tag{4.69}$$

和

$$\begin{aligned} d_1 = -\left[a_1 x_{s_1} + b_1 y_{s_1} + c_1 z_{s_1} \right] \\ D_1 = -\left[A_1 x_{s_1} + B_1 y_{s_1} + C_1 z_{s_1} \right] \end{aligned}$$

和

$$\begin{aligned} d_2 = -\left[a_2 x_{s_2} + b_2 y_{s_2} + c_2 z_{s_2} \right] \\ D_2 = -\left[A_2 x_{s_2} + B_2 y_{s_2} + C_2 z_{s_2} \right] \end{aligned} \tag{4.70}$$

最终的方程为式（4.68），包括 6 个未知的变量$\left(x_{\mathrm{r}}, y_{\mathrm{r}}, z_{\mathrm{r}}\right)$和$\left(\theta_x, \theta_y, \theta_z\right)$。由于少了两个方程，鉴于这一点，可采取不同的策略。

- 使用惯性辅助系统，以得到两部分补充的数据。例如，通过一个二维加速计或者陀螺仪（或者同时使用两个）来定义移动终端的水平方位。
- 组合应用一维加速计和卫星测量以得到卫星和移动终端之间的距离。
- 应用一些定向设备得到移动终端的绝对方向（即磁力计）。电子罗盘在某些特定的环境中可能会受到干扰，依赖于罗盘附近金属物的数量。
- 事实上，终端是建立在一种已知的环境中的（如一辆车），在这种情况下，水平方位已经定义了（根据两个 DOA 可以计算出车的位置）。

当然也有其他的一些可能，这取决于特定的应用需求。

4.3.6　最小二乘法

当多于 4 颗卫星时，采用线性化方法：

$$\Delta\boldsymbol{\rho} = \begin{bmatrix} \Delta\rho_1 \\ \Delta\rho_2 \\ \vdots \\ \Delta\rho_n \end{bmatrix} \quad \boldsymbol{H} = \begin{bmatrix} a_{x1} & a_{y1} & a_{z1} & 1 \\ a_{x2} & a_{y2} & a_{z2} & 1 \\ \vdots & \vdots & \vdots & \vdots \\ a_{xn} & a_{yn} & a_{zn} & 1 \end{bmatrix} \quad \Delta\boldsymbol{x} = \begin{bmatrix} \Delta x_r \\ \Delta y_r \\ \Delta z_r \\ -c\Delta t_r \end{bmatrix} \tag{4.71}$$

式中，$\Delta\boldsymbol{\rho}$是一个$N\times 1$阶向量，$\boldsymbol{H}$是$N\times 4$阶矩阵，$\Delta\boldsymbol{x}$是4×1阶向量。关系式$\Delta\boldsymbol{\rho} = \boldsymbol{H}\Delta\boldsymbol{x}$仍然是有效的。考虑到测量结果是含有噪声的，可以引入一个冗余向量，计算如下：

$$\boldsymbol{r} = \boldsymbol{H}\Delta\boldsymbol{x} - \Delta\boldsymbol{\rho} \tag{4.72}$$

最小二乘法的基本思想是冗余平方和最小化。该平方和如下：

$$r_1^2 + \cdots + r_n^2 = \left(\boldsymbol{H}\Delta\boldsymbol{x} - \Delta\boldsymbol{\rho}\right)^2 = \left(\boldsymbol{H}\Delta\boldsymbol{x} - \Delta\boldsymbol{\rho}\right)^{\mathrm{T}}\left(\boldsymbol{H}\Delta\boldsymbol{x} - \Delta\boldsymbol{\rho}\right) \tag{4.73}$$

当梯度为 0 时就实现了该量的最小化，从而有表达式

$$\nabla\left(r_1^2 + \cdots + r_n^2\right) = 2\Delta\boldsymbol{x}^{\mathrm{T}} \cdot \boldsymbol{H}^{\mathrm{T}} \cdot \boldsymbol{H} - 2\Delta\boldsymbol{\rho}^{\mathrm{T}} \cdot \boldsymbol{H} = 0 \tag{4.74}$$

则有

$$\Delta\boldsymbol{x} = \left(\boldsymbol{H}^{\mathrm{T}} \cdot \boldsymbol{H}\right)^{-1} \cdot \boldsymbol{H}^{\mathrm{T}}\Delta\boldsymbol{\rho} \tag{4.75}$$

4.3.7　速度的计算

尽管接收机的速度可以通过对不同时刻的位置求导得到，但这不是目前实际采用的速度计算方法。实际上，接收机必须进行两个独立的测量，并找到其相关性，就是时间和多普勒。多普勒将接收机和卫星的速度紧密联系起来。多普勒频移由下式给出：

$$\Delta f = f_{ti} - f_{ri} = \frac{v_{rr}}{c} f_{ti} = \frac{\left(v_{si} - v_r\right) \cdot \boldsymbol{a}_i}{c} f_{ti} \tag{4.76}$$

式中，f_{ti} 是卫星 i 的发射频率，f_{ri} 是接收到的卫星 i 的频率，v_{rr} 是卫星与接收机之间相对速度的放射投影（投影在卫星与接收机之间的视线上），v_{si} 是卫星的速度，v_r 是接收机的速度，$\boldsymbol{a}_i$ 是沿着接收机到卫星 i 视线的方向向量，c 是光速（假定是信号的速度）。

尽管实际的卫星发射频率与振荡器的标称值并不完全一致，但是卫星处的这个频率偏差可以通过地面部分进行修正并通过导航数据播发给接收机，我们不用考虑这部分误差。接收机的偏差在数量上更大，不能忽略。对于定位来讲，计算时，必须将内部接收机时钟的偏差看作一个变量。接收频率 f_{ri} 不同于真实的受多普勒影响后的接收频率 f_i，两者之间的关系为：

$$f_{ri} = f_i\left(1 + \dot{t}_r\right) \tag{4.77}$$

式中，$\dot{t}_r$ 是接收机时钟偏差，也就是，在定位方法中考虑到的接收机时钟偏移的导数。然后就可以很容易地得到下面的表达式，对每一颗卫星都有效：

$$v_{si} \cdot a_i - c\frac{f_{ti} - f_i}{f_{ti}} = v_r \cdot a_i - c\dot{t}_r \frac{f_i}{f_{ti}} \tag{4.78}$$

另一个表达式为：

$$v_{xi}a_{xi} + v_{yi}a_{yi} + v_{zi}a_{zi} - c\frac{f_{ti} - f_i}{f_{ti}} = \dot{x}_r a_{xi} + \dot{y}_r a_{xi} + \dot{z}_r a_{xi} - c\dot{t}_r \frac{f_i}{f_{ti}} \tag{4.79}$$

引入下面的中间变量，考虑 $v_{si} = (v_{xi}, v_{yi}, v_{zi})$，$v_r = (\dot{x}_r, \dot{y}_r, \dot{z}_r)$ 和 $a_i = (a_{xi}, a_{yi}, a_{zi})$，可以得到：

$$d_i = v_{xi}a_{xi} + v_{yi}a_{yi} + v_{zi}a_{zi} - c\frac{f_{ti} - f_i}{f_{ti}} \tag{4.80}$$

一旦接收机环路完成了相关处理，d_i 就可以完全确定，因为实际的接收频率已经定义得非常精确了。现在要处理的基本方程式为：

$$d_i = \dot{x}_r a_{xi} + \dot{y}_r a_{xi} + \dot{z}_r a_{xi} - c\dot{t}_r \frac{f_i}{f_{ti}} \tag{4.81}$$

同时考虑由卫星移动产生的多普勒频移（± 5kHz 以内）和接收机时钟偏差导致的附加偏差，即使时钟偏差较大，接收频率总的偏差通常在± 10kHz 以内。从而可以将上式简化为：

$$d_i = \dot{x}_r a_{xi} + \dot{y}_r a_{xi} + \dot{z}_r a_{xi} - c\dot{t}_r \tag{4.82}$$

式中，对于这种定位方法，有 4 个未知量$(\dot{x}_r, \dot{y}_r, \dot{z}_r, c\dot{t}_r)$。因此，有 4 个测量值就可以求解了。可以引入下面的矩阵：

$$\boldsymbol{d} = \begin{bmatrix} d_1 \\ d_2 \\ d_3 \\ d_4 \end{bmatrix} \quad \boldsymbol{H} = \begin{bmatrix} a_{x1} & a_{y1} & a_{z1} & 1 \\ a_{x2} & a_{y2} & a_{z2} & 1 \\ a_{x3} & a_{y3} & a_{z3} & 1 \\ a_{x4} & a_{y4} & a_{z4} & 1 \end{bmatrix} \quad \boldsymbol{g} = \begin{bmatrix} \dot{x}_r \\ \dot{y}_r \\ \dot{z}_r \\ -c\dot{t}_r \end{bmatrix} \tag{4.83}$$

那么，待求解的方程组可以简化为（注意矩阵 **H** 与定位中用的矩阵相同）：

$$\boldsymbol{d} = \boldsymbol{H}\boldsymbol{g} \tag{4.84}$$

或者对于速度向量 **g**，一般的形式为：

$$\boldsymbol{g} = \boldsymbol{H}^{-1}\boldsymbol{d} \tag{4.85}$$

该方程可以通过一个与定位中用到的类似迭代方法求解。注意这可以确定接收机的偏差，在需要精确跟踪接收机偏差的特殊应用（典型的例子就是使用中继器的室内定位）中非常关键。

为了计算速度向量，需要知道接收机的位置（通过 **H** 矩阵求出），通常，一旦确定了位置就可进行速度计算。但是速度并不是位置变化的平均值，而是瞬时速度的估计值。其实，多普勒的测量是建立在振荡器频率（由锁相环 PLL 提供）瞬时偏差基础上的，因此可以确定速度。速度向量的精度与振荡器的精度有关，而振荡器的精度通常是几分之一赫兹。从而测得的径向速度相应的精度为 0.19 m/s（由）的几分之一（$\Delta f = f \cdot cv_r / c$），也小数量级的。由于定位的不精确造成的误差也可以估计出来，但通常将其忽略。

4.3.8　时间的计算

为了与 GPS 的 UTC 或 USNO，GLONASS 的 SU 或 Galileo 的 BIPM 同步，导航信息会提供用于 GNSS 时间的修正量。为了使卫星时间与 GNSS 时间匹配，每颗卫星时钟都进行修正。另外，接收机也具有为用户提供非常精确的时间信息的能力。其优点就是，无论在哪儿，只要能够接收到 GNSS 信号，接收机就能提供参考时间。另外，GNSS 时间可以应用到许多科学应用领域，如互联网的同步，典型的精度通常在 10ns 以内。

利用式（4.30），有两种方法获得时间信息。当然，我们想要得到的数据是 t_r 。如果接收机在一个已知的位置上，那么只需要一颗卫星，因为导航信息会提供用于处理 t_r 所需要的全部数据，t_r 就是相对于 GNSS 时间的接收机钟差。如果需要，再次使用导航数据得到实际的 UTC 时间。若不知道接收机位置，就必须进行完整的位置计算，从而需要至少 4 颗卫星。

4.4　卫星位置计算

卫星位置的精度同样是我们主要关心的问题。卫星位置计算的完整算法将在第 5 章软件接收机卫星位置计算模块中进行详细介绍，这里只介绍基本原理。

导航信息当中包含了许多参数，这些参数可以使接收机在任意给定的时间计算出卫星的位置。另外，需要注意的是时间指的是卫星信号的发射时间而不是接收时间。传播时间是未知的，需要进行精确测量。因此，这种方法需要进行多个计算和修正。导航信息内的轨道参数部分被称为星历表。它由如下 16 个参数组成（图 4.16 给出了这些参数的图示）。

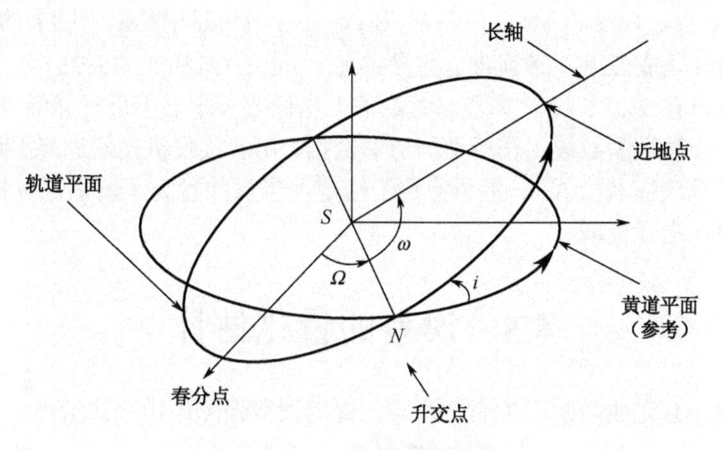

图 4.16　卫星主要轨道参数

1. 椭圆轨道参数

椭圆轨道的 7 个参数如下所述：

- e，椭圆的偏心率；

- $\sqrt{a}$，椭圆长半轴的平方根；
- i_0，t_{oe}时刻轨道的倾角；
- t_{oe}，上面提到的所有参数最后一次更新的时间（当该时间与当前时间相差太长时，就从用于定位的可用卫星中排除相应的卫星）；
- Ω_0，升交点赤经（ECEF 下x轴与赤道面升交点之间的角度）；
- ω，t_{oe}时刻的近地点角距（升交点与卫星轨道平面近地点方向之间的角度）；
- M_0，t_{oe}时刻的平近角点。

2. 修正参数

9 个修正参数如下所述：

- $\mathrm{d}i/\mathrm{d}t$，倾角随时间的变化率；
- Ω，升交点经度随时间的变化；
- Δn，$n=\mathrm{d}M/\mathrm{d}t$ 的修正量；
- C_{uc}，纬度余弦修正量的幅度；
- C_{us}，纬度正弦修正量的幅度；
- C_{rc}，轨道半径余弦修正量的幅度；
- C_{rs}，轨道半径正弦修正量的幅度；
- C_{ic}，倾角余弦修正量的幅度；
- C_{is}，倾角正弦修正量的幅度。

注意：i_0、ω、Ω_0、$\mathrm{d}i/\mathrm{d}t$、Ω、M_0和Δn在导航信息中是以半圆周的形式给出的。为了将这些值转化成弧度，必须将这些量乘上 π（π=3.1415926535898）。

然后就可以在 ECEF 下计算任意时刻的卫星位置（本书不进行详细内容的介绍）。注意前面的 6 个轨道参数被用作所谓的历书数据，用于接收机搜索选择卫星，提供星座的粗略信息（首次捕获模式）。星历特定于给定卫星，并且为了增加定位精度必须由地面部分有规律地进行更新。

4.5　误差的量化估计

一旦定位计算完成，就要考虑伪距与位置的残留误差，由下式给出：

$$
\begin{aligned}
\varepsilon_{\rho} &= \Delta\boldsymbol{\rho} - \left(\boldsymbol{\rho}_{\text{real}} - \boldsymbol{\rho}_{x}\right) \\
\varepsilon_{x} &= \Delta\boldsymbol{x} - \left(\boldsymbol{x}_{\text{real}} - \boldsymbol{x}_{x}\right)
\end{aligned}
\tag{4.86}
$$

式中，$\boldsymbol{\rho}_{\text{real}}$是伪距，$\boldsymbol{\rho}_{x}$是最终使用的伪距，因此$\boldsymbol{x}_{\text{real}}$和$\boldsymbol{x}_{x}$是相应位置的量。然后可以表示成：

$$\varepsilon_x = \left[\left(\boldsymbol{H}^{\mathrm{T}} \boldsymbol{H} \right)^{-1} \boldsymbol{H}^{\mathrm{T}} \right] \varepsilon_\rho = \boldsymbol{K} \varepsilon_\rho \tag{4.87}$$

式中，$\boldsymbol{K}$ 只取决于卫星与接收机各自的几何形状，然后就可定义定位误差的协方差矩阵（cov）为：

$$\mathrm{cov}\left(\varepsilon_x\right) = E\left[\varepsilon_\rho \left(\varepsilon_\rho\right)^{\mathrm{T}} \right] \tag{4.88}$$

式中，E 代表期望算子。假定几何形状是固定的，可以得到：

$$\mathrm{cov}\left(\varepsilon_x\right) = \left(\boldsymbol{H}^{\mathrm{T}} \boldsymbol{H} \right)^{-1} \mathrm{cov}\left(\varepsilon_\rho\right) \tag{4.89}$$

另外假设 $d\boldsymbol{\rho}$ 分量是相同的并且所有的卫星均匀分布，方差等于卫星用户等效距离误差的平方，然后可以给出：

$$\mathrm{cov}\left(\varepsilon_x\right) = \left(\boldsymbol{H}^{\mathrm{T}} \boldsymbol{H} \right)^{-1} \sigma_{\mathrm{UERE}}^2 = \boldsymbol{M} \sigma_{\mathrm{UERE}}^2 \tag{4.90}$$

该表达式表明矩阵 $\boldsymbol{M}$ 的分量能将伪距误差转换为位置误差的协方差，这也可以用来定义精度因子。

误差源对伪距测量结果影响的估计对于 GPS 来讲是适用的，因为 GPS 已经运行了许多年了。表 4.4 给出了各类误差源引起的伪距误差，按照分段及影响大小分类。表中提到的两种服务：精确定位服务（PPS）是基于双频模式的；标准定位服务（SPS）是基于单频模式的，并且给出的是 1σ 误差。从这个表中可以看出，通过寻找降低星历和电离层传播误差的方法可以提高定位精度。现在读者可以完全明白为什么大多数研究都致力于这两个方向，尤其是 SBAS，就是专门为解决这两个问题的而产生的系统。另外，若没有物理估计某些误差源的测量程序，即使使用 PPS，也不可能达到厘米级定位精度。

表 4.4　误差源对伪距测量的相对影响（以米为单位，用于 GPS）

误差源	PPS 服务 1σ（m）	SPS 服务 1σ（m）
空间部分		
时钟稳定性	3.0	3.0
加速度不确定性	1.0	1.0
其他	0.5	0.5
地面部分		
星历	4.2	4.2
其他	0.9	0.9
传播		
电离层	2.3	4.9-8.8
对流层	2.0	2.0
多径	1.2	2.5

续表

误差源	PPS 服务 1σ （m）	SPS 服务 1σ （m）
用户部分		
接收机	0.2	1.5
其他	0.5	0.5
UERE	6.3	7.1-10.7

4.6　伪距误差对计算定位的影响

给定伪距误差，看看位置误差是如何变化的。在表 4.5 和表 4.6 中给出的是典型的例子（举例示范的目的）。表 4.5 和表 4.6 给出的是，对于特定的和相同的卫星配置，考虑 2 颗卫星的伪距误差（是用于定位计算的 4 颗卫星中的 2 颗，假定另外的 2 颗卫星没有误差），给出了相应的位置误差。表 4.5 是由于多径效应造成的典型误差，表 4.6 可能是由于电离层传播或时钟偏差造成的典型误差。可以观察到明显的线性变化，但是多径误差会相互补偿。当多颗卫星造成的误差不相同时，产生的误差可能会比预想的要小。

表 4.5　伪距误差大于 10m 时的定位误差

$\varepsilon\rho$	0	10	20	40	60	80	100
0	0	18.6	38.2	77.4	117.6	156.7	195.9
10	8.1	15.0	33.7	72.5	110.6	150.7	188.9
20	17.1	15.2	28.9	67.3	106.0	145.0	184.0
30	27.2	20.0	27.7	63.1	101.0	138.6	177.5
40	36.3	27.1	30.3	58.9	96.6	134.7	173.3
50	45.4	35.2	34.3	57.0	92.8	130.2	167.4
60	54.5	43.6	40.0	57.5	88.9	126.2	163.8
70	63.5	52.3	46.8	57.4	87.7	122.7	158.6
80	72.6	61.1	54.2	60.6	86.5	118.8	155.9
90	81.7	68.9	62.1	64.1	86.2	117.6	152.6
100	90.8	77.8	70.3	67.6	86.9	116.0	148.8

表 4.6　伪距误差 1m～10m 的定位误差

$\varepsilon\rho$	0	1	2	4	6	8	10
0	0	2.0	3.9	7.8	10.8	15.7	18.6
1	0.9	1.5	3.4	7.2	10.2	15.1	18.0
2	1.8	1.5	3.0	6.7	9.6	14.5	17.4

续表

3	2.7	2.0	2.9	6.3	9.1	14.0	17.9
4	3.6	2.7	3.0	6.0	8.7	13.5	17.3
5	4.5	3.5	3.4	5.8	8.3	13.0	16.8
6	5.5	4.4	4.0	5.7	8.0	12.6	16.4
7	6.4	5.2	4.7	5.8	7.8	12.3	16.0
8	7.3	6.1	5.4	6.1	7.6	12.0	15.6
9	7.2	7.0	6.2	6.4	7.6	10.8	15.3
10	8.1	7.9	7.0	6.9	7.7	10.6	15.0

4.7　卫星与接收机几何分布的影响（DOP 的概念）

由式（4.90）可知，位置误差和伪距误差是直接相关的，该式中矩阵 $\boldsymbol{M}$ 仅取决于星座和接收机的几何分布。引入下列符号：

$$\boldsymbol{M}=\begin{bmatrix} M_{11} & M_{12} & M_{13} & M_{14} \\ M_{21} & M_{22} & M_{23} & M_{24} \\ M_{31} & M_{32} & M_{33} & M_{34} \\ M_{41} & M_{42} & M_{43} & M_{44} \end{bmatrix} \quad \operatorname{cov}(\varepsilon_{\mathrm{x}})=\begin{bmatrix} \sigma_{x_\mathrm{r}}^2 & \sigma_{x_\mathrm{r}y_\mathrm{r}}^2 & \sigma_{x_\mathrm{r}z_\mathrm{r}}^2 & \sigma_{x_\mathrm{r}ct_\mathrm{r}}^2 \\ \sigma_{x_\mathrm{r}y_\mathrm{r}}^2 & \sigma_{y_\mathrm{r}}^2 & \sigma_{y_\mathrm{r}z_\mathrm{r}}^2 & \sigma_{y_\mathrm{r}ct_\mathrm{r}}^2 \\ \sigma_{x_\mathrm{r}z_\mathrm{r}}^2 & \sigma_{y_\mathrm{r}z_\mathrm{r}}^2 & \sigma_{z_\mathrm{r}}^2 & \sigma_{z_\mathrm{r}ct_\mathrm{r}}^2 \\ \sigma_{x_\mathrm{r}ct_\mathrm{r}}^2 & \sigma_{y_\mathrm{r}ct_\mathrm{r}}^2 & \sigma_{z_\mathrm{r}ct_\mathrm{r}}^2 & \sigma_{ct_\mathrm{r}}^2 \end{bmatrix} \tag{4.91}$$

然后就可以定义 DOP（精度因子）为矩阵 $\boldsymbol{M}$ 的迹的一些分量的平方根。这表示卫星相对于接收机的几何分布的影响，会引起位置误差，最终影响定位精度。换句话说，就是对于给定的伪距误差，DOP 值和产生的位置精度之间存在着线性关系。因此，DOP 的系数非常重要，并且使用的卫星几何分布对于测量来说是非常重要的。依据要处理的数据类型，通常考虑 5 个 DOP 参数：

$$\mathrm{GDOP}=\sqrt{M_{11}^2+M_{22}^2+M_{33}^2+M_{44}^2} \tag{4.92a}$$

$$\mathrm{PDOP}=\sqrt{M_{11}^2+M_{22}^2+M_{33}^2} \tag{4.92b}$$

$$\mathrm{HDOP}=\sqrt{M_{11}^2+M_{22}^2} \tag{4.92c}$$

$$\mathrm{VDOP}=\sqrt{M_{33}^2} \tag{4.92d}$$

$$\mathrm{TDOP}=\sqrt{M_{44}^2}\,/\,c \tag{4.92e}$$

式中，GDOP 是几何 DOP，PDOP 是位置 DOP，HDOP 是水平 DOP，VDOP 是垂直 DOP，TDOP 是时间 DOP。也可以使用协方差矩阵的系数表示如下：

$$\mathrm{GDOP}\cdot\sigma_{\mathrm{UERE}}=\sqrt{\sigma_{x_\mathrm{r}}^2+\sigma_{y_\mathrm{r}}^2+\sigma_{z_\mathrm{r}}^2+\sigma_{ct_\mathrm{r}}^2} \tag{4.93a}$$

$$\text{PDOP}\cdot\sigma_{\text{UERE}}=\sqrt{\sigma_{x_r}^2+\sigma_{y_r}^2+\sigma_{z_r}^2} \tag{4.93b}$$

$$\text{HDOP}\cdot\sigma_{\text{UERE}}=\sqrt{\sigma_{x_r}^2+\sigma_{y_r}^2} \tag{4.93c}$$

$$\text{VDOP}\cdot\sigma_{\text{UERE}}=\sigma_{z_r} \tag{4.93d}$$

$$\text{TDOP}\cdot\sigma_{\text{UERE}}=\sigma_{ct_r} \tag{4.93e}$$

我们可以用图示的方法说明卫星的几何分布（DOP）对定位精度的影响。为了说明DOP对定位精度的影响，图 4.17 给出了两种不同的几何分布情况。总的来说，可以认为如果两颗卫星彼此离得太近，那么相应伪距（及与它们相关的误差）的区分度将不够，不足以降低位置的不确定性（最极端的情况是假设两颗卫星在同一位置）。

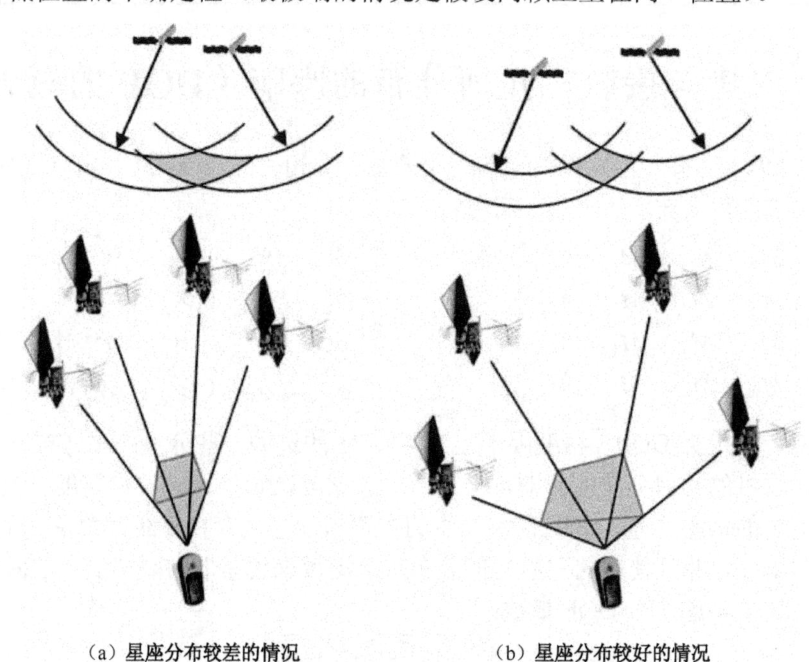

（a）星座分布较差的情况　　（b）星座分布较好的情况

图 4.17　卫星的几何分布对定位精度的影响

因此，可以说如果卫星均匀地分布在接收机周围，那么 DOP 将会非常好，也就是，DOP 值很小。注意标称的性能都是基于 DOP 小于 6 的情况给出的，当接收机处于非常好的环境中时，如周围没有建筑物的屋顶，DOP 可能是 1 甚至更小。另外，像在城市峡谷区域，DOP 能够达到 50 以上，这是城市峡谷定位精度很差的一个主要原因（还有多径影响）。HDOP（水平的，也就是二维的或平面的 DOP）和 VDOP（垂直的，也就是关于高度的）间有明显的区别。其实，对于 HDOP，卫星可以处于接收机的周围（前面、后面、左面和右面），因此，可以得到很好的 HDOP。对于 VDOP，情况就完全不同了，因为不可能给接收机提供均匀分布的卫星群，接收机不可能从地球的另一面接收信号，因此，分布就被删减成一半（上面部分）。这是垂直精度相比于水平精度受限的一个基本原因。

4.8　互用性与完好性

4.8.1　互用性

本章中描述的位置计算方法适用于所有的 GNSS 星座，因此可以使用不同星座的卫星进行定位。例如，可以利用两个 GPS 卫星与两个 Galileo 卫星，或者任意的卫星组合进行定位，这称作互用性，并且比只是星座叠加的鲁棒性更好。当然，也可以从每个星座进行多种定位，然后进行比较。例如城市峡谷的三维定位，在城市峡谷中几乎不可能仅利用单独的星座进行定位。

对于一颗给定的卫星，所使用的基本公式仍然是由式（4.30）给出的伪距公式。对于不同星座，唯一的一个共同点就是我们感兴趣的接收机的位置，该位置是在 ECEF 参考系下给出的$\left(x_{\mathrm{r}}, y_{\mathrm{r}}, z_{\mathrm{r}}\right)$。所有其他的参数都是不同的，卫星的位置是在不同的参考坐标系下给出的，对于 GPS 就是 WGS84，对于 GLONASS 就是 PZ90，对于 Galileo 就是 GTRF。这并不存在真正的困难，因为可以通过定义转换矩阵来实现不同坐标系间的转换。若所有星座的卫星信号“质量”相同，在有超过 4 颗卫星可用的情况下，就存在选择卫星的问题。最小二乘法通常假设每颗卫星都相同，这一假设在同一个星座内不是很明显，而对于不同的星座甚至是不现实的。尽管如此，最小二乘法可以通过各自的测量权重表示不同的卫星信号质量。

另外，在实际导航解算中还存在接收机时钟偏差的问题。对于 GPS、GLONASS、Galileo 三种星座来讲时钟物理偏差是相同的，但是 3 种星座的时间参考系不一样，因此，最终的接收机时钟偏差不同。

用下面一组不同星座的 3 颗卫星的定位解算方程进行详细说明：

$$\rho_{\mathrm{GPS}i}=\sqrt{\left(x_{\mathrm{GPS}i}-x_{\mathrm{r}}\right)^2+\left(y_{\mathrm{GPS}i}-y_{\mathrm{r}}\right)^2+\left(z_{\mathrm{GPS}i}-z_{\mathrm{r}}\right)^2}+ct_{\mathrm{rGPS}} \tag{4.94}$$

$$\rho_{\mathrm{GLONASS}i}=\sqrt{\left(x_{\mathrm{GLONASS}i}-x_{\mathrm{r}}\right)^2+\left(y_{\mathrm{GLONASS}i}-y_{\mathrm{r}}\right)^2+\left(z_{\mathrm{GLONASS}i}-z_{\mathrm{r}}\right)^2}+ct_{\mathrm{rGLONASS}} \tag{4.95}$$

$$\rho_{\mathrm{Galileo}i}=\sqrt{\left(x_{\mathrm{Galileo}i}-x_{\mathrm{r}}\right)^2+\left(y_{\mathrm{Galileo}i}-y_{\mathrm{r}}\right)^2+\left(z_{\mathrm{Galileo}i}-z_{\mathrm{r}}\right)^2}+ct_{\mathrm{rGalileo}} \tag{4.96}$$

很明显时钟偏差并不相同。有两种方法：第一种是考虑由 GLONASS 和 Galileo 的导航信息所提供的时钟修正，描述相对于 GPS 时间的偏差；第二种是使用附加卫星来消除这些偏差（采用某种差分方法）。第一种方法相对简单但是在诱导误差方面是有限制条件的。

当然，计算伪距时需考虑多种修正，而这对于每个星座都不同，但是一旦在接收机中实现了，这就不再是难题了。此外，还需根据不同的星座特点对导航消息采用不同的处理方法（这不是什么问题，只是过程较为复杂）。

在互用性方面，还需要考虑DOP。在一些情况下，如城市峡谷，若每个星座有两颗卫星可用，用其中任意一个星座都不能进行定位，但是利用互用性，使用星座的组合就有可能完成定位。但是必须记住一点，在这种情况下，如果可用的DOP太差，定位的精度会下降。

4.8.2　完好性

完好性可以定义为定位质量可靠性的指示器。对于各种误差源，很显然，估计的用户距离误差是个“被动”的指示器。现在假设一颗卫星发射的信号是完全错误的，但用户距离误差（URE）仍然给用户提供相同的值。为了得到可用的品质因数，有必要采用其他方法。本节简要讨论三种方法：

① 接收机自主完好性监测（RAIM）；

② 星基增强系统（SBAS）完好性；

③ Galileo和未来的GPS III完好性。

正如曾讲过的，可用于定位的卫星通常是超过4颗的。RAIM的主要思想是引导若干组选定的卫星进行独立位置计算。显然至少需要增加1颗卫星，若有5个以上的卫星信号，允许有错误信号存在，若有，除了检测出问题还要确定来自哪颗卫星。RAIM的基本方法是利用多余观测量，计算6个位置（5颗卫星的情况下）。利用5颗卫星计算第一个位置（如使用最小二乘法），去掉其中一颗卫星，利用4颗卫星来计算另外5个位置。然后，对计算出的位置进行比较，分析差量，检测出哪颗卫星有问题。卫星问题可能与导航信息的错误乃至特定的传播条件有关。通过增加另外一颗卫星可以检测出有问题的卫星。

这种方法通常在一些有完好性需求的应用中实现，通常与安全相关，如空中或铁路运输系统。因此RAIM接收机主要应用于这些特定的环境中。

发展SBAS有两个主要目标：精度改进和完好性需求。显然第二个需求是最重要的，并且已经成为系统定义的主要指导。这个概念也已经得到国际民航组织（ICAO）的支持。完好性的定义是：系统能够提供定位的关联置信度的能力。因此，这不是系统的内在特性，而是与特定的应用和环境有关的。这可通过定义一些参数来实现（假设完好性的参数可用）：

① 报警门限XAL（X = V，垂直的，和水平的H相反）；

② 最大报警时间TTA（报警的时间）；

③ 完好性关联风险。

例如，对于民航来说，必要条件就是，对于任意持续时间150s的操作，定位误差

（XPE）超过报警门限（XAL）而在 6s（TTA）内没有提醒用户的风险小于 2×10^{-7}（对于某些“垂直制导的进近程序”情况）。

在用户级，完好性通过三个值的比较进行描述：

① 定位误差 XPE（只适用参考位置的用户）；

② 保护门限 XPL，它保持 XPE 在某一置信度内（依据应用需求而定），并且在接收机端进行本地计算；

③ 报警门限 XAL，依据应用而定。

保护门限是用户根据在位置计算中用到的所有变量的估计误差计算出来的。

从而完好性的原理描述如下所述。

① 当 XPL > XAL 时，导航系统不具备完好性（违反完好性）。

② 当 XPL < XAL 时，有以下三种可能的情况。

- XPL < XAL < XPE：表示导航对于用户来讲已经不再安全了(根据完好性标准)。这种没有发出报警的情况发生的概率应当小于 2×10^{-7}/150 s（对于上面提到的垂直制导的进近程序应用）。
- XPL < XPE < XAL：表示系统不再安全了（根据完好性标准），但是仍然可以使用。
- XPE < XPL < XAL：表示系统是安全的。

最后，关于完好性要考虑的最重要的一点是，完好性与应用及背景有着密切的联系。在 EGNOS（欧洲（地球同步）导航覆盖系统）、WAAS（广域增强系统）和 MSAS（多功能运输卫星星基增强系统）中实现的完好性概念与背景有关，并且应当非常小心地扩展到其他应用、背景或环境中。

4.9　多径对导航解的影响

本节讨论多径问题，首先，应当记住在特定的环境条件下多径效应对定位结果有很大的影响，如城市峡谷或室内环境。本节利用仿真得出的结果说明多径对相关函数及伪距测量的真正影响。

图 4.18 给出了 GPS 的 C/A 码偏移 400 码元（相当于 0.391ms）的典型相关函数曲线。该仿真没有考虑任何噪声（非常简单，但是足以说明多径问题）。时间偏移 400 码元时相关峰值清楚可见。这仅用一个“即时”相关器就可以得到。实际使用的相关函数（超前-滞后结构）其实经过了微小的修改并且包含了 3 个相关器。这样的方法用来判定过零点的时刻而不是判定峰值时刻（这很难找到并且对于反馈来讲实际上是没有好处的）。因此，超前-滞后相关是基于除了即时相关之外的两个本地复现码的。

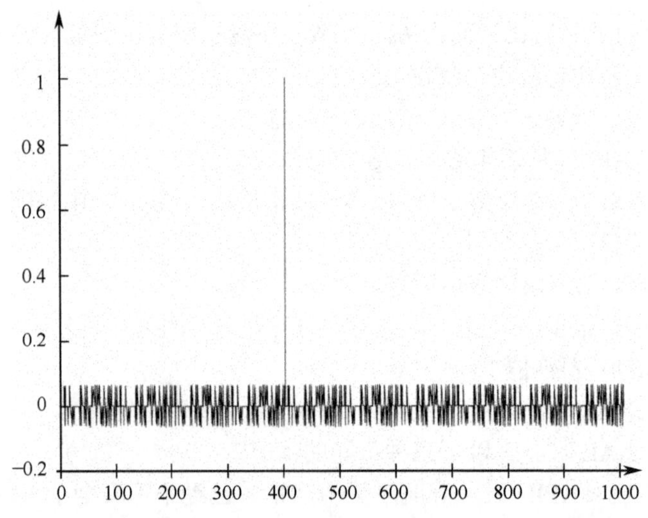

图 4.18　典型的相关结果（垂直轴是相关函数，水平轴是偏移码元）

① 超前复现码：它相对于即时复现码提前了几分之一码元（第一个仿真是 1 个码元）。

② 滞后复现码：它相对于即时复现码滞后了相同的几分之一码元。

通过对超前和滞后复现码进行差分，就可改进精确相关时间判定的精度。另外，前面提到的过零点所对应的时间对于反馈码环相当有用。根据即时相关粗略地定义相关时间，如果超前-滞后相关值为正，就意味着接收机应该延迟相关时间（差值为负则相反）。图 4.19 中的曲线给出了即时和超前-滞后相关函数的仿真结果，延迟 400 码元（刻度已经改变了）。

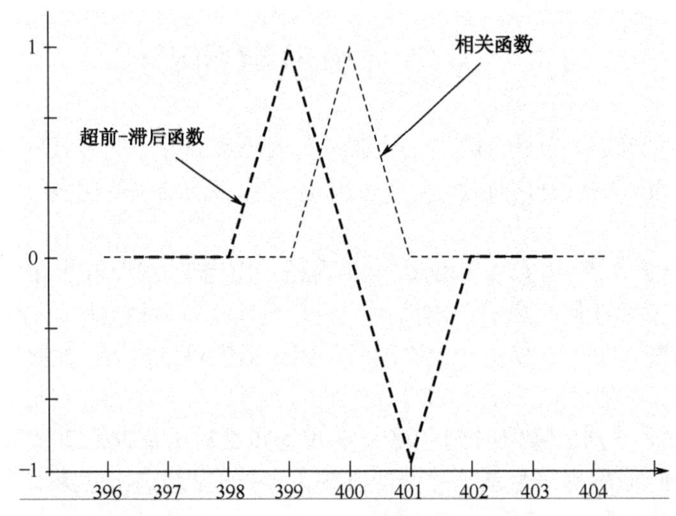

图 4.19　典型的超前-滞后相关结果（垂直轴是相关函数，水平轴是偏移码元）

接下来的一个问题是考虑多径发生时相关函数的变化。假设考虑的卫星信号实际上是经接收机附近一个表面反射后的信号。这个反射面可能是一座建筑物。因此这个信号由两个叠加码组成。延迟量等效于反射信号附加的传播距离。

相关函数的峰值受同时出现的两路信号影响的程度正是我们试图回答的问题（考虑发射信号的幅度与直射信号的幅度相同，延时半个码元大约相当于 150m）。反射路径要滞后于最短的直接路径。图 4.20 给出了对于具有一个码元间距的超前-滞后结构的相关函数（也就是，相对于即时码，超前复现信号提前半个码元，滞后复现信号迟后半个码元）。图中，即时相关函数不再是三角形而是在延迟码元 400～400.5 之间表现出平坦的板形；延迟 400 码元时的超前-滞后相关值不再是 0；现在零交叉点发生在延迟 400.25 码元时。

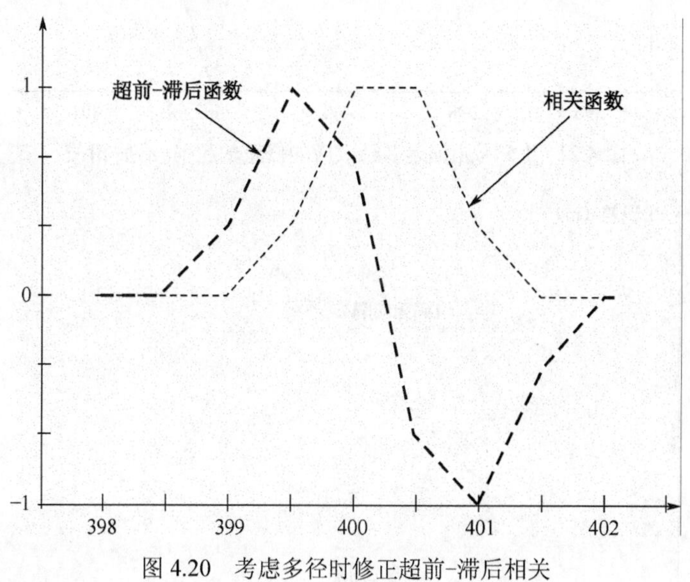

图 4.20　考虑多径时修正超前-滞后相关

从而，相对于只有直接路径的情况，反射路径引起的误差等于 0.25 个码元（大约 73m）。下面看一下当延迟是 1.5 个码元（大约 440m）时会是什么情况。图 4.21 给出了其相关函数。可以观察到，即使有多个零点，但第一个超前-滞后相关函数的零点发生在延迟 400 码元时。事实上，多径效应的影响依赖于反射路径的延迟量。

因此，可以画出直射路径与反射路径之间延迟（码元）与产生的相关误差（m）之间的关系曲线。图 4.22 中的相关参数如下：

- 间距为 1 个码元和 0.2 个码元的超前-滞后相关器；
- 直接路径与反射路径的信号幅度相同（最坏情况）；
- 相对于初始 400 码元延迟的测量误差。

下一步考虑相对于直接路径真实多径的幅度变化。这里不再进行这方面的工作，因为主要目的是更方便、更直观地理解问题。

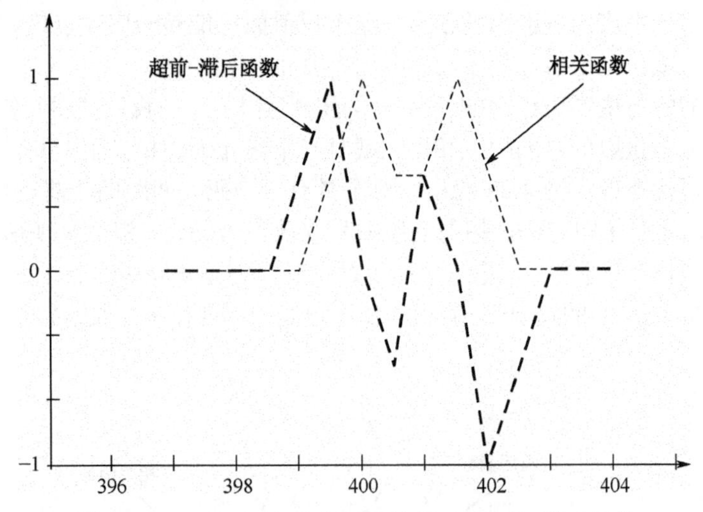

图 4.21　1.5 码元延迟多径效应的修正的超前-滞后相关

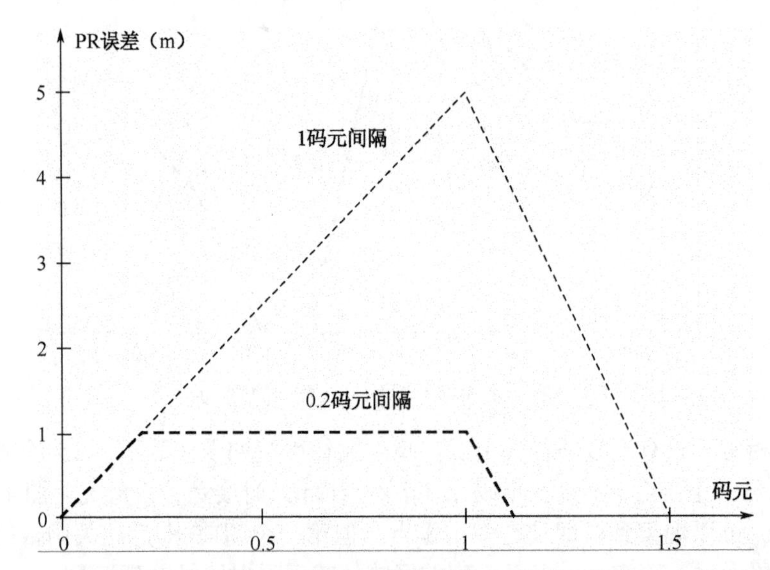

图 4.22　反射路径延迟与伪距多径的误差关系图（1 码元间隔及 0.2 个码元间隔）

很明显，多径效应的影响很大。前面描述的所有关于完好性的误差修正技术都不适用于多径。另外，当没有能实时使用的环境模型时，多径问题也是不可预测的。这种方法与现实仍然相去甚远，因为它需要非常高的计算能力和对真实世界的完整描述。许多仿真程序都能实现这样的方法，但是主要用于工业或研究。因此，所有的 GNSS 生产商都需要开发一些特殊的相关器来降低多径效应的影响。因此设计出了“滤波相关器”、“滑动相关器”、“边缘相关器” 来减小多径问题。

注意 Galileo 信号的相关函数不同于 GPS 信号的相关函数，图 4.23 给出了 Galileo 信号的相关函数，图 4.24 给出了不同间隔的超前-滞后的形式。

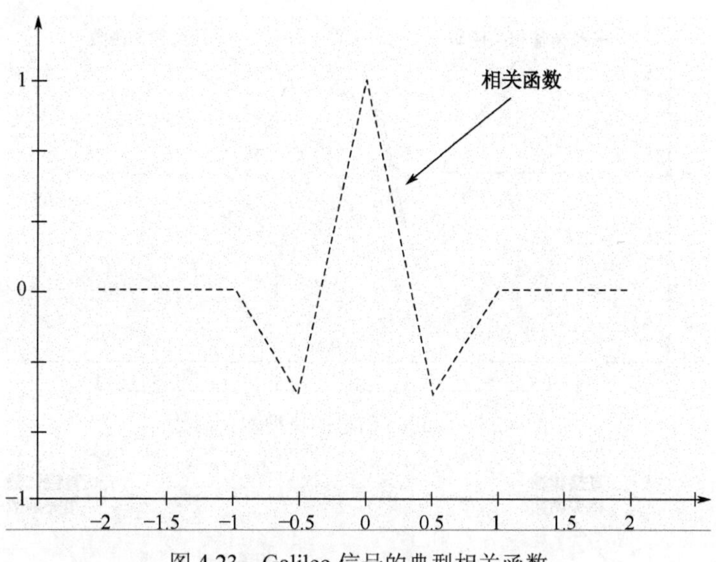

图 4.23　Galileo 信号的典型相关函数

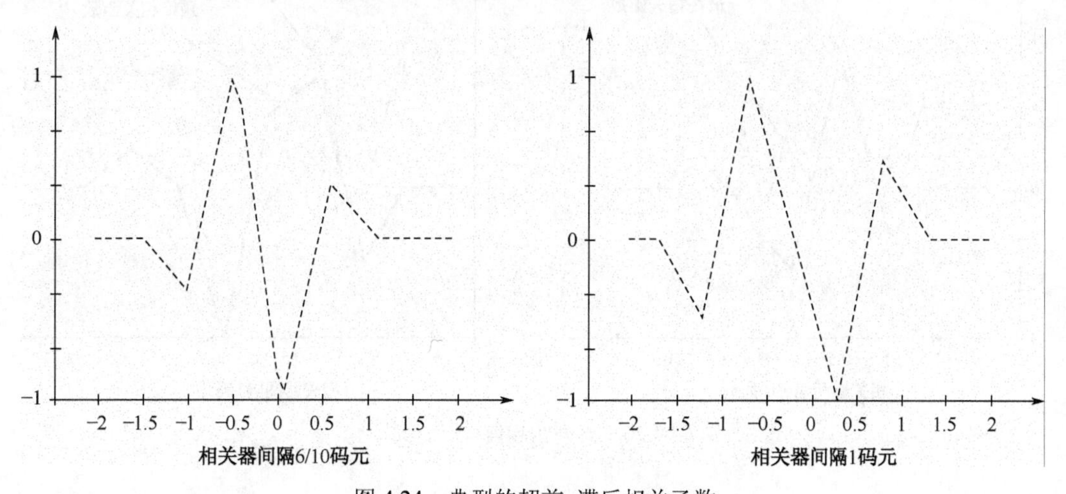

图 4.24　典型的超前-滞后相关函数

当反射信号幅度是直接路径信号幅度的一半，并且延迟偏移了半个码元时，最终产生的信号如图 4.25 所示。图 4.26 为两个不同的间距的超前-滞后计算的结果。注意这个结果是可以接受的，因为考虑的两个路径信号之和仍然与直接路径信号相差不多（见图 4.25）。

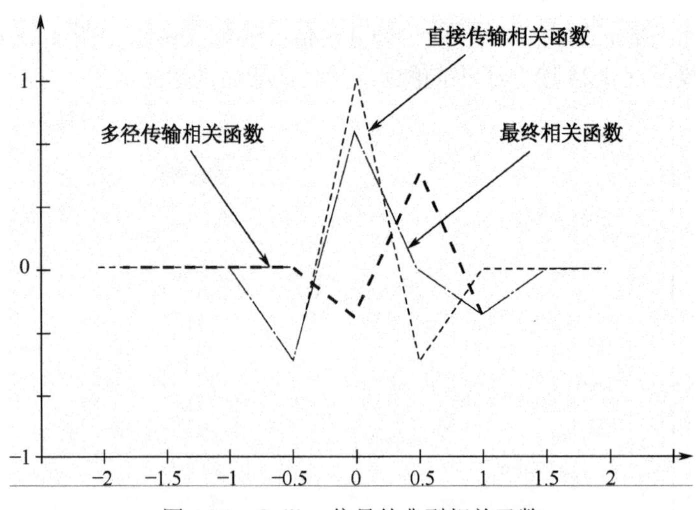

图 4.25　Galileo 信号的典型相关函数

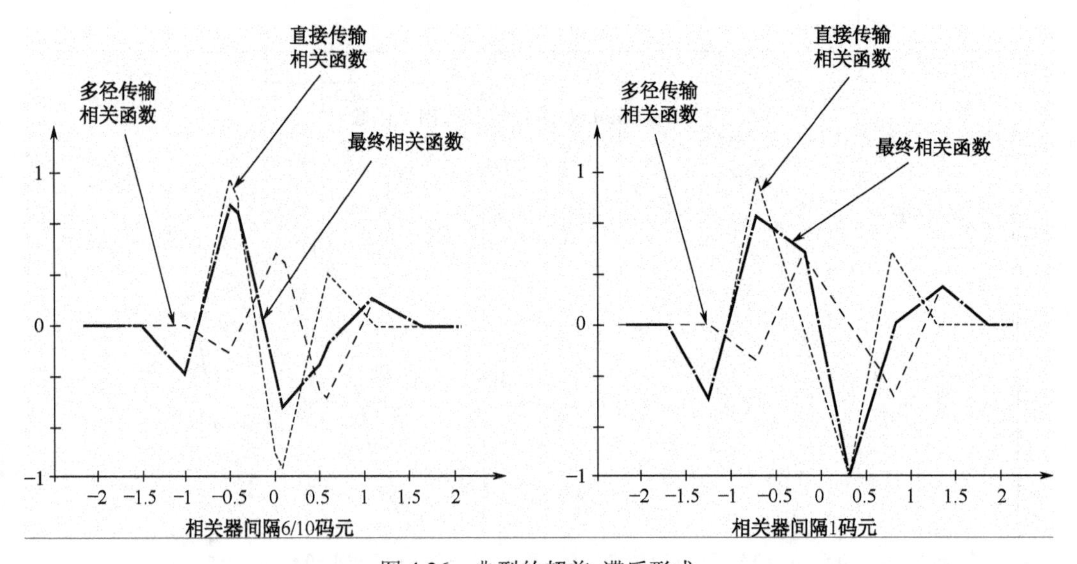

图 4.26　典型的超前-滞后形式

参 考 文 献

[1] Bancroft S. An algebraic solution of the GPS equations. IEEE Trans Aerosp Electron Syst 1985, 21(7):56–58.

[2] Brown A. Navigation satellites. Encyclopedia of Physical Science and Technology, Volume 8. Academic Press; 1987.

[3] El-Mahy MK. Efficient satellite orbit determination algorithm. Proceedings of the Eighteenth National Radio Science Conference; 2001, p 225–232. Mansoura, Egypt.

[4] Hahn J, Powers E. GPS and Galileo timing interoperability. In: GNSS 2004: Proceedings, May 2004, Rotterdam. The Netherlands.

[5] Hegarty CJ. Multipath performance of the new GNSS signals. In: ION NTM: Proceedings, January 2004, San Diego, CA, USA.

[6] Hoshen J. The GPS equations and the problem of Apollonius. IEEE Trans Aerosp Electron Syst 1996, 32(3):1116–1124.

[7] Kaplan ED, Hegarty C. Understanding GPS: principles and applications. 2nd ed. Artech House, 2006, Norwood, MA, USA.

[8] Kerneves D, Huyart B, Begaud X, Bergeault E, Jallet L. Direct measurement of direction of arrival of multiple signals. European MicrowaveWeek, Wireless 2000, Paris, October 2000. Langley R. The mathematics of GPS. GPS World 1991, 2:45–50.

[9] Leick A. GPS satellite surveying. John Wiley & Sons, 2004. Hoboken, NJ, USA.

[10] Leva J. An alternative closed form solution to the GPS pseudorange equations. In: ION NTM: Proceedings, January 1995, Anaheim (CA).

[11] Moudrak A. GPS Galileo time offset: how it affects positioning accuracy and how to cope with it. In: ION GNSS 2004: Proceedings, Long Beach (CA), 2004.

[12] Parker T, Mataskis D. Time and frequency dissemination advances in GPS transfer techniques. GPS World 2004:32–38.

[13] Parkinson BW, Spilker Jr JJ. Global positioning system: theory and applications. American Institute of Aeronautics and Astronautics, 1996.

[14] Sturza MA. Navigation system integrity monitoring using redundant measurements. Navigation: Journal of the Institute of Navigation 1988–9, 35(4).

[15] Van Diggelen F. Receiver autonomous integrity monitoring using the NMEA 0183 message: $GPGRS. In: ION GPS-93; 6th International Technical Meeting: Proceedings; September 1993, Salt Lake City (UT).

[16] Van Dyke K. GPS integrity failure modes and effects analysis (IFMEA). In: ION NTM: Proceedings; January 2003, Anaheim (CA).

[17] 陈军，潘高峰．GPS 软件接收机基础．北京：电子工业出版社，2007.

[18] 熊志昂．GPS 技术与工程应用．北京：国防工业出版社，2005.

[19] 刘基余．GPS 卫星导航定位原理与方法（第 2 版）．北京：科学出版社，2008.

[20] 党亚民．全球导航卫星系统原理与应用．北京：测绘出版社，2007.

[21] 陈端阳，王忠军．北斗系统时间（BDT）的认知与应用．数字通信世界，2013.

第5章　软件接收机技术

GNSS软件接收机可以实现非常复杂的算法，所以在精度、弱信号处理、抗干扰、多路径抑制及降低设备功耗及成本等方面有极大的优势。现代微处理器速度的提高使得实时软件接收机的嵌入式实现变为可能，开展软件接收机研究对于进一步促进我国卫星导航产业的快速发展具有重要的意义。本章就软件接收机的硬件设计、关键参数的计算、关键模块软件化实现三部分进行论述，希望对开展软件接收机研究和设计的人员提供一些帮助。

5.1　软件接收机的基本概念

大多数现代的GNSS接收机是数字接收机。这种接收机方案已迅速向越来越高级的数字器件集成方向演进，而且这种趋势还在继续。在经过射频放大、滤波和下变频之后，由A/D变换器实现模拟到数字的变换，之后的鉴相器、滤波器、数据解调等功能及导航处理和用户界面功能都是用软件实现的。

使用软件方式来组建GNSS接收机，能彻底脱离传统的硬件方式。例如，用户可以采用快照的方式获取用户的位置数据并进行处理，得到用户的位置，而不是连续不断地跟踪信号。当不能采用连续方式收集数据时，这种方法尤其管用。

GNSS软件接收机使用起来非常灵活，它能处理从各种类型硬件收集到的数据。例如，有的系统能收集到同相和正交通道的复数数据，有的系统能收集来自一个信道的实数数据。数据可以很容易地从一种形式变化到另一种形式。对处理实数数据的程序进行简单的修改，就可以得到处理复数数据的程序，反之亦然。程序能够处理各种采样频率的数字化信号。在不改变硬件设计的情况下很容易开发新的算法。所以，软件方式几乎可以被认为是和硬件独立的。

软件化是GNSS接收机的一个发展方向，它最大限度地摆脱了硬件的限制，非常灵活，能处理从各种类型硬件收集到的数据，既可以是实数，又可以是复数，还能够在不改变硬件设计的情况下开发新的算法。本章主要以成熟的GPS为例介绍GNSS接收机及其软件化的概念。

5.2　软件接收机硬件设计

由于 GNSS 软件接收机的基本设计是面向软件的，因此它的硬件非常简单。对于 GNSS 软件接收机来说，需要的信息仅是采样数据。这些采样数据或数字化数据存储在存储器中，然后被处理。在实时处理中，存储器在硬件和软件信号处理之间充当了缓冲器。

GNSS 软件接收机的硬件包括天线、射频链和模数转换器（ADC）。硬件的设计有两种类型：一种是单通道采集实时数据，另一种是同相和正交通道采集复数数据。在两种方案中，输入信号或在数字化之前被下变频到中频频率，或者在发射频率上直接进行数字化。接收机可以处理由各种硬件所采集的数据。例如，数据可以是各种采样频率下的实数或复数数据。对接收机程序进行简单的修改就可以利用这些数据，或者可将数据从实数变换到复数、从复数变换到实数，以便接收机能够进行处理。

5.2.1　天线

GNSS 天线应当具有较宽的空间角，以便接收最大数量的信号。一般要求是能够接收高于地平线 5°以上的所有卫星的信号。低仰角和高仰角卫星的混合使用，会产生较低的几何精度因子（GDOP）值。干扰信号通常来自较低的仰角。为了使干扰降到最小，有时天线采用相对较窄的空间角来避开来自低仰角的信号。

天线应当具有抵抗或减弱多路径效应的能力。多路径效应是从一些物体反射后间接到达天线的 GNSS 信号。多路径能够引起用户位置计算的误差。总体上，抑制多路径是困难的，因为它可能来自任何方向。如果知道反射信号的方向，就可以通过设计天线进行抑制。一类常见的多路径是天线以下地面的反射。这种多路径能够被减弱，因为输入信号的方向是知道的。所以，GNSS 天线应当具有低的后向波瓣。多路径要求常常使天线设计变得复杂，并增大了它的尺寸。

在有些 GNSS 接收机中，天线是接收机单元的一个完整部分。在一些接收机中，天线与放大器集成在一起。这些天线可通过一个长线缆与接收机连接，因为放大器增益能够补偿馈线的损耗。

5.2.2　射频增益

以 GPS 接收机为例，C/A 码信号电平至少为−130dBm。接收机输入的热噪声功率 N_i 为

$$N_i = kTB\,w$$

如果接收机的输入是指向天空的天线，热噪声比室温低，如 50°K 。室温 $T = 290^{\circ}\mathrm{K}$ 时的热噪声用 dBm 表示为：

$$N_i(\text{dBm/Hz}) = -174\text{dBm/Hz} \text{ 或 } N_i(\text{dBm/Hz}) = -114\text{dBm/Hz} \tag{5.1}$$

对于 C/A 码信号，零位带宽大约是 2（或 2.046）MHz，这样，噪声基底在−111（−114+10log2）dBm。假设 GPS 信号为−130dBm，信号就低于噪声 19（−130+111）dB。在采集到的数据中是看不到信号的。需要的放大倍数取决于产生数据的模数转换器（ADC)。一个简单的准则是将噪声基底而不是信号电平放大到接近 ADC 的最大量程。

适用于各种水平的 ADC 的最大电压大约是 100mV，相应的功率是

$$P = \frac{(0.1)^2}{2\times 50} = 0.0001\,\text{W} = 0.1\,\text{mV} = -10\text{dBm} \tag{5.2}$$

这里假设系统的特性阻抗是 50Ω。估计放大链增益的简单方法是将噪声基底放大到这个电平，这样，就需要大约 101（−10+111）dB 的净增益。由于在射频链中有滤波器、混频器、线缆损耗，这些组件的插入损耗必须由附加增益来补偿。净增益必须非常接近于 101dB 的理想值。太低的增益值不能充分发挥 ADC 的最大效能。增益太高将使一些组件或 ADC 饱和，从而产生负面效应。

5.2.3 信号采集

输入信号带宽被采样频率所限制。如果采样频率是 f_s，无混叠带宽就是 $f_s/2$。只要输入信号带宽小于 $f_s/2$，信息就得以保持，满足奈奎斯特采样速率。

如果输入频率是 f_i，采样频率是 f_s，输入频率被混淆进入基带，输出频率 f_o 为：

$$f_o = f_i - nf_s/2 \text{ 和 } f_o < f_s/2 \tag{5.3}$$

式中，n 是整数。当输入从 nf_s 到 $(2n+1)f_s/2$ 时，频率以直接平移的方式变换到基带，就是低输入频率转变为低输出频率。当输入从 $(2n+1)f_s/2$ 到 $(n+1)f_s$ 时，它以反转平移的方式变换到基带，就是低输入频率转变为高输出频率。在合适的监控下，两种方法都可以实现。

如果输入信号带宽是 Δf，就希望最小的采样速率 f_s 高于奈奎斯特采样速率要求的 $2\Delta f$，通常采用 $2.5\Delta f$。所以，对于 C/A 码，要求的最小采样速率是 5MHz。这个采样频率与不需要的 5.115MHz 频率充分分离。

在另一种同相和正交下变频方案中，输入信号被下变频到 I-Q 通道。通过这种方法收集到的数据是复数，两组数据分别是实部和虚部。由于有两个通道，奈奎斯特采样速率是 $f_s = \Delta f$。通常选择 $f_s > 1.25\Delta f$，以将滤波器的下边沿包括进去。输入/输出频率的关系是

$$f_o = f_i - n f_s \text{ 和 } f_o < f_s \tag{5.4}$$

式中，n 是整数。在 I-Q 通道数字化方法中，只要 $\Delta f < f_s$，在输出基带中就没有频谱重叠。

对于一个宽带接收机，在相同的采样频率下，I-Q 方法允许输入带宽加倍。这种方法采用的硬件较多，因为它多用了一个通道。两个输出的幅度和相位精确地平衡是困难的。从软件接收机的观点来看，采用 I-Q 通道下变频器并没有明显的优势。

用一个信号通道收集的数据是实数数据，而通过 I-Q 通道采集的数据是复数数据。实数数据和复数数据之间可以通过希尔伯特变换进行转换。软件接收机可设计成处理复数数据或实数数据的。

本节讨论了 GNSS 接收机的前端设备。天线应当有较宽的波束，以便接收从水平方向到天顶方向来的信号，应当采用右旋圆极化来减少反射信号。放大链的全部增益取决于 ADC 的输入电压。通常总增益大约是 100dB。输入信号可以被下变频然后数字化，也可以不用频率变换而直接进行数字化，下变频的方法更容易实现一些。对软件 GPS 接收机来说，I-Q 通道下变频方法与单通道下变频方法相比并没有多少优势。

5.3　软件接收机设计中关键参数的计算

5.3.1　信号传输时间

地球的赤道半径为 $6378\ \text{km}$，通过两极的半径为 $6357\ \text{km}$，平均半径是 $6368\ \text{km}$。GPS 卫星的轨道半径是 $26\,560\ \text{km}$，离地面高度约 $20\,192\ \text{km}$。这个高度接近地面用户与在最高点或仰角近似 90°的卫星之间的最短距离。大多数的 GPS 接收机设计成接收 5°以上的卫星信号。为了简单易懂，假设接收机能接收卫星信号的角度为 0°。地平线上用户和卫星之间的距离为 $25\,785\ \text{km}$ ($\sqrt{26\,560^2-6368^2}\ \text{km}$)。来自卫星信号的时间延迟为 67ms（$20\,192\ \text{km}/c$）至 86ms（$25\,785\ \text{km}/c$），其中 c 是光速。如果用户在地球表面上，来自两颗不同卫星的延迟时间的最大差值应当在 19ms[(86−67)ms]之内。

5.3.2　用户位置处的信号强度

信号强度可根据天线的发射功率、天线的波束宽度、卫星到用户的距离、接收天线的有效面积求出。一般来说，GPS 发射机功率放大器的功率为 50W（或 17dBW），发射天线的输入功率是 14.3dBW。这个差别可能是由阻抗不匹配及电路损耗引起的。

接收功率为：

$$P_r=\frac{P_tA_{eff}}{4\pi R_{su}^2}=\frac{P_t}{4\pi R_{su}^2}\frac{\lambda^2}{4\pi}=\frac{P_t\lambda^2}{(4\pi R_{su})^2} \tag{5.5}$$

式中，P_t 为发射功率，A_{eff} 为接收天线的有效面积，λ 为波长，R_{su} 为卫星到用户的距离。假设 $R_{su}=25\,785\times10^3\ \text{m}$（最远距离），天线发射功率为 478.63W，波长 $\lambda=0.19\text{m}$，根

据式（5.5）可以计算出接收功率为 1.65×10^{-16}W（或-157.8dBW）。如果考虑通过大气层的损耗，接收功率接近需要的最小值-160dBW。

5.3.3　多普勒频移

卫星的角速度 $\mathrm{d}\theta/\mathrm{d}t$ 和速度 v_s 可由卫星轨道的近似半径计算出来：

$$\begin{aligned}&\frac{\mathrm{d}\theta}{\mathrm{d}t}=\frac{2\pi}{11\times3600+58\times60+2.05}\approx1.458\times10^{-4}\ \mathrm{rad/s}\\&\upsilon_s=\frac{r_s\mathrm{d}\theta}{\mathrm{d}t}\approx26\,560\times1.458\times10^{-4}\approx3\,874\,\mathrm{m/s}\end{aligned}\tag{5.6}$$

式中，r_s 是卫星轨迹的平均半径。在视太阳日和恒星日相差的 3 分 55.91 秒的时间内，卫星大约飞行 914km（$3874\ \mathrm{m/s}\times235.91\mathrm{s}$）。参照卫星在天顶方向，相应的角近似 0.045（914/20.192）弧度或 2.6°。如果卫星接近地平线，相应的角近似 0.035 弧度或 2°。因此，可以认为每天的同一时间相对于地球表面一点卫星位置变化 2°～2.6°。

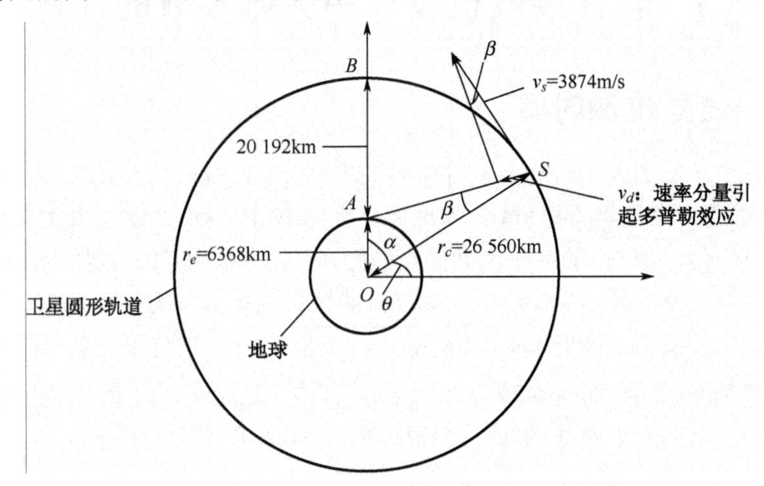

图 5.1　卫星运动引起的多普勒频移

在图 5.1 中，卫星位置为 S，用户的位置为 A。引起多普勒频移的是卫星相对于用户的速率分量 v_d：

$$v_d=v_s\sin\beta\tag{5.7}$$

$$v_d=\frac{v_s r_e\cos\theta}{AS}=\frac{v_s r_e\cos\theta}{\sqrt{r_e^2+r_s^2-2r_e r_s\sin\theta}}\tag{5.8}$$

由式（5.8）绘出多普勒速率分量随角度 θ 变化的曲线，当 $\theta=\pi/2$ 时，多普勒速率为零。通过对 v_d 求 θ 的导数并令其结果为零，可得到多普勒速率的最大值。

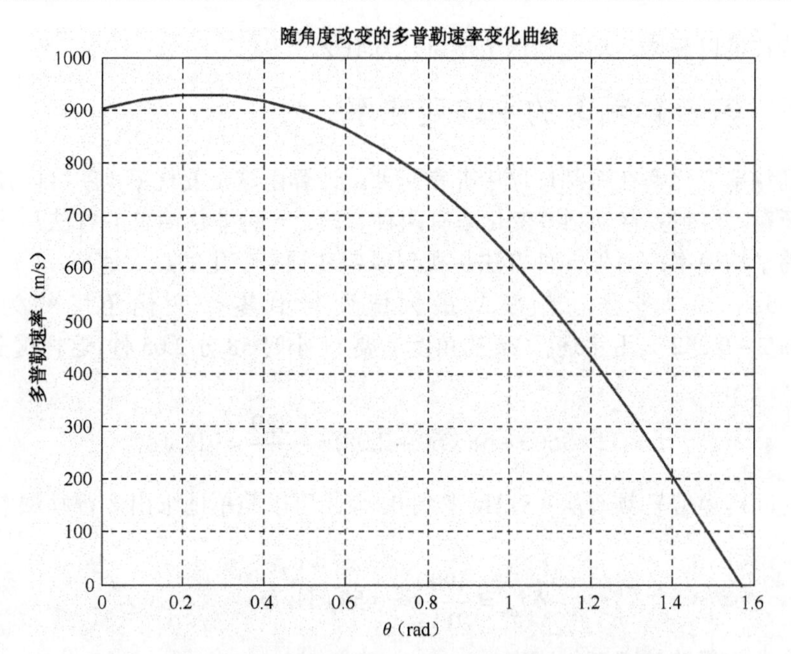

图 5.2　相对于用户的多普勒速率分量随角度 θ 的变化曲线图

$$\theta = \arcsin(\frac{r_e}{r_s}) \approx 0.242\,\text{rad}$$

根据轨道速率，能计算出最大多普勒速率 v_{dm}，它沿地平线的方向：

$$v_{dm} = \frac{v_s r_e \cos\theta}{r_s} = \frac{3874 \times 6368}{26560} \approx 929\ \text{m/s} \approx 2078\,\text{mile/h}$$

这个速度相当于高速的军用飞机的速度。由陆地交通工具所引起多普勒频移通常非常小，即使运动直接朝向卫星而产生最大的多普勒效应也是如此。对于 L1 频率（$f_r = 1575.42\,\text{MHz}$），调制了 C/A 信号以后，最大的多普勒频移为：

$$f_{dr} = \frac{f_r v_{dm}}{c} = \frac{1575.42 \times 929}{3 \times 10^8} \approx 4.9\,\text{kHz}$$

如果载有 GPS 接收机的运输工具高速运动，就必须考虑多普勒效应。当仅有运输工具运动而产生±5kHz 的多普勒频移时，运输工具必须相对卫星以大约为 2078mile/h 的速度运动。这个速度涵盖了大多数的高速飞机。因此，在设计 GPS 接收机时，如果接收机用于低速载体上，可认为多普勒频移为±5kHz。如果接收机用于高速载体上，假设多普勒频移的最大值为±10kHz 是比较合理的。这些数值决定了捕获过程中的频率搜索范围。

由于 C/A 码的频率很低，在 C/A 码上产生的多普勒频移相当小。C/A 码频率为 1.023 MHz，它是载频的 1/1540（1575.42/1.023）。码多普勒频移为：

$$f_{dc} = \frac{f_c v_{dm}}{c} = \frac{1.023 \times 10^6 \times 929}{3 \times 10^8} \approx 3.2\,\text{Hz}$$

如果接收机以高速运动，则这个值可达 6.4Hz。

5.3.4　多普勒频率的平均变化率

多普勒频率变化率在跟踪程序中非常重要，计算出这个变化率，就可以预知跟踪中的频率更新率。得到多普勒频率变化率有两种方法：一种非常简单的方法是估计多普勒频率变化的平均速率；另外一种方法是找到多普勒频率变化的最大速率。

在图 5.2 中，多普勒频率从最大值变化到零，变化角度约为 1.329rad（$\pi/2-\theta=\pi/2-0.242$）。卫星运行 2π 的角度需要 11 小时 58 分 2.05 秒，这样覆盖 1.329rad 的时间为：

$$t=(11\times3600+58\times60+2.05)\times\frac{1.329}{2\pi}=9113(\text{s})$$

在此时间内多普勒频率从 4.9kHz 变到 0，因此可以简单地求出多普勒频率的平均变化速率为：

$$\delta f_{dr}=\frac{4900}{9113}\approx0.54\ (\text{Hz/s})$$

这是个非常低的频率变化速率。

5.3.5　多普勒频率的最大变化率

多普勒频率的变化速率并不是一个常数。速度 v_d 的变化速率是对 v_d 求时间的导数。结果为：

$$\frac{\mathrm{d}v_d}{\mathrm{d}t}=\frac{\mathrm{d}v_d}{\mathrm{d}\theta}\frac{\mathrm{d}\theta}{\mathrm{d}t}=\frac{vr_e[r_er_s\sin^2\theta-(r_e^2+r_s^2)\sin\theta+r_er_s]}{(r_e^2+r_s^2-2r_er_s\sin\theta)^{3/2}}\frac{\mathrm{d}\theta}{\mathrm{d}t}$$

频率的最大变化速率发生在 $\theta=\pi/2$ 时，相应的速度的最大变化速率为：

$$\left.\frac{\mathrm{d}v_d}{\mathrm{d}t}\right|_{\max}=\left.\frac{vr_e\mathrm{d}\theta/\mathrm{d}t}{\sqrt{r_e^2+r_x^2-r_er_x}}\right|_{\theta=\pi/2}\approx0.178\ (\text{m/s}^2)\tag{5.9}$$

在这个方程中，所感兴趣的仅是量值，符号可以忽略。相应的多普勒频率的变化速率为：

$$\left.\delta f_{dr}\right|_{\max}=\frac{\mathrm{d}v_d}{\mathrm{d}t}\frac{f_r}{c}=\frac{0.178\times1575.42\times10^6}{3\times10^8}=0.936(\text{Hz/s})\tag{5.10}$$

这个值也非常小。

5.3.6　由于用户加速度而产生的多普勒频率变化速率

根据前面的内容，很显然，由于卫星移动而引起的多普勒频移的变化速率是相当小的，因此它不会对跟踪程序的更新速率产生重大影响。

现在来考虑用户的运动。如果用户相对卫星有 1g（重力的加速值 9.8 m/s^2）的加速度，将式中 $\frac{dv_d}{dt}$ 用 g 代替，就可以得到相应的多普勒频率的变化速率。可求出相应的结果大约为 51.5Hz/s。对于一些高性能的飞机，可以获得几个 g 的加速度值，如 7g。相应的多普勒频率的变化速率接近 360Hz/s。与由卫星移动而产生的多普勒频率变化速率相比，接收机的加速度为主要因素。

由于卫星和用户的相对位置是不断变化的，因此，对接收机中捕获和跟踪设计来说，知道信号传输时间、卫星运动引起的多普勒频移范围、接收机运动引起的多普勒频移范围及其变化率是很重要的。卫星的实际轨道是椭圆轨道，但非常接近于圆。为了方便，一般按照圆形轨道计算这些参数，这样做的结果也是足够精确的。

5.4　软件接收机关键模块软件化

5.4.1　GPS 信号捕获模块

为了跟踪 GPS 信号并进行信息解码，必须用捕获方法来检测信号的存在。一旦检测到信号，必须得到必需的参数，并传送给跟踪程序。从跟踪程序可以得到像导航数据这样的信息。捕获程序必须搜索±10kHz 的频率范围，以便覆盖高速飞行器的多普勒频移。

一种常用的启动捕获程序的方法是寻找接收机的可见卫星。如果已知粗略位置和一天内的大概时间，就可以知道哪些卫星是可用的，或者可从最近记录的星历广播中计算出来。如果使用这个方法进行捕获，只需要捕获几颗卫星（如果用户在地球表面，最多可捕获 11 颗）。然而，假如提供的时间和位置是错误的，定位卫星的时间就会增加，因为捕获程序起初捕获的可能是错误的卫星。

另一种寻找卫星的方法是对空中的全部卫星实施捕获，一共有 24 颗。这种方法假设已经知道了哪些卫星在空中。如果连空中的卫星都不知道，就必须对全部卫星进行捕获，共有 32 颗可能的卫星。这个方法非常耗时，人们总是选择那些能够快速捕获的程序。

常规方法完成信号捕获是用硬件在时域进行的。捕获是对输入数据以连续方式进行的。一旦发现信号，信息立刻传送到跟踪硬件。在一些接收机中可以对多颗卫星进行并行捕获。

当使用软件接收机时，捕获通常是对一个数据块进行的。当发现了所要的信号后，信息被传送给跟踪程序。如果接收机是实时工作的，跟踪程序就以接收机当前采集的数据为基础进行工作。所以，在用于捕获的数据和被跟踪的数据之间就有一个时间的偏差。如果捕获是慢速的，时差就长，从旧数据得到的信息被传送到跟踪程序时可能已经过时。换句话说，接收机就无法跟踪信号。如果软件接收机不是实时工作的，对捕获时间的要求就不是很苛刻，因为跟踪程序可以处理存储的数据。人们希望建立实时接收机，这样，捕获的速度就很重要。

捕获的基本思想是解扩输入信号，并找出载波频率。如果相位正确的 C/A 码与输入信号相乘，输入信号将变成一个连续波信号，如图 5.3 所示。顶端图表示输入信号，是被 C/A 码进行相位编码的射频信号。为了举例说明，射频信号和 C/A 码都是随意选择的，它们并不代表卫星发射的信号。第二个图表示 C/A 码，其值为±1。底部图表示一个连续波信号，它代表输入信号与 C/A 码的相乘结果，相应的频谱不再扩展，而是变成了一个 CW 信号。这个步骤有时被称为从输入信号中剥离 C/A 码。

一旦信号变成 CW 信号，就可以通过 FFT 操作发现它。如果输入数据长度是 1ms，FFT 的频率分辨率将是 1kHz。可以设定一个门限值，来确定频率成分是否足够大。超过门限值的最大频率分量就是需要的频率。如果以 5MHz 对信号进行数字化，1ms 的数据就包含 5000 个数据点。5000 点的 FFT 产生 5000 个频率分量。然而，只有前 2500 个频率分量包含有用信息。后边的 2500 个频率分量是前 2500 个分量的复共轭。频率分辨率是 1kHz，这样，FFT 覆盖的总频率范围是 2.5MHz，这是采样频率的一半。然而，让人感兴趣的频率范围不是 2.5MHz 而是 2.5kHz。所以，可以用 DFT 只计算间隔 1kHz 的 21 个频率分量，以节省计算时间。

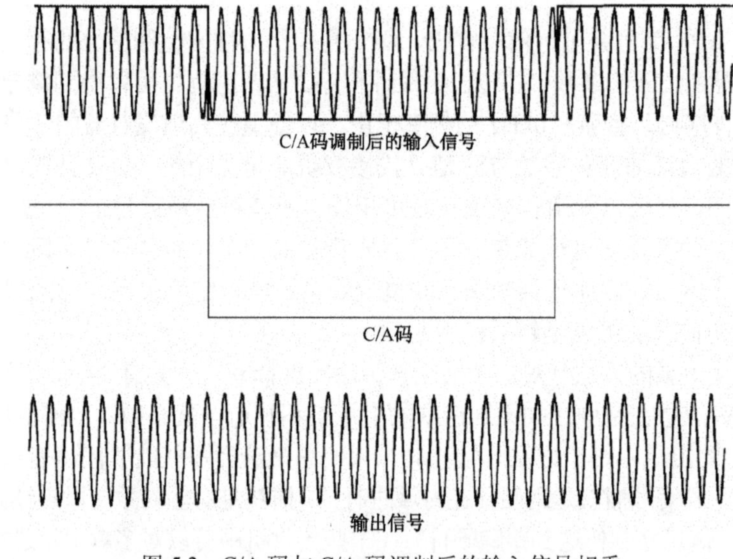

图 5.3　C/A 码与 C/A 码调制后的输入信号相乘

一旦发现信号，必须测量两个重要参数。一个是 C/A 码周期的开头，另一个是输入信号的载波频率。采集到的一组数据通常包含几个卫星的信号。每个信号的 C/A 码不同，开始时间不同，多普勒频移不同。捕获方法就是为了发现 C/A 码的开头，并用这个信息进行频谱解扩。一旦进行了频谱解扩，输出就变成一个连续波信号，可以得到它的载波频率。C/A 码的开头和载波频率是要传送给跟踪程序的参数。

由于输入数据中 C/A 码的开始点是未知的，必须找到这个点。为了找到这个点，本地产生的 C/A 码就必须被数字化，得到 5000 个点，并与输入数据逐点相乘。为找到需要的频率点，需要在乘积上进行 FFT 或 DFT 操作。为了在 1ms 的数据内捕获，输入数据和本地产生的码必须相互滑动 5000 次。如果用 FFT，要求进行 5000 次操作，每次操作包含 5000 点的乘法和 5000 点的 FFT。输出是 5000 帧数据，每帧包含 2500 个频率分量，因为只有 2500 个频率分量提供信息，其余 2500 个分量提供的是冗余信息。在频域总共有 1.25×10^7（5000×2500）个输出。如果 1.25×10^7 个输出中的最大幅度超过了门限值，就认为它是需要的结果。在这么多的数据中寻找最大分量也是相当费时的。因为只对包含需要的 20kHz 的 21 个 FFT 输出频率有兴趣，总输出可以降到 105 000（5000×21）个。通过这个方法，能以 200ns 的时间分辨率、1kHz 的频率分辨率找到 C/A 码的开始点。

如果用 10ms 的数据，要求进行 5000 次操作，需要进行 1ms 的相关。每次操作包含 50 000 点乘法和一个 50 000 点 FFT。总共有 1.25×10^8（$5000\times25\,000$）个输出。如果只考虑包含需要的 20kHz 的 201 个频率分量，必须从 1 005 000（5000×201）个输出中进行挑选。操作时间从 1ms 增加到 10ms 是相当重要的。C/A 码开头的时间分辨率仍然是 200ns，但是频率分辨率变为 100Hz。

1．常规方法

常规方法完成信号捕获是用硬件在时域内进行的，以连续方式捕获输入数据。一旦发现信号，信息立刻被传送到跟踪硬件。在一些接收机中可以对多颗卫星进行并行捕获。

假定输入数据的采样率是 5MHz。一种可能的方法是产生一个有 5000 个数据点的 C/A 码，把它们与输入数据逐点相乘。每 200ns 进行一次 5000 点的乘法。每 200ns 对乘积进行频率分析，如进行 5000 点的 FFT。图 5.4 显示了这个过程。如果 C/A 码和输入数据是匹配的，FFT 的输出就会有一个较强的分量。这个方法将产生 1.25×10^7（5000×2500）个输出。然而，只有±10kHz 范围内的频率被挑选出来。这个限制简化了挑选处理的过程。

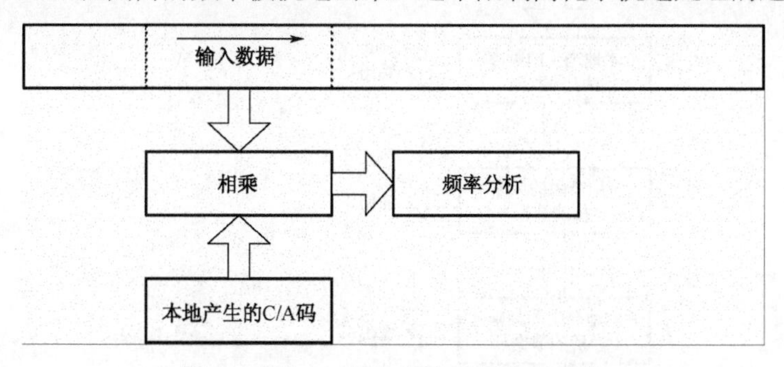

图 5.4　用 C/A 码与频率分析进行捕获

2．时域相关法

实现捕获操作的另一个方法是通过 DFT。将本地产生的本地码改变为包含一个 C/A

码和一个射频信号 RF。RF 是复数，可表示成 $e^{j\omega t}$ 。本地码是由 RF 与 C/A 码相乘得到的，这样，它也是一个复数量。假定 L1 频率（1575.42MHz）被混叠到 21.25MHz，采样率为 5MHz，输出频率为 1.25MHz。还假定捕获程序的搜索范围是 (1250 ± 10)kHz，1kHz 步进，总共有 21 个输出分量。本地码 l_{si} 可表示为：

$$l_{si} = C_s \exp(\mathrm{j}2\pi f_i t) \tag{5.11}$$

式中，下标 s 代表卫星数目，下标 $i = 1,2,3,\cdots,21$ ，C_s 是卫星 S 的 C/A 码，$f_i = 1250-10, 1250-9, 1250-8, \cdots, 1250+10$ kHz 。本地信号必须也以 5MHz 进行采样，产生 5000 个数据点。这 21 组数据代表了间隔 1kHz 的 21 个频率。这些数据与输入信号有关。如果本地产生的信号包含了正确的 C/A 码和正确的频率，当 C/A 码达到正确的相位时，输出就大。

图 5.5 说明了这种捕获方法的概念。我们只讨论 21 组数据其中一组的操作，因为另外 20 组的操作相同。数字化输入信号和本地产生的信号逐点相乘。由于本地信号是复数，从输入数据和本地信号得到的乘积也是复数。5000 个乘积的实部和虚部平方相加，它的平方根代表了某一输出频率时的幅度值。这个处理每 200ns 对新输入的数据操作一次。在输入数据移位 5000 点之后，就完成了对 1ms 数据的搜索。1ms 有 5000 个幅度数据。由于有 21 个本地信号，在 1ms 内总共有 105 000（ 5000×21 ）个幅度数据。可以设定一个特定的门限来测量输出频率的幅度。超过门限的最大频率成分就是需要的频率。如果最大值在第 k 个输入数据点，这个点就是 C/A 码的开头。如果最大值在频率分量 f_i，这个频率分量就代表输入信号的载波频率。因为频率分辨率是 1kHz，这个结果还不够精确，不能向跟踪程序传送，需要更精确的频率测量。

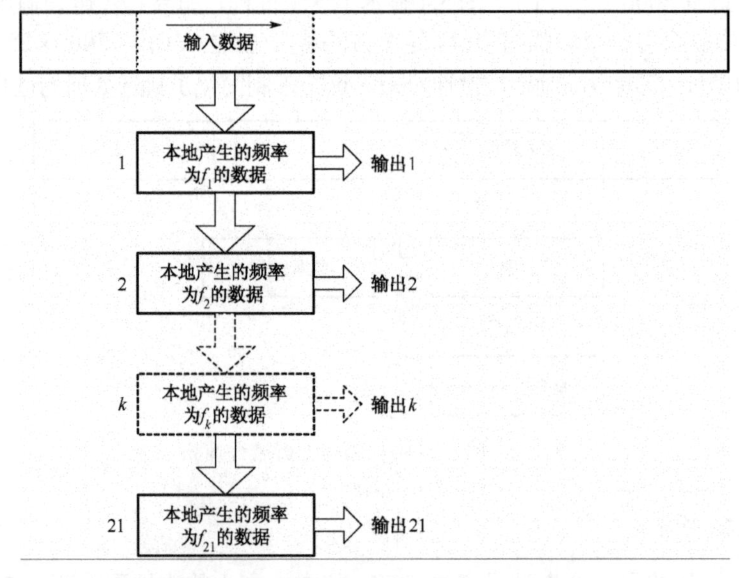

图 5.5　通过本地产生的 C/A 和射频（RF）码进行捕获

以上讨论是对一颗卫星的，如果接收机是并行地对 12 颗卫星进行捕获，以上操作必须重复 12 次。

3．圆周相关捕获法

如果输入信号经过线性时不变系统，输出可以通过时域卷积或频域的傅里叶变换得到。如果系统的脉冲响应是 $h(t)$，输入信号是 $x(t)$，通过卷积可得到输出 $y(t)$：

$$y(t)=\int_{-\infty}^{\infty}x(t-\tau)h(\tau)\mathrm{d}\tau=\int_{-\infty}^{\infty}x(\tau)h(t-\tau)\mathrm{d}\tau \tag{5.12}$$

通过傅里叶变换可得到 $Y(t)$ 的频域响应：

$$Y(f)=\int_{-\infty}^{\infty}\int_{-\infty}^{\infty}x(\tau)h(t-\tau)\mathrm{d}\tau\mathrm{e}^{-\mathrm{j}2\pi ft}\mathrm{d}t=\int_{-\infty}^{\infty}x(\tau)\left(\int_{-\infty}^{\infty}h(t-\tau)\mathrm{e}^{-\mathrm{j}2\pi ft}\mathrm{d}t\right)\mathrm{d}\tau \tag{5.13}$$

变量转换 $t-\tau=u$，得：

$$\begin{aligned}Y(f)&=\int_{-\infty}^{\infty}x(\tau)\left(\int_{-\infty}^{\infty}h(u)\mathrm{e}^{-\mathrm{j}2\pi fu}\mathrm{d}u\right)\mathrm{e}^{-2\pi f\tau}\mathrm{d}\tau\\&=H(f)\int_{-\infty}^{\infty}x(\tau)\mathrm{e}^{-\mathrm{j}2\pi f\tau}\mathrm{d}\tau=H(f)X(f)\end{aligned} \tag{5.14}$$

为了得到时域输出，对 $Y(f)$ 求傅里叶逆变换。结果为：

$$y(t)=x(t)*h(t)=F^{-1}[X(f)H(f)] \tag{5.15}$$

式中，*代表卷积，F^{-1} 代表傅里叶逆变换。

我们可以得到一个相似的关系，那就是频域卷积等于时域的相乘。这两个关系可写为：

$$\begin{aligned}x(t)*h(t)&\leftrightarrow X(f)H(f)\\X(f)*H(f)&\leftrightarrow x(t)h(t)\end{aligned} \tag{5.16}$$

这常被看作傅里叶变换中卷积的对偶性。

这个概念可用于离散时域，但它的意义与连续时域不同。响应 $y(n)$ 可表示为：

$$y(n)=\sum_{m=0}^{N-1}x(m)h(n-m) \tag{5.17}$$

这里 $x(m)$ 是输入信号，$h(n-m)$ 是离散时域的系统响应。应当看到，在这个式子中，$h(n-m)$ 中的时移是循环的，因为离散操作是周期的。对上式取 DFT，结果为：

$$\begin{aligned}Y(k)&=\sum_{n=0}^{N-1}\sum_{m=0}^{N-1}x(m)h(n-m)\mathrm{e}^{(-\mathrm{j}2\pi kn)/N}\\&=\sum_{m=0}^{N-1}x(m)\left[\sum_{n=0}^{N-1}h(n-m)\mathrm{e}^{(-\mathrm{j}2\pi(n-m)k)/N}\right]\mathrm{e}^{(-\mathrm{j}2\pi mk)/N}\\&=H(k)\sum_{m=0}^{N-1}x(m)\mathrm{e}^{(-\mathrm{j}2\pi mk)/N}=X(k)H(k)\end{aligned} \tag{5.18}$$

式（5.17）和式（5.18）被称为周期卷积或圆周卷积。它的结果与线性卷积不同。

如果输入信号和线性系统的脉冲响应都有 N 点数据，经过线性卷积，输出应当是 $2N-1$ 点。然而，采用式（5.18），可以明显看出输出只有 N 点。这是 DFT 的性质决定的。

捕获运算不用卷积，而用相关，它与卷积不同。$x(n)$ 和 $y(n)$ 之间的相关可写为：

$$z(n)=\sum_{m=0}^{N-1}x(m)h(n+m) \tag{5.19}$$

这个式子和式（5.17）的唯一不同是 $h(n+m)$ 中 m 前的符号。$h(n)$ 不是线性系统的脉冲响应，而是另一个信号。如果对 $z(n)$ 进行 DFT，结果为：

$$\begin{aligned}Z(k)&=\sum_{n=0}^{N-1}\sum_{m=0}^{N-1}x(m)h(n+m)\mathrm{e}^{(-\mathrm{j}2\pi kn)/N}\\&=\sum_{m=0}^{N-1}x(m)\left[\sum_{n=0}^{N-1}h(n+m)\mathrm{e}^{(-\mathrm{j}2\pi(n+m)k)/N}\right]\mathrm{e}^{(\mathrm{j}2\pi mk)/N}\\&=H(k)\sum_{m=0}^{N-1}x(m)\mathrm{e}^{(\mathrm{j}2\pi mk)/N}=H(k)X^{-1}(k)\end{aligned} \tag{5.20}$$

这里 $X^{-1}(k)$ 代表 DFT 反变换。上式也可写为：

$$Z(k)=\sum_{n=0}^{N-1}\sum_{m=0}^{N-1}x(n+m)h(m)\mathrm{e}^{(-\mathrm{j}2\pi kn)/N}=H^{-1}(k)X(k) \tag{5.21}$$

如果 $x(n)$ 是实数，$x(n)^*=x(n)$，这里*是复共轭。用这个关系，$Z(k)$ 的模可写为：

$$|Z(k)|=|H^*(k)X(k)|=|H(k)X^*(k)| \tag{5.22}$$

这个关系可用来得到输入信号和本地产生信号的相关。

圆周相关方法可用于捕获，适用于软件化 GPS 接收机。这个操作适合于数据块。只用 1ms 的输入数据来找出 C/A 码的开始点，频率搜索分辨率是 1kHz。

对输入数据进行捕获操作，如图 5.6 所示，具体步骤为：

① 对 1ms 的输入数据 $x(n)$进行 FFT 操作，将输入数据变换到频域 $X(k)$，$n=k=0\sim4999$，代表 1ms 的输入数据。

② 取 $X(k)$ 的复共轭，输出变为 $X(k)^*$。

③ 用式（5.11）产生 21 个本地码 $l_{si}(n)$，$i=1,2,\cdots,21$。本地码包含了与卫星 S 的 C/A 码和复射频信号的乘积，它的采样率也必须是 5MHz，本地码的频率 f_i 间隔 1kHz。

④ 对 $l_{si}(n)$ 取 FFT，变换到频域 $l_{si}(k)$。

⑤ $X(k)^*$ 与 $l_{si}(k)$ 进行逐点相乘，结果为 $R_{si}(k)$。

⑥ 对 $R_{si}(k)$ 取 FFT 逆变换，变换到时域为 $r_{si}(n)$，得到绝对值 $|r_{si}(n)|$，总共有 105 000（21×5000）个 $|r_{si}(n)|$。

⑦ 在第 n 个位置的最大值 $|r_{si}(n)|$ 和第 i 个频率分量以 200ns 的输入数据分辨率和 1kHz 的载波频率分辨率给出了 C/A 码的开始点。

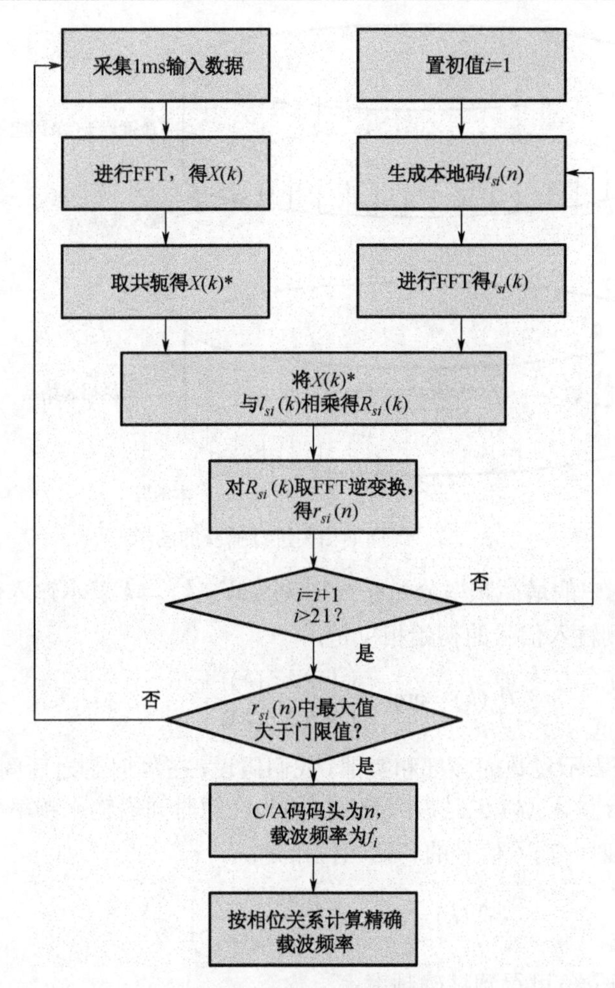

图 5.6　相关捕获流程图

图 5.7 描绘了用周期相关捕获操作。图中显示的结果是时域的，而且只显示了 21 个本地码中的一个。可以认为输入数据和本地数据在两个圆柱的表面。本地数据旋转 5000 次与输入数据匹配。换句话说，一个圆柱相对于另一个旋转。每一步，5000 个输入数据点与本地产生的 5000 个数据点逐点相乘，结果相加。需要 5000 步来完成输入数据和本地数据的所有可能组合，记录最大的幅度，共有 21 对圆柱（未显示）。21 个不同的频率分量中的最大幅度就是要找的值。

由 1ms 数据得到的频率分辨率大约是 1kHz，这对于跟踪程序来说过于粗糙。理想的频率分辨率应当在几十赫兹之内。通过相位关系可以得到精确频率分辨率。一旦将 C/A 码从输入信号中剥离，输入信号就变成了 CW 信号。

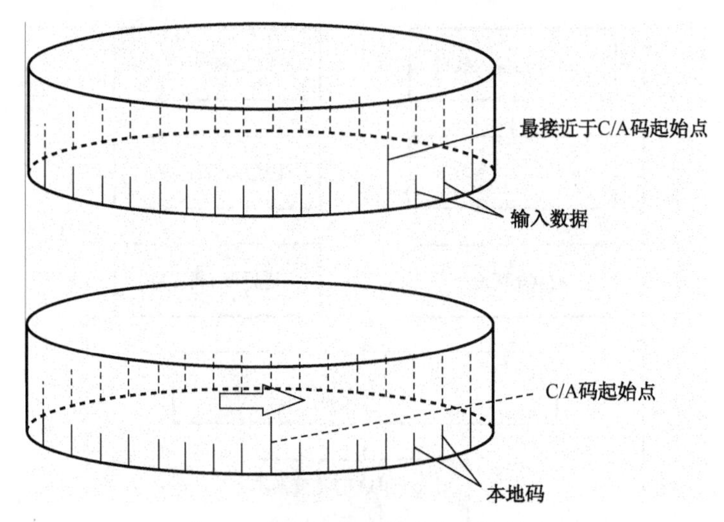

图 5.7　用周期相关进行捕获的图示

如果 1ms 数据中的最高频率分量在 m 时刻为 $X_m(k)$，k 表示输入信号的频率分量。从 DFT 输出中得到输入信号的初始相位是：

$$\theta_m(k)=\arctan\left(\frac{\mathrm{Im}(X_m(k))}{\mathrm{Re}(X_m(k))}\right) \tag{5.23}$$

式中 Im 和 Re 分别表示复数的虚部和实部。我们假设，在 m 时刻之后间隔不长的 n 时刻，1ms 数据的 DFT 分量 $X_n(k)$ 也是最大分量，因为在短时间内输入频率变化不大。在 n 时刻、频率分量为 k 时，输入信号的初始相位角是：

$$\theta_n(k)=\arctan\left(\frac{\mathrm{Im}(X_n(k))}{\mathrm{Re}(X_n(k))}\right) \tag{5.24}$$

利用这两个相位角可得到精确频率：

$$f=\frac{\theta_n(k)-\theta_m(k)}{2\pi(n-m)} \tag{5.25}$$

获得一个卫星的精确载频，需要采取的步骤如下：

① 设最高频率分量是 $X(k)$，对同一个 1ms 数据进行两个 DFT 操作：一个比 $X(k)$ 中的 k 值低 400Hz，另一个比 $X(k)$ 中 k 值高 400Hz。将三个输出[$X(k-1)$，$X(k)$，$X(k+1)$]中最大的指定为新的 $X(k)$，把它作为 DFT 分量来得到精确频率。

② 从 C/A 码的码头开始，任意选取 5ms 的连续数据。将这些数据与 5 个连续的 C/A 码相乘，得到一个 5ms 长的 CW 信号。然而，在任意两个 1ms 的数据之间有可能存在 π 相移。

③ 得到 $X_n(k)$，$n=1,2,3,4,5$。根据式（5.23）求出相位角。相位角差定义为：

$$\Delta\theta=\theta_{n+1}-\theta_n \tag{5.26}$$

④ 相位角差的绝对值必须小于门限（$2.3\pi/5$）。如果不满足这个条件，把$\Delta\theta$加上或减去2π。如果结果仍然高于门限，就把$\Delta\theta$再加上或减去π，进行π相移调整。这个结果仍要与（$2.3\pi/5$）的门限进行比较。如果高于门限，再加上或减去2π得到想要的结果。作如上调整后，最终的相位角就是所要的值。

⑤ 根据式（5.25）可得精确频率。由于 5ms 数据中会有 4 组准确频率，对其求平均值作为精确频率值以提高精度。

5.4.2 GPS 信号跟踪模块

通常认为跟踪一个信号的基本方法是建立一个围绕输入信号并跟随它的窄带滤波器。换句话说，当输入信号的频率随时间而变化时，滤波器的中心频率必须跟随信号而变化。在实际的跟踪过程中，窄带滤波器的中心频率是固定的，但是有一个本振信号跟随着输入信号频率的变化而变化。输入信号和本振信号的相位通过相位鉴别进行比较。相位鉴别器通过一个窄带滤波器输出。由于跟踪电路的带宽很窄，与捕获方法相比，灵敏度相对要高。

当一个 GPS 信号中存在由 C/A 码引起的载波相位变化时，必须首先将码剥离。跟踪程序将跟随信号，获得导航数据信息。如果 GPS 接收机是静态的，由于卫星运动而产生的频率变化是非常缓慢的，本振信号的频率变化也是缓慢的，所以，跟踪环路的修正速率也是慢的。为了剥离 C/A 码，需要另一个环路。这样，为了跟踪一个 GPS 信号，需要两个跟踪环：一个环用来跟踪载波频率，称为载波环；另一个用来跟踪 C/A 码，称为码环。

对 GPS 系统的跟踪，既可以用连续系统，由包含压控振荡器（VCO）在内的模拟跟踪环实现，也可以用离散系统，由包含直接数字频率合成器在内的数字跟踪环实现。这称为常规锁相环。还可以用同步信号块调整的软件方法来实现。

1. 常规方法

常规锁相环的输入通常是连续波（CW）或调频信号，VCO 的频率是受控的，以跟踪输入信号的频率。在 GPS 接收机中，输入是 GPS 信号，锁相环必须跟踪这个信号。然而，GPS 信号是双相编码的信号，为了跟踪 GPS 信号，必须去除 C/A 码信息。结果，跟踪一个 GPS 信号需要两个锁相环。一个环跟踪 C/A 码，另一个环跟踪载波频率。这两个环必须相互连在一起。

在图 5.8 中，C/A 码锁相环产生 3 个输出：一个超前码、一个延迟码和一个即时码。即时码与数字化输入信号相作用，从输入信号中将 C/A 码去除。去除 C/A 码就是将 C/A 码和输入信号以合适的相位相乘，如图 5.3 所示。输出将会是一个 CW 信号，其中仅存在由导航数据引起的相位跃变，这个信号被用作载波环的输入。载波环的输出信号是一个频率为输入信号载波频率的 CW 信号。这个信号用来从数字化输入信号中去除载波信号，也就是用这个信号与输入信号相乘。输出信号是只包含 C/A 码而没有载波频率的信号，载波频率就是码环的输入。

捕获程序确定 C/A 码的开始。码环产生超前和延迟的 C/A 码，这两种码通常是由 C/A 码经过时移而得到的，时移的典型值为大约半个码元（0.489μs）或更少。超前和延迟码与输入 C/A 码进行相关，产生两个输出。每个输出通过一个移动平均滤波器，然后进行平方。将两个经过平方后的信号进行比较，产生一个控制信号，来调节本地 C/A 码的速率，与输入的 C/A 码信号相匹配。本地 C/A 码就是即时 C/A 码，用于从数字化输入信号中剥离 C/A 码信号。

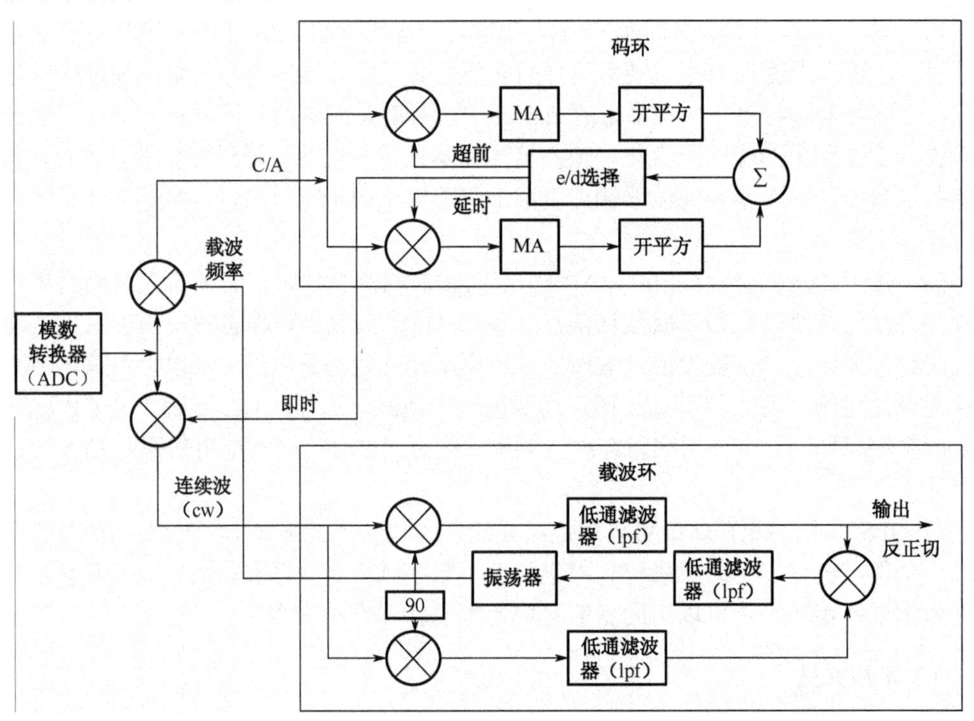

图 5.8　码环和载波跟踪环

载波频率环输入一个 CW 信号，该信号仅被导航数据进行过相位调制，因为 C/A 码已经从输入信号中剥离了。捕获程序确定载波频率的初始值。VCO 根据从捕获程序中得到的数值产生载波频率。这个信号被分为两路：一路是直接信号，一路是经过 90° 相移的信号。这两个信号与输入信号进行相关。相关器的输出经过滤波，然后通过一个反正切比较器将它们的相位差鉴别出来。反正切操作对由于导航数据引起的相位跃变是不敏感的，它可被看作一种柯斯塔斯环。柯斯塔斯环是一个对相位跃变不敏感的锁相环。比较器的输出又经过滤波，产生一个控制信号。这个控制信号被用来调节振荡器，产生一个跟踪输入 CW 信号的载波频率。这个载波频率也用来从输入信号中剥离载波信号。

2. 同步信号块调整法（BASS）

同步信号块调整法（BASS）是一种与常规方法不同的跟踪程序。在这个程序中，一旦产生了 C/A 码，就可以一直使用它。从即时码的超前和延迟输出信号中可以得到高时间分辨率。通过相位关系得到精确载频，并对本地信号载频进行修正。

（1）载波频率修正

如果数字输入信号是 $x(n)$，DFT 的输出 $X(k)$ 可被写为：

$$X(k)=\sum_{n=0}^{N-1}x(n)\mathrm{e}^{-\mathrm{j}2\pi nk/N} \tag{5.27}$$

式中，k 表示一个特定的频率分量，N 是数据点的总数。如果 $x(n)$ 是从数字化正弦波得到的，最高幅度的 $|X(k_i)|$ 就代表输入信号的频率。相角 θ 可通过 $X(k_i)$ 的实部（Re）和虚部（Im）得到：

$$\theta=\arctan\left(\frac{\mathrm{Im}\left[X(k_i)\right]}{\mathrm{Re}\left[X(k_i)\right]}\right) \tag{5.28}$$

式中，θ 表示正弦波关于 Kernel 核函数的初始相位。如果 k 是一个整数，Kernel 核函数的初始相位为零。一般地，如果输入信号的频率是一个未知量，那么 k 的所有分量（$k=0\sim N-1$）都要被计算。通过比较所有的 $X(k)$ 值，可以发现最大的分量 $X(k_i)$。

相角 θ 能够用来得到输入信号的精确频率。在两个不同的时间区域中，计算相同的 $X(k_i)$。相应的相角是 θ_n 和 θ_{n+m}，它们相隔时间 m。可得到精确频率为：

$$f=\frac{\delta\theta}{m}\equiv\frac{\theta_{n+m}-\theta_n}{m} \tag{5.29}$$

这一关系能提供比 DFT 结果更为精确的频率分辨率。频率分辨率取决于测量到的角度分辨率。

（2）核函数的不连续性

在常规 DFT 操作中，式（5.27）中的 k 值是整数。然而，将式（5.27）应用于跟踪程序时，k 值通常不是一个整数，因为采用整数的 k 值时，核函数 $\mathrm{e}^{-\mathrm{j}2\pi nk/N}$ 产生的频率会离输入信号太远。如果 k 值离输入信号较远，从式（5.27）得到的 $X(k)$ 的幅度就小，这意味着处理灵敏度就低。为避免这一问题，k 值应该尽可能靠近输入频率。一个靠近输入信号的 k 值还能够减小频率模糊度。在这种情况下，k 值通常不再是一个整数。

当 k 值是一个整数时，核函数 $\mathrm{e}^{-\mathrm{j}2\pi nk/N}$ 的初相为零，而且从两个相连的数集中得到的值是连续的。第一个数集的开始点是 $n=0$，而第二个数集的开始点是 $n=N$。容易看出：

$$\mathrm{e}^{-\mathrm{j}2\pi nk/N}\Big|_{n=0}=\mathrm{e}^{-\mathrm{j}2\pi nk/N}\Big|_{n=N}\quad \text{如果 } k \text{ 为整数} \tag{5.30}$$

如果 k 不是一个整数，这个关系就不存在了。为了应用式（5.28），必须考虑相位不连续性。

通过计算 $n=N$ 的相角值，可以发现不连续性。如果 k 不是一个整数，$\mathrm{e}^{-\mathrm{j}2\pi k}$ 和 e^{-0} 之

间的相位差就是相位的不连续性。在合理使用式（5.29）之前，必须从相角中减去这一数值。

如果每毫秒的末尾减去核函数的相位差，两个相邻毫秒之间会出现两种情况。一是没有相位变化，另一个是存在由导航数据引起的 π 相移。由于输入数据中噪声的影响，相位变化不会正好等于 0 或 $\pm\pi$ 的理想值。例如，如果相移接近于 0 或 2π，就认为没有相移。如果相移接近于 $\pm\pi$，就认为是 π 相移。总之，门限值可设为 $\pm\pi/2$，也可设为 $\pi/2$ 和 $3\pi/2$。如果相角差的绝对值在 $\pi/2$ 到 $3\pi/2$ 的范围内，可将其视为 π 相移。否则，就认为没有相移。在 20ms 内不会产生 π 相移，它只发生在 20ms 的整数倍处。

（3）C/A 码码头的精确测量

输入信号以 5MHz 的速率被数字化，或者每个数据点间隔 200ns。在这个时间分辨率下，相应的距离分辨率是 60m（$3\times10^8\times200\times10^{-9}$），这对于用户位置的解算来说是不够精确的。在最坏的情况下，当 C/A 码的真实开头落在两个采样点之间时，数字化的 C/A 码开头与真实值相差 100ns。捕获程序测量 C/A 码开头的精确度只能达到采样分辨率的程度。

在采用 BASS 方法的跟踪程序中，本地 C/A 码是固定的。第一个数据点总是从 C/A 码的真实码头开始，并且自始至终一直使用同一个码。在最坏的情况下，本地码与数字化输入之间可能相差 100ns。要在更好的时间分辨率下得到输入信号中 C/A 码的真实开始点，需要使用 3 个信号：一个即时信号、一个超前信号和一个延迟信号。本地产生的 C/A 码可看作即时码。由这个信号，以固定的码元间隔，可产生出超前信号和延迟信号。以 5MHz 的速率对 C/A 码进行采样，得到的是即时码。因为 C/A 码的长度是 1ms，它产生 5000 个数据点。通过即时码的时移，可以得到超前码和延迟码，并通过理想相关输出得到精确时间。

当 $x>100$ ns 或 $x<-100$ ns 时，即时码和输入数据之间的错位超过半个采样时间。在这种情况下，如图 5.9 所示，输入数据应当移位一个采样时间，以更好地与即时码相匹配。在这个图中，数据移位前，x 比 $d/4$（或半个采样时间）大。所有的 3 个码，即时码、超前码和延迟码，向左移，这等效于将输入数据向右移。输入数据移位之后，x 小于 $d/4$。

当 $x=100$ ns 时，可算出 $r=0.705$；当 $x=-100$ ns 时，$r=1.419$（$1/0.705$）。这两个 r 值（0.705 和 1.419）可被看作一个门限值。如果 r 值小于 0.705 或大于 1.419，就意味着 $x>100$ ns 或 $x<-100$ ns。这两种情况下，输入信号都应当移位一个采样时间，以便更好地与本地码对齐。由于噪声的作用，根据从 1ms 的数据中得到的 r 值来确定是否将输入数据进行移位是不切实际的，通常需要 10ms 或 20ms 的数据来做出决定。

所以，为了跟踪一个卫星的输入信号，本地产生两个量：复数 RF 频率和 C/A 码。一旦生成了 C/A 码，就一直使用它。本地产生的 C/A 码和射频信号可以同时与输入信号进行相关。一种简便的方法是将 C/A 码与射频信号逐点相乘进行复合，产生一个新码。这个新码可用作即时码，即时码向左和向右移位两个数据点就得到超前码和延迟码。这包含 C/A 码和射频信号的 3 个码与输入信号进行相关。即时码信号中的射频相位是非常重要的，因为要用它来找出精确频率和导航数据中的相位跳变。超前码和延迟码的幅度仅用来确定时间分辨率，所以，超前码和延迟码中的射频信号相位就不那么重要。由式（5.29）计算出精确频率，这个新频率用于产生下一个 10ms 数据的本地射频信号。

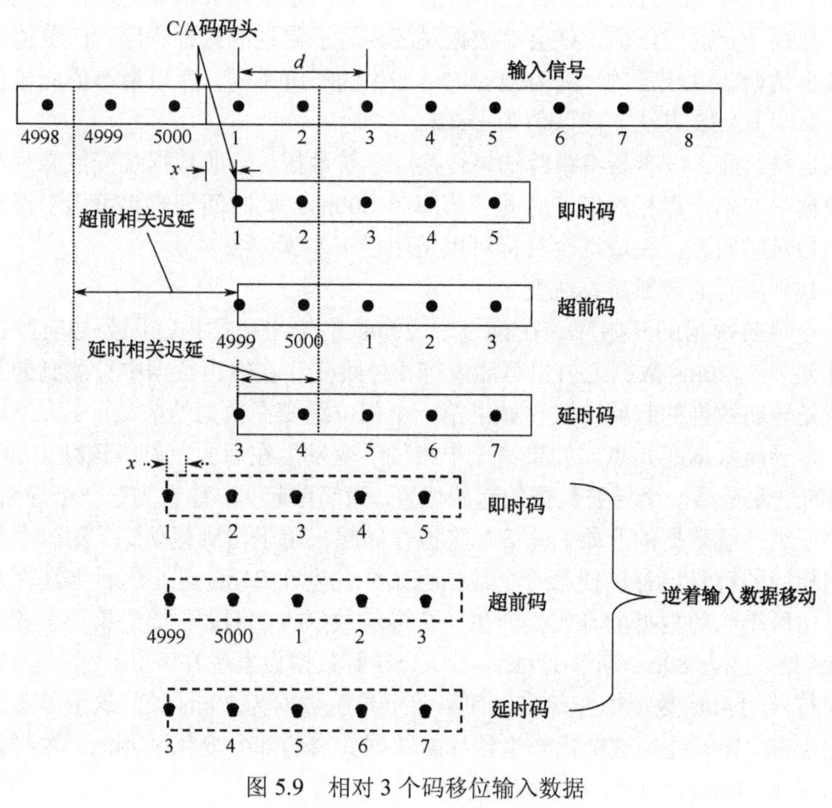

图 5.9　相对 3 个码移位输入数据

5.4.3　导航电文获取模块

GPS 接收机在实现了对信号的跟踪之后，跟踪程序的输出数据通过子帧匹配和奇偶校验就可以转换成为导航数据，并从子帧中得到诸如星期数这样的星历数据。这就是导航电文获取的基本流程，如图 5.10 所示。

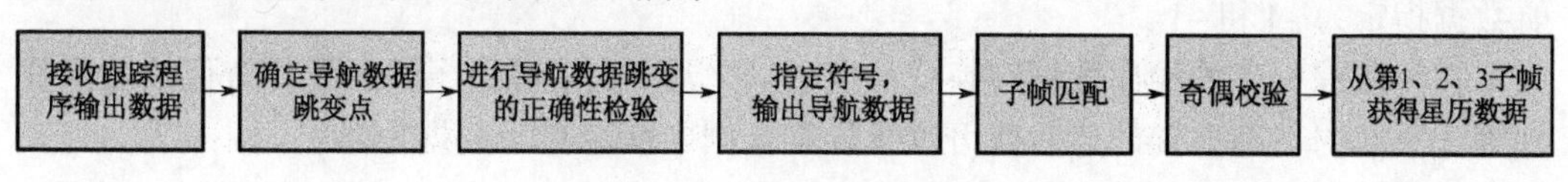

图 5.10　导航电文获取流程

1．跟踪输出到导航数据的转换

常规跟踪程序得到的结果输出星历数据的幅度。每个数据点都是由 1ms 的数字化数据得到的。而用 BASS 方法跟踪同一个信号的结果不用信号幅度表示，而表示为相邻数据点之间的相移。

在实现对信号的跟踪之后，下一个步骤是把跟踪的输出数据（每 20ms）转换成 +1 和 −1（或 0）值。实现的方法有几种。常用的一种方法是求相邻毫秒的输出之间的差。如果这个差超过一定的门限值，就会有数据跳变。对于常规的跟踪程序，门限值通常是从输出的最小预期幅度获得的。因为强弱信号产生的幅度不同，所以最小值应该作为门限值使用。对于 BASS 方法，门限值为 $\pm\pi/2$。

根据这些跳变，很容易将跟踪结果转换成导航数据。导航数据跳变点必须与采集到的输入数据中的单个点相对应，时间分辨率为 200ns。此时间分辨率可用于得到不同卫星之间的相对时间差。完成这个目标可以采用以下步骤。

（1）找到所有的导航数据跳变

第一个导航数据的开始应该在第一个 20ms 的输出数据内，因为导航数据长度为 20ms。不过，在 20ms 数据之内也可能没有相位跳变。在输出数据中检测到的第一个相位跳变就是导航数据的起始位置。如果第一个相位跳变在数据的前 20ms 内，这个点也就是第一个导航数据起始点。如果第一个相位跳变发生在后面，就应该减去 20ms 的倍数，得到的差便是第一个导航数据的起始位置。为简单起见，称它为第一个导航数据点，而不说第一组导航数据的开始。此信息将被存储起来用于得到粗伪距。第一个导航数据点可以用相同的符号填补以使第一个数据点始终发生在 21ms 处。这种方法在从部分获得的信息中所得到的数据的开始处产生一个导航数据点。例如，如果第一个相位跳变发生在 97ms 处，减去 80ms 等于 17ms，第一个导航数据点发生在 17ms 处。这 17ms 的数据用相同符号的 4ms 数据填补起来，使第一个导航数据为 20ms 长。这个处理使第一个导航数据点在 21ms 处。这个操作也使导航数据其余的部分变化了 4ms。这样，导航数据点就出现在 21ms、41ms、61ms 等位置。

（2）校验转换的正确性

这些导航数据必须分隔成 20ms 的倍数。如果这些导航数据点不是发生在 20ms 的倍数处的，数据中就存在错误，应该丢弃。

（3）输出导航数据

每 20 个输出（或 20ms）转换成一个导航数据位。导航数据的符号可任意选择。导航数据指定为 +1 和 −1。

在将跟踪程序的输出数据转换成导航数据之后，需要经过子帧匹配和奇偶校验来找到第一子帧的正确位置，然后就可以从导航数据中获取星历数据信息了。

2．子帧匹配和奇偶校验

把跟踪的输出转换成导航数据后，下一步就是找到这些数据的子帧。子帧是以第一个字（遥测字）中的前导序列（10001011）开始的。在第二个字 HOW（转换字）中，20～22 位是子帧的 ID，而最后两位（29，30）是奇偶码（00）。但是，简单地搜寻这些数据不能保证找到子帧的帧头。我们一次可以搜寻一个以上的子帧。若发现不止一个子帧匹配，正确的可能性就要大一些。

应该注意，子帧中字的极性会变化。所以，应当每次仅对一个字（30 个导航数据位）进行相关，也就是每个字应该分别进行相关。与前导序列相匹配的码可写为（1-1-1-1 1 -1 1 1）。由于字的极性未知，匹配结果可能是±8。一旦发现有匹配，300 个数据点（1 个子帧）之后应该有另外一个前导序列相配。如果没有发现匹配，第一个匹配就不是前导序列。可以重复以上方法来寻找几个子帧的帧头。匹配越多，置信度就越高。HOW 字中的最后两位也能用于子帧匹配。一旦找到一个子帧，就可以从 HOW 字的 20～22 位中得到子帧的号数，子帧的号数必须是 1～5，而且它们必须完全按照 1、2、3、4、5、1 的顺序排列。

子帧中每个字的 30 位中有 6 个奇偶位。这些奇偶位用于奇偶校验和校正导航位的极性。如果奇偶校验失败，数据就不可用了。校验奇偶性需要 8 个奇偶位。附加的两位是前一个字的最后两位（也是最后的两个奇偶位）。奇偶校验的具体算法这里不再赘述。

寻找子帧程序要匹配 3 个连续的前导序列。如果 3 个都能正确匹配，这就可以断定找到了子帧的帧头。3 个连续的前导序列的搜寻是可任意选择的。首先搜寻 360 个数据点中的前导序列，这个数据是 1 个子帧加上两个字长，应当至少有 1 个前导序列匹配（可能多于 1 个）。如果发现有多个匹配，那么仅有其中 1 个是前导序列。如果发现 1 个匹配，在第 1 个匹配开始 300 个数据点之后，再搜索两个前导序列，若这两个前导序列搜寻失败，第 1 个匹配就不是前导序列，而是具有同样模式的一些其他数据；若这两个前导序列都匹配，所有这 3 个前导序列可看作 3 个连续子帧的开始。

下一步是校验 HOW 字最后两位的极性，这两位应当都是负的，二者的和为-2。但是，这两位的和可为+2 或-2。如果和为零，就是出错了，3 个子帧的帧头肯定是错的，这也可认为是额外的校验。如果和为-2，HOW 字的符号就是正确的，子帧号可从 HOW 字的 20～22 位中得到。如果和为+2，首先必须对 HOW 的极性求反，然后得到子帧号。根据子帧号可以搜寻第 1、2 和 3 子帧的帧头，因为它们包含了计算用户位置的信息。

3．从第 1、2、3 子帧中获得星历数据

（1）从第 1 子帧获得星历数据

一旦找到第 1 子帧的开始位置，就可以获得下列信息，如表 5.1 所示。导航数据有两种格式：二进制和二相补码。为了便于计算，将这些数据的大部分都转换成十进制的形式。

表 5.1　第 1 子帧获得的星历数据

名　称	含　义	备　注
WN	星期序号，61～70 位的 10 个二进制位	需转换成十进制。这个序号从 1980 年 1 月 5 日的午夜/1 月 6 日的早晨开始计算，1023 个星期循环一次。解码的时间必须和数据采集时间相匹配
T_{GD}	群延迟误差估计，197～204 的 8 位二相补码形式	需转换成十进制
t_{oc}	卫星时钟修正位，219～234 的 16 个二进制位	需转换成十进制
a_{f2}	卫星时钟修正位，241～248 的 8 位二相补码形式	需转换成十进制
a_{f1}	卫星时钟修正位，249～264 的 16 位二相补码形式	需转换成十进制
a_{f0}	卫星时钟修正位，271～292 的 22 位二相补码形式	需转换成十进制
IODC	星钟数据号，10 位。83～84 位为最高有效位（MSB），211～218 位是最低有效位（LSB）	IODC 的 LSB 将与第 2、3 子帧的星历数据号（IODE）进行比较。不匹配时，会清空一组数据，并采集新的数据
TOW	周时间，31～47 的 17 个二进制位	需转换成十进制。时间分辨是 6 秒

（2）从第 2 子帧获得星历数据

从第 2 子帧得到的数据也需转换成十进制的形式，从第 2 子帧得到导航数据集如表 5.2 所示。

表 5.2　第 2 子帧获得的星历数据

名　称	含　义	备　注
IODE	星历数据号，61～68 的 8 位	与第 1 子帧中的 IODC 的 8 个 LSB 和第 3 子帧中的 IODE 相对比
C_{rs}	轨道半径的正弦谐波修正项幅度，69～84 的 16 位二相补码形式	—
Δn	计算值的平均运动差，91～106 位的 16 位二相补码形式	其单位是半圆/秒，数据需乘以 π 换算成弧度。需转换成十进制形式
M_0	参考时间的平近点角，32 位二相补码形式。分为两部分，107～114 的 8 位 MSB 与 121～144 的 24 位 LSB	其单位是半圆，数据需乘以 π 换算成弧度。需转换成十进制
C_{uc}	纬度角的余弦谐波修正项幅度，151～166 的 16 位二相补码形式	需转换成十进制
e_s	卫星轨道的偏心率，32 个二进制位。这些数据可分为两个部分，167～174 的 8 位 MSB 与 181～204 的 24 位 LSB	需转换成十进制
C_{us}	纬度角的正弦谐波修正项幅度，211～226 的 16 位二相补码形式	需转换成十进制

续表

名　称	含　义	备　注
$\sqrt{a_s}$	卫星轨道长半轴的平方根，32 个二进制位。这些数据可分为两部分，227～234 的 8 位 MSB 与 241～264 的 24 位 LSB	需转换成十进制
t_{oe}	星历数据的参考时间，271～286 的 16 位二进制格式	需转换成十进制

（3）从第 3 子帧获得星历数据

用类似的方法从第 3 子帧获得数据，具体数据如表 5.3 所示。

表 5.3　第 3 子帧获得的星历数据

名　称	含　义	备　注
C_{ic}	倾角的余弦谐波修正项幅度，61～76 的 16 位二相补码形式	需转换成十进制
Ω_0	在每周轨道平面上升点的经度，32 位二相补码形式。可分为两部分，77～84 的 8 位 MSB 与 91～114 的 24 位 LSB	单位是半圆，需乘以 π 换算成弧度。需转换成十进制
C_{is}	倾角的正弦谐波修正项幅度，121～126 的 16 位二相补码形式	需转换成十进制
i_0	参考时间的倾角，32 位二相补码形式。可分为两部分，137～144 的 8 位 MSB 与 151～174 的 24 位 LSB	其单位是半圆，数据需乘以 π 换算成弧度。需转换成十进制
C_{rc}	轨道半径的余弦谐波修正项幅度，181～196 的 16 位二相补码形式	需转换成十进制
ω	近地点角，32 位二相补码形式。可分为两部分，197～204 的 8 位 MSB 与 211～234 的 24 位 LSB	其单位是半圆，数据需乘以 π 换算成弧度。需转换成十进制
$\dot{\Omega}$	升交点变率，241～264 的 24 位二相补码形式	其单位是半圆，数据需乘以 π 换算成弧度。需转换成十进制
IODE	星历数据号，271～278 的 8 个二进制位	与第 1 子帧中的 IODC 的 8 个 LSB 和第 2 子帧中的 IODE 进行比较。如果不同，则数据集清空，且这些数据不能再使用，需要采集新的数据
idot	倾角的变率，279～292 的 14 位二相补码形式	其单位是半圆，数据需乘以 π 换算成弧度。需转换成十进制

应当注意到，第 2、3 子帧的 TOW 不能解码，第 1 子帧的 TOW 会提供必要的信息。从第 1、2、3 子帧得到的所有数据进行解码，然后转换成十进制的形式，而且转换成所需的单位。接下来计算卫星和用户的位置。

5.4.4 卫星位置计算模块

在卫星位置计算中用到了3种近点角：平近点角M、偏近点角E和真近点角ν。图5.11描绘了一个卫星轨道，地球的中心点为F，卫星的位置点为S，角ν为真近点角。距离主焦点最近的点称为近地点，最远的点称为远地点。平近点角M、离心率e_s可从卫星的导航数据中得到。偏近点角E可由平近点角M、离心率e_s求出。真近点角ν可由离心率e_s、偏近点角E求出。这些都是以地球中心为参照的。为了确定地球表面用户的位置，这些数据必须与一个地球表面或其上的确定点相关联。地球是不停转动的，要把在地球表面或其上的确定点作为卫星位置的参考点，必须考虑地球的自转。

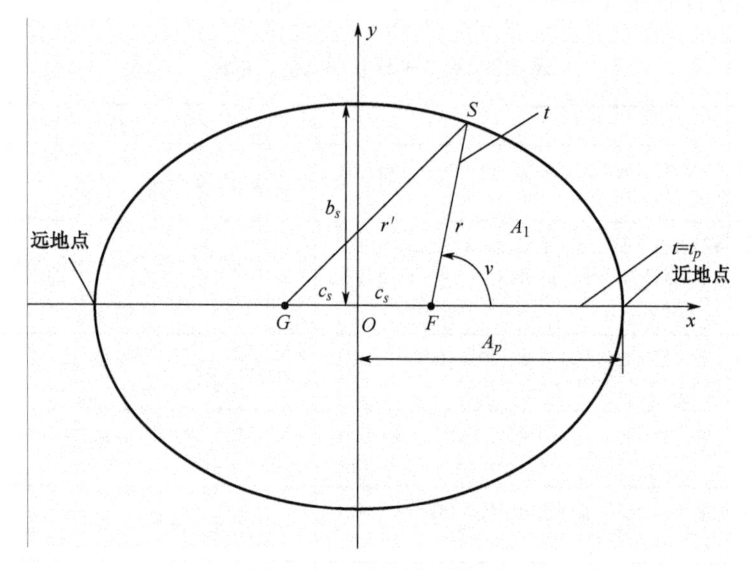

图5.11 卫星的椭圆轨道

最基本的方法就是采用坐标系之间的变换方法。通过坐标系变换，参考点可以移动到需要的坐标系上。不同坐标系之间的变换由方向余弦矩阵的乘法完成。通过几个方向余弦矩阵的连乘，最终将卫星位置变换到地心地固坐标系上。

1. 卫星轨道坐标系向地心地固坐标系的转换

用于描述卫星的坐标系可以看作卫星轨道坐标系，因为地心与卫星总是在同一个轨道面内。如图5.12所示的坐标系，x轴沿椭圆轨道近地点方向，而z轴垂直于轨道平面。y轴垂直于x轴，和z轴组成一个右手坐标系。卫星到地心的距离r可以由下面的方程得到：

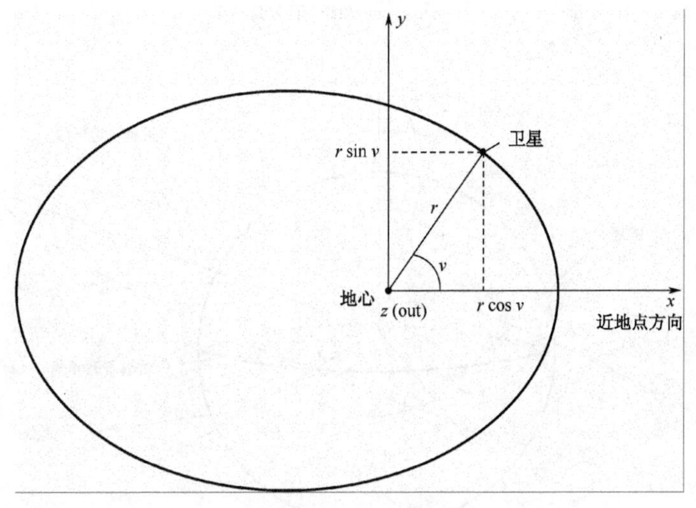

图 5.12　轨道坐标系

$$r = \frac{a_s(1-e_s^2)}{1+e_s\cos\nu} \tag{5.31}$$

式中，a_s 是卫星轨道的长半轴，e_s 是卫星轨道的离心率，ν 是真近点角。$\cos\nu$ 的值可以由下面的方程得到：

$$\cos\nu = \frac{\cos E - e_s}{1-e_s\cos E} \tag{5.32}$$

式中 E 是偏近点角。

把式（5.32）代入式（5.31），化简为：

$$r = a_s(1-e_s\cos E) \tag{5.33}$$

卫星的位置可以表示为：

$$\begin{aligned} x &= r\cos\nu \\ y &= r\sin\nu \\ z &= 0 \end{aligned} \tag{5.34}$$

这个方程并不以地球表面的任何一点为参考，而是以地心为参考点。我们希望能够以地球表面或其上的用户位置为参考点。

（1）向赤道坐标系的转换

首先，选取一个公共点，并且这一点必须在地球表面上，也在卫星轨道上。卫星的轨道平面与地球的赤道面相交于一条直线。升交点定义为沿着这条直线所指向的卫星向北（上升）穿过赤道平面的那一点。轨道平面上近地点与升交点之间的夹角 ω 定义为近地点角距。ω 的信息可以从接收到的卫星信号中得到。现在将 x 轴由近地点方向旋转至升交点。如图 5.13 所示，这个转换可以在保持 z 轴不变的条件下，把 x 轴旋转 ω 角得到。图 5.13 中并没有画出 y 轴。x_i 轴和 z_i 轴是垂直的，而 y_i 轴垂直于 x_iz_i 平面。相应的方向余弦矩阵为：

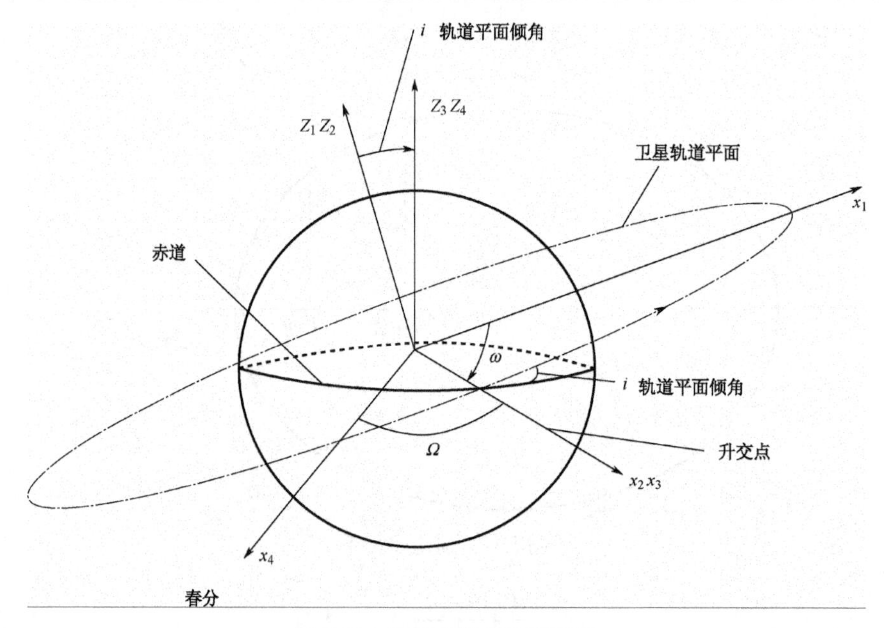

图 5.13　地球赤道和轨道平面

$$\boldsymbol{C}_1^2=\begin{bmatrix}\cos\omega & -\sin\omega & 0\\ \sin\omega & \cos\omega & 0\\ 0 & 0 & 1\end{bmatrix} \tag{5.35}$$

在这个方程中角ω是负方向的。这个旋转使x_1轴变到了x_2轴。

下一步是从轨道平面转换到赤道平面。这个转换是以x_2为轴旋转角i完成的。角i是卫星轨道平面与赤道面的夹角，称为轨道平面倾角。轨道平面倾角也在卫星传送的数据中。相应的方向余弦矩阵为：

$$\boldsymbol{C}_2^3=\begin{bmatrix}1 & 0 & 0\\ 0 & \cos i & -\sin i\\ 0 & \sin i & \cos i\end{bmatrix} \tag{5.36}$$

角i也是负方向的。转换后，z_3垂直于赤道面而不是卫星轨道平面，x_3轴指向升交点。

GPS 卫星有 6 条不同的轨道，因此有 6 个升交点。我们希望的是用一个x轴而不是 6 个来计算所有卫星的位置，所以有必要选择一个x轴。

（2）向地心惯性坐标系（ECI）的转换

春分的指向由地球围绕太阳的圆形轨道平面和赤道平面决定。黄道平面（地球的轨道平面）和赤道平面的相交线就是春分点的方向。春分点的指向每年向西偏移 50（$360\times60\times60/26000$）秒，这是一个非常微小的量。所以，春分点的指向可以看作宇宙空间中的一个固定轴。

重新考虑图 5.13，将上节最后讨论的坐标系中的x_3轴旋转到春分点。这个变换可以

通过绕 z_3 轴旋转角度 Ω 来实现，Ω 称为赤径角。Ω 角在赤道平面内。方向余弦矩阵为：

$$C_3^4 = \begin{bmatrix} \cos\Omega & -\sin\Omega & 0 \\ \sin\Omega & \cos\Omega & 0 \\ 0 & 0 & 1 \end{bmatrix} \tag{5.37}$$

这个坐标系常被称作地心惯性坐标系（ECI）。ECI 坐标系的原点在地球的质量中心。在这个坐标系中，z_4 轴垂直于赤道，x_4 轴是赤道平面中的春分指向。这个坐标系并不围绕地球旋转，而是相对于恒星是固定的。为了在地球表面上确定一个点，必须考虑地球的旋转，这个系统称为地心地固坐标系（ECEF）。

（3）向地心地固坐标系的转换

考虑地球的自转。假使地球转率为 Ω_{ie}，定义一个时间 t_{er}，使得在 $t_{er}=0$ 时，格林尼治子午线同春分指向线对齐。春分点由格林尼治子午线的旋转确定。参考图 5.14，可以得到下面的方程：

$$\Omega_{er} = \Omega - \dot{\Omega}_{ie} t_{er} \tag{5.38}$$

式中，地球自转速率 $\dot{\Omega}_{ie} = 7.292\,115\,146\,7 \times 10^{-5}$ rad/s，Ω_{er} 为格林尼治子午线与升交点间的夹角。当 $t_{er}=0$ 时，$\Omega_{er}=\Omega$，意味着格林尼治子午线同春分指向线对齐。

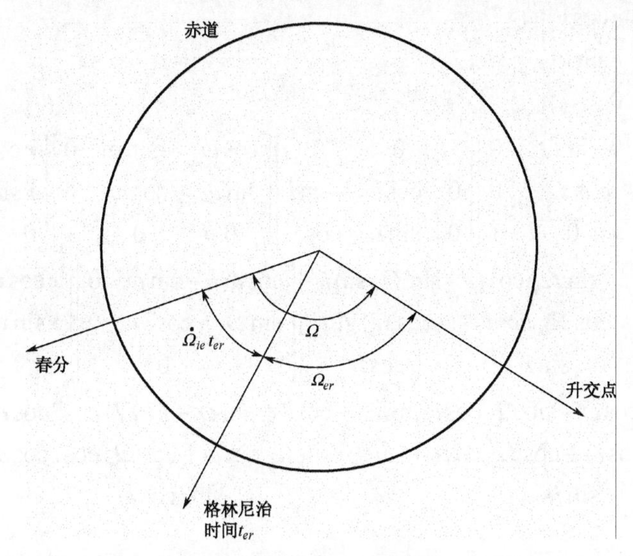

图 5.14　地球的自转

如果在式（5.37）中用弧度 Ω_{er} 代替 Ω，x 轴将在赤道面内旋转，而这个 x 轴就是格林尼治子午线的指向。在式（5.37）中使用新的角度，结果为：

$$C_3^4 = \begin{bmatrix} \cos\Omega_{er} & -\sin\Omega_{er} & 0 \\ \sin\Omega_{er} & \cos\Omega_{er} & 0 \\ 0 & 0 & 1 \end{bmatrix} \tag{5.39}$$

在这个方程中，包含了地球的自转，因为在方程中包含了时间。通过在这个系统中使用t_{er}，每次当格林尼治子午线和春分指向线对齐的时候，满足$t_{er}=0$。这个时间的最大长度为一个恒星日，因为格林尼治子午线和春分指向线每恒星日对齐一次。

时间t_{er}应当转化成为 GPS 时间。GPS 时间从格林尼治时间星期六午夜开始。从而，最大 GPS 时间长度是 7 个太阳日。很显然，时间基准t_{er}与 GPS 时间t是不同的。将时间t_{er}变换到 GPS 时间t的一个简单方法是时间基准的线性平移：

$$t_{er} = t + \Delta t \tag{5.40}$$

式中，Δt表示基于t_{er}的时间和 GPS 时间t之间的差值。结果为：

$$\Omega_{er} = \Omega - \dot{\Omega}_{ie} t_{er} = \Omega - \dot{\Omega}_{ie} t - \dot{\Omega}_{ie}\Delta t \equiv \Omega - \alpha - \dot{\Omega}_{ie} t \equiv \Omega_e - \dot{\Omega}_{ie} t \tag{5.41}$$

式中，$\Omega_e \equiv \Omega - \alpha$，而$\alpha \equiv \dot{\Omega}_{ie}\Delta t$。

我们改变这种记号的原因是：弧度$\Omega-\alpha$可以被看成一个角度Ω_e，而这个信息可在 GPS 星历数据中得到。

为了把卫星的位置从卫星轨道坐标系变换到 ECEF 坐标系，需要两个中间变换。总的变换都可以从下面的方程得到。把式（5.39）、式（5.36）和式（5.35）代入到下面的方程中，得到下面的结果：

$$\begin{aligned}
\begin{bmatrix} x_4 \\ y_4 \\ z_4 \end{bmatrix} &= \boldsymbol{C}_3^4 \boldsymbol{C}_2^3 \boldsymbol{C}_1^2 \begin{bmatrix} r\cos\nu \\ r\sin\nu \\ 0 \end{bmatrix} \\
&= \begin{bmatrix} \cos\Omega_{er} & -\sin\Omega_{er} & 0 \\ \sin\Omega_{er} & \cos\Omega_{er} & 0 \\ 0 & 0 & 1 \end{bmatrix} \begin{bmatrix} 1 & 0 & 0 \\ 0 & \cos i & -\sin i \\ 0 & \sin i & \cos i \end{bmatrix} \begin{bmatrix} \cos\omega & -\sin\omega & 0 \\ \sin\omega & \cos\omega & 0 \\ 0 & 0 & 1 \end{bmatrix} \begin{bmatrix} r\cos\nu \\ r\sin\nu \\ 0 \end{bmatrix} \\
&= \begin{bmatrix} \cos\Omega_{er} & -\sin\Omega_{er}\cos i & \sin\Omega_{er}\sin i \\ \sin\Omega_{er} & \cos\Omega_{er}\cos i & -\cos\Omega_{er}\sin i \\ 0 & \sin i & \cos i \end{bmatrix} \begin{bmatrix} \cos\omega & -\sin\omega & 0 \\ \sin\omega & \cos\omega & 0 \\ 0 & 0 & 1 \end{bmatrix} \begin{bmatrix} r\cos\nu \\ r\sin\nu \\ 0 \end{bmatrix} \\
&= \begin{bmatrix} \cos\Omega_{er}\cos\omega - \sin\Omega_{er}\cos i\sin\omega & -\cos\Omega_{er}\sin\omega - \sin\Omega_{er}\cos i\cos\omega & \sin\Omega_{er}\sin i \\ \sin\Omega_{er}\cos\omega + \cos\Omega_{er}\cos i\sin\omega & -\sin\Omega_{er}\sin\omega + \cos\Omega_{er}\cos i\cos\omega & -\cos\Omega_{er}\sin i \\ \sin i\sin\omega & \sin i\cos\omega & \cos i \end{bmatrix} \\
&\quad \cdot \begin{bmatrix} r\cos\nu \\ r\sin\nu \\ 0 \end{bmatrix} \\
&= \begin{bmatrix} r\cos\Omega_{er}\cos(\nu+\omega) - r\sin\Omega_{er}\cos i\sin(\nu+\omega) \\ r\sin\Omega_{er}\cos(\nu+\omega) + r\cos\Omega_{er}\cos i\sin(\nu+\omega) \\ r\sin i\sin(\nu+\omega) \end{bmatrix}
\end{aligned} \tag{5.42}$$

这个方程给出了卫星在 ECEF 坐标系中的位置。为了计算上面方程的值，需要以下数据：卫星轨道的半长轴 a_s、平近点角 M、卫星轨道的离心率 e_s、倾斜角 i、近地点角距 ω、修正的赤径角 $\Omega-\alpha$ 及 GPS 时间。前 3 个常数用于计算从卫星到地球中心的距离。i、ω 和 $\Omega-\alpha$ 这 3 个值用于将卫星轨道坐标系变换到地心系。为了得到式（5.42）中的 Ω_{er}，需要得到 GPS 时间。

2．发射时刻 GPS 系统时间的修正

卫星信号的发射是按同一个时基进行的，除了每个卫星上的时钟误差。接收时间 t_u 是信号到达接收机的时间。t 和 t_u 之间的关系为：

$$\begin{aligned} t_u &= t + \rho_i/c \\ t &= t_u - \rho_i/c \end{aligned} \tag{5.43}$$

式中，ρ_i 是卫星 i 到接收机的伪距，c 为光速。由于每个卫星到接收机的伪距不同，接收的时间也不同。然而，在计算用户的位置时，经常只选取一个时间。接收时间 t_u 是一个合理的选择。如果以接收时间 t_u 作为一个参考，从以上的方程可知，从不同卫星的发射时间是不同的。发射时间是接收时间减去传输时间。这个时间用 t 来代表，称为经传输时间修正的发射时间。

t 的值必须根据许多其他因素进行再次修正。然而，为了修正 t，必须首先知道 t 的值。这个要求使得修正过程变得异常困难。为简化这个过程，以 t_c 代表在发射时刻经传输时间修正的粗略 GPS 系统时间。t_c 的值可以从周时间（TOW）中得到。假设 t_c 的值已经知道，时间 t_k 应是 t_c 和新周期时间 t_{oe} 之间总的实际时间差。t_k 必须在一周开始或结束时得出，即 t_c 必须做出以下调整：

$$\begin{aligned} &\text{如果} t_k = t_c - t_{oe} > 302\,400 \\ &\text{那么} t_k = t_k - 604\,800 \text{或} t_c \Rightarrow t_c - 604\,800 \\ &\text{如果} t_k = t_c - t_{oe} < -302400 \\ &\text{那么} t_k = t_k + 604\,800 \text{或} t_c \Rightarrow t_c + 604\,800 \end{aligned} \tag{5.44}$$

t_{oe} 可以从星历表数据中得出，302 400 是半个星期的秒数。一个星期共有 604 800 秒。

接下来修正 GPS 时间 t，匀速运动计算为：

$$n = \sqrt{\frac{\mu}{a_s^3}} + \Delta n \tag{5.45}$$

μ=3.986 005×10^{14} m^3/s^2 是地球的宇宙重力因子，为常数。$\sqrt{a_s}$ 和 Δn 可从星历数据中得出。

平近点角的值可由下式得到：

$$M = M_0 + n(t_c - t_{oe}) \tag{5.46}$$

M_0 在星历数据中，在这个方程中 t_c 代替 t，因为 t 还没得出。

用迭代法求偏近点角 E：

$$E = M + e_s \sin E \tag{5.47}$$

e_s 是卫星轨道离心率，可从星历数据中得到。定义常数 F：

$$F = \frac{-2\sqrt{\mu}}{c^2} = -4.442\ 807\ 633 \times 10^{-10}\ \mathrm{s/m^{1/2}} \tag{5.48}$$

μ 是地球的宇宙重力因子，c 为光速。相对论修正为：

$$\Delta t_r = F e_s \sqrt{a_s} \sin E \tag{5.49}$$

全部的时间修正为：

$$\Delta t = a_{f0} + a_{f1}(t_c - t_{oc}) + a_{f2}(t_c - t_{oc})^2 + \Delta t_r - T_{GD} \tag{5.50}$$

T_{GD}、t_{oc}、a_{f0}、a_{f1}、a_{f2} 为时钟修正参数。T_{GD} 是卫星群延迟差异的结果。它们可由星历数据得出。经传输时间修正的 GPS 发射时间 t 可被修正为：

$$t = t_c - \Delta t$$

3. 卫星位置的计算

计算卫星位置要用到式（5.42）。在这个式子中卫星位置与 r、ν、i、ω 和 Ω_{er} 5 个参数有关，下面计算这 5 个参数。

首先求 r：

$$r = a_s(1 - e_s \cos E) \tag{5.51}$$

在这个式子中，必须首先从星历数据中求出 E，为了求出 r 的值必须采取以下步骤：

① 用式 $n \Rightarrow n + \Delta n = \sqrt{\dfrac{\mu}{a_s^3}} + \Delta n$ 计算出 n，式中 μ 为常数，Δn 可从星历数据中得出；

② 用式 $M = M_0 + n(t_c - t_{oe})$ 计算出 M，式中 M_0 和 t_{oe} 可从星历数据中得出；

③ 用式 $E = M + e_s \sin E$ 计算出 E，式中 e_s 可从星历数据中得出，这一步要用到迭代法；

④ 一旦得到 E，就可以得到 r。

在以上 4 个步骤中，前 3 个步骤是为了得出 E。一旦 E 求得，就可求得修正过的 GPS 时间 t。

现在来求真近点角 ν。这个值可从下式得出：

$$\begin{aligned}
\nu_1 &= \arccos\left(\frac{\cos E - e_s}{1 - e_s^2 \cos E}\right) \\
\nu_2 &= \arcsin\left(\frac{\sqrt{1 - e_s^2}\sin E}{1 - e_s \cos E}\right) \\
\nu &= \nu_1 \mathrm{sign}(\nu_2)
\end{aligned} \tag{5.52}$$

角 ω 可从星历数据中得出。ϕ 值的定义为：

$$\phi \equiv v + \omega \tag{5.53}$$

用到以下修正形式：

$$\begin{aligned}\delta\phi &= C_{us}\sin 2\phi + C_{uc}\cos 2\phi \\ \delta r &= C_{rs}\sin 2\phi + C_{rc}\cos 2\phi \\ \delta i &= C_{is}\sin 2\phi + C_{ic}\cos 2\phi\end{aligned} \tag{5.54}$$

式中，C_{us}，C_{uc}，C_{rs}，C_{rc}，C_{is}，C_{ir} 可从星历数据中得出：

$$\begin{aligned}\phi &\Rightarrow \phi + \delta\phi \\ r &\Rightarrow r + \delta r\end{aligned} \tag{5.55}$$

倾角 i 可从星历数据中得出并修正为：

$$i \Rightarrow i + \delta i + \text{idot}(t - t_{oe}) \tag{5.56}$$

idot 可从星历数据中得出。最后的形式为：

$$\Omega_{er} = \Omega_{e} + \dot{\Omega}(t - t_{oe}) - \dot{\Omega}_{ie}t \tag{5.57}$$

地球旋转速率 $\dot{\Omega}_{ie}$ 为常数，Ω_{e}、$\dot{\Omega}$ 和 t_{oe} 可从星历数据中得出。值得注意的是，在以上两个式子中用到了修正后的 GPS 时间 t。

一旦得到所有必备的因子，就可从式（5.42）中得到卫星位置：

$$\begin{bmatrix} x \\ y \\ z \end{bmatrix} = \begin{bmatrix} r\cos\Omega_{er}\cos\phi - r\sin\Omega_{er}\cos i\sin\phi \\ r\sin\Omega_{er}\cos\phi + r\cos\Omega_{er}\cos i\sin\phi \\ r\sin i\sin\phi \end{bmatrix} \tag{5.58}$$

这个方程计算的是卫星在地心系中的位置，因此卫星位置是时间的函数。

5.4.5　伪距计算模块

1．伪距计算概述

在计算用户位置时，不但需要知道卫星的位置，还需要知道各个卫星到用户的距离。GPS 工作时，卫星的位置是已知的，卫星的位置信息可从卫星播发的信息中获得。通过测量信号传输到用户所需的时间，就能得到用户和卫星间的距离。但是由于用户时钟误差的影响，这是不可能得到的。而各个卫星的第 1 子帧到达用户接收机的时间不同，它们的差异就代表了各个卫星到用户之间距离的差异，这称为相对伪距。给基准卫星任意赋初值后，各个相对伪距就代表了包含有时钟误差的卫星到用户之间的距离。

相对伪距计算的基本流程如图 5.15 所示，根据导航电文获取模块得到信息，获取第 1 子帧帧头，然后进行相对伪距求取、伪距常数选定、各卫星 C/A 码码头精确时间计算，最终得到各卫星伪距。下面举例介绍伪距求取的主要过程。

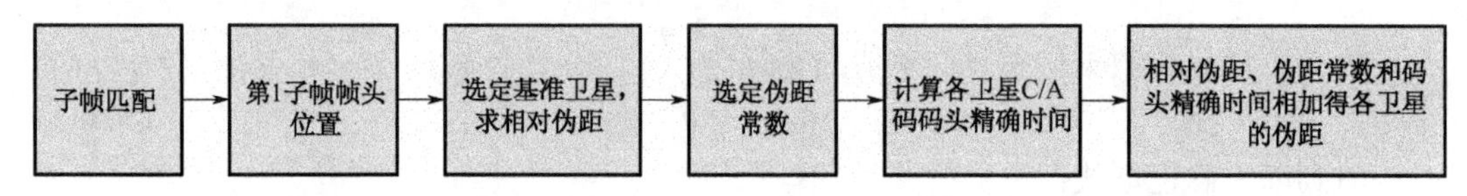

图 5.15　伪距计算模块流程

2．伪距的求取

采集数字化数据时没有绝对的参考时间，唯一的参考时间就是采样频率。因此，只能用相对的方法测量伪距，如图 5.16 所示，因为接收机的时钟偏差是个未知量。图中，各个点代表各个输入的数字化数据，它们相互间隔了 200ns，因为采样速率为 5MHz。相对伪距是两个参考点之间的距离（或时间）。图中，将第 1 子帧的起始点作为参考点。除了每颗卫星的时钟修正项，所有不同卫星的第1子帧的起始点都是在同一时间发射的。因此，可以认为，不同卫星的子帧都是在同一时间发射的。因为不同卫星的第 1 子帧的起始点是在不同时间接收的，这不同的时间就代表卫星到接收机的时间（或距离）差别。所以，它表示相对伪距。第 1 子帧每 30 秒出现一次，两颗卫星之间的最大时间差约为 19ms。由此就保证了不同卫星在同一时间发射的第 1 子帧是可比的。换句话说，如果两颗卫星的时间差在几十毫秒范围内，这两个第 1 子帧必定是在同一时间发射的，且它们不可能相隔 30 秒。

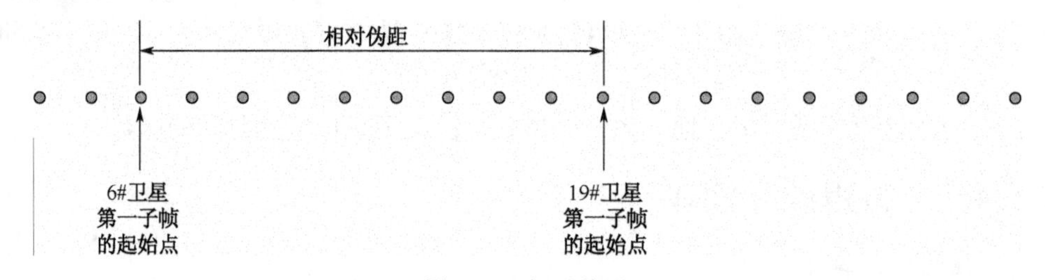

图 5.16　相对伪距

从上述讨论可以看到，根据实际的数字化输入数据点找到第 1 子帧的起始点需要两步。第一步是找到第 1 子帧前面的 C/A 码起始点的索引；第二步是找到所需 C/A 码起始点与第 1 子帧起始点之间的时间。第一步可以通过下面的方程完成：

$$\mathrm{ind} = 2(\mathrm{sfb1} - 2) + \mathrm{integer}(\mathrm{nav1}/10) \tag{5.59}$$

式中，ind 是所需 C/A 码起始点的索引；sfb1 是第 1 子帧的起始点；nav1 是第一个导航数据点，integer 意味着取结果的整数部分。

第二个步骤是找到 10ms 范围内的差（difms），表示为：

$$\mathrm{difms} = \mathrm{rem}(\mathrm{nav}/10) \tag{5.60}$$

式中，rem 意味着取括号内数值的余数。与第 1 子帧起始点相对应的所需输入点可以表示为：

$$\text{dat} = \text{bca(ind)} + \text{difms} \times 5000 \tag{5.61}$$

式中，dat 为数字化输入数据点；bca 是 C/A 码的起始点。

可以用这 3 个方程得到所需的值，结果列在表 5.4 中。

表 5.4　粗相对伪距（时间）

Sat	nav1 *	sfb1 **	ind	difms	bca(ind) ***	dat	diff of dat
a	0	100	196	0	9802893	9802893	0
b	7	100	196	7	9803828	9838828	35935
c	10	100	197	0	9850115	9850115	47222
d	17	99	195	7	9752661	9787661	-15232

注：*由跟踪程序得到并将值调整到小于 20；

**由第 1 子帧匹配程序获得；

***由跟踪程序得到。

指定 a、b、c 和 d 代替卫星实际的号，因为卫星 c 中的信息是为了说明特殊情况而人工编造的。第 2 列和第 3 列中的值是从跟踪和子帧匹配程序获得的。ind 和 difms 是由式（5.59）和式（5.60）计算出来的。bca(ind) 的值也可以从跟踪程序获得。最终的 dat 值可由式（5.61）求出。最后一栏是关于卫星 a 的相对时间差，可以 dat 值减去 9 802 893 得到。为了获得比 200ns 更好时间分辨，必须使用从跟踪程序得到的精密时间。每 10ms 计算一次用于确定 C/A 码的起始点。为了简化，可以用与 ind（196、196、197、195）相关的精密时间求精密伪距（时间）。这个操作就是将精密时间附加到差分时间中。为了得到更好的结果，可以处理更多的数据点来获得精密时间值，如最小均方数据拟合。

用相对时间 0、35935、47222 和 −15232 计算伪距。在这种计算中，一些伪距是负的。给这些相对时间加一个常数使其变成正值；不过，这不是必须的，仅仅是一种方便的措施。因为卫星到用户的时间延迟为 67～86ms 的距离，所以这两个数之间的值是合理的选择。时间乘以光速转换成距离，这样可以求伪距 ρ：

$$\rho = c\left(\text{const} + \text{diff of dat} + \text{finetime}\right) \tag{5.62}$$

式中，$c = 299\ 792\ 458\text{m/s}$，是光速；const 是为了使伪距变成正数而任意选择的常数；相对传输时间（diff of dat）在表 5.4 的最后一栏中；而精密时间则由跟踪程序获得。

选择 $\text{const} = 75\text{ms}$。根据上面的例子，4 个伪距（$pr$）计算为：

$$\rho_1 = 299\ 792\ 458 \times (75 \times 10^{-3})$$

$$\rho_2 = 299\ 792\ 458 \times (75 \times 10^{-3} + 359\ 35 \times 200 \times 10^{-9})$$

$$\rho_3 = 299\ 792\ 458 \times (75 \times 10^{-3} + 47\ 222 \times 200 \times 10^{-9})$$

$$\rho_4 = 299\ 792\ 458 \times (75 \times 10^{-3} - 15\ 232 \times 200 \times 10^{-9})$$

在这个方程中没有计算精密时间。实际计算时，精密时间应包括在上面的方程中。

5.4.6 用户位置计算模块

1. 确定用户位置的基本方程

要确定用户的位置，假设测量的距离是精确的，3 颗卫星就足够了。假设，有 3 个已知点 $r_1(x_1,y_1,z_1)$、$r_2(x_2,y_2,z_2)$、$r_3(x_3,y_3,z_3)$ 和一个未知点 $r_u(x_u,y_u,z_u)$。如果 3 个已知点和未知点之间的测量距离为 ρ_1、ρ_2 和 ρ_3，这些距离可以表示为：

$$\begin{aligned}\rho_1 &= \sqrt{(x_1-x_u)^2+(y_1-y_u)^2+(z_1-z_u)^2}\\ \rho_2 &= \sqrt{(x_2-x_u)^2+(y_2-y_u)^2+(z_2-z_u)^2}\\ \rho_3 &= \sqrt{(x_3-x_u)^2+(y_3-y_u)^2+(z_3-z_u)^2}\end{aligned} \tag{5.63}$$

因为有 3 个未知数和 3 个方程，所以根据这 3 个方程可以解出 x_u、y_u 和 z_u 的值。理论上，应该有两组解，因为它们是二阶方程。因为这些方程是非线性的，很难直接求解。然而，如果采用线性化和迭代法求解就相对容易一些。

2. 解算用户位置方程的线性化

GPS 工作时，卫星的位置是已知的。卫星的位置信息可从卫星发射的数据中获得。用户（未知位置）和卫星的距离必须在特定的时间同时测量。每个卫星发射的信号中都有和它有关的参考时间。通过测量信号传输到用户所需的时间，就能得到用户和卫星间的距离。

每颗卫星在特定的时间 t_{si} 发射信号。接收机在稍后的时刻 t_u 接收到信号。卫星 i 和用户之间的距离是：

$$\rho_{iT} = c(t_u - t_{si})$$

从现实的观点来讲这是很困难的，几乎不可能得到卫星或用户的正确时间。用户的时钟误差不能通过接收的信息进行修正。这样，它仍是个未知数。

因此，式（5.63）必须更改为：

$$\rho_i = \sqrt{(x_i-x_u)^2+(y_i-y_u)^2+(z_i-z_u)^2} + b_u$$

对上式微分，结果为：

$$\begin{aligned}\delta\rho_i &= \frac{(x_i-x_u)\delta x_u+(y_i-y_u)\delta y_u+(z_i-z_u)\delta z_u}{\sqrt{(x_i-x_u)^2+(y_i-y_u)^2+(z_i-z_u)^2}}+\delta b_u\\ &= \frac{(x_i-x_u)\delta x_u+(y_i-y_u)\delta y_u+(z_i-z_u)\delta z_u}{\rho_i-b_u}+\delta b_u\end{aligned} \tag{5.64}$$

式中，δx_u、δy_u、δz_u 和 δb_u 被看作未知数。x_u、y_u、z_u 和 b_u 可认为是已知值，因为

可以给这些量赋初值。

当δx_u、δy_u、δz_u和δb_u是未知数时，上面的方程就变成了线性方程。这个过程通常称为线性化。上面的方程用矩阵的形式可表示为：

$$\begin{bmatrix}\delta\rho_1\\\delta\rho_2\\\delta\rho_3\\\delta\rho_4\end{bmatrix}=\begin{bmatrix}\alpha_{11}&\alpha_{12}&\alpha_{13}&1\\\alpha_{21}&\alpha_{22}&\alpha_{23}&1\\\alpha_{31}&\alpha_{32}&\alpha_{33}&1\\\alpha_{41}&\alpha_{42}&\alpha_{43}&1\end{bmatrix}\begin{bmatrix}\delta x_u\\\delta y_u\\\delta z_u\\\delta b_u\end{bmatrix} \tag{5.65}$$

式中：

$$\alpha_{i1}=\frac{x_i-x_u}{\rho_i-b_u}\qquad\alpha_{i2}=\frac{y_i-y_u}{\rho_i-b_u}\qquad\alpha_{i3}=\frac{z_i-z_u}{\rho_i-b_u} \tag{5.66}$$

式（5.65）的解为：

$$\begin{bmatrix}\delta x_u\\\delta y_u\\\delta z_u\\\delta b_u\end{bmatrix}=\begin{bmatrix}\alpha_{11}&\alpha_{12}&\alpha_{13}&1\\\alpha_{21}&\alpha_{22}&\alpha_{23}&1\\\alpha_{31}&\alpha_{32}&\alpha_{33}&1\\\alpha_{41}&\alpha_{42}&\alpha_{43}&1\end{bmatrix}^{-1}\begin{bmatrix}\delta\rho_1\\\delta\rho_2\\\delta\rho_3\\\delta\rho_4\end{bmatrix} \tag{5.67}$$

3．用户位置的迭代算法

为了得到需要的位置解，必须重复运用迭代方法。常用一个量来确定是否得到了需要的结果，这个量的定义为：

$$\delta v=\sqrt{\delta x_u{}^2+\delta y_u{}^2+\delta z_u{}^2+\delta b_u{}^2} \tag{5.68}$$

当这个值小于某个预先确定的门限时结束迭代。有时在式（5.68）中不包括时钟偏差b_u。

下面的步骤概括了上述方法。

① 给用户位置和时钟偏差x_{u0}、y_{u0}、z_{u0}和b_{u0}设初值。例如，位置设为地球中心，时钟偏差设为零。换句话说，所有的初值置为零。

② 计算伪距ρ_i。这些ρ_i值和测量值不相同。测量值和计算值之间的差为$\delta\rho_i$。

③ 将计算值ρ_i代入式（5.66）求出α_{i1}、α_{i2}和α_{i3}。

④ 求出δx_u、δy_u、δz_u和δb_u。

⑤ 由δx_u、δy_u、δz_u和δb_u的绝对值和式（5.68）求出δv。

⑥ 将δv和任意选定的门限值进行比较；如果δv大于门限值，进行下面的步骤。

⑦ 将δx_u、δy_u、δz_u、δb_u和x_{u0}、y_{u0}、z_{u0}、b_{u0}初值分别相加，得到一组位置和时钟偏差的新值，表示为x_{u1}、y_{u1}、z_{u1}和b_{u1}。这些值作为下面计算位置和时钟偏差的初值。

⑧ 重复步骤①至步骤⑦，直到δv小于门限值。最终的解可被认为是所需要的用户

位置和时钟偏差，表示为 x_u、y_u、z_u 和 b_u。

通常，上述迭代方法计算出的 δv 会迅速减小。根据选择的门限值，采用迭代方法得到想要的结果，迭代次数不会超过 10 次。

本章介绍了 GPS 软件接收机中关键模块内容，包括 GPS 信号捕获模块、GPS 信号跟踪模块、电文获取模块、卫星位置计算模块、伪距计算模块及用户位置计算模块。这些模块几乎承担了信号采集器之后的全部工作，彻底摆脱了硬件的限制。特别是 GPS 信号的捕获和跟踪模块，它们的软件化实现有助于 GPS 接收机的高度集成化。

参考文献

[1] Van Dierendonck, A. J. , "GPS receivers, " Chapter 8 in Parkinson, B. W. , Spilker, J. J. Jr. , Global Positioning System: Theory and Applications, vols. 1 and 2, American Institute of Aeronautics and Astronautics, 370 L'Enfant Promenade, SW, Washington, DC, 1996.

[2] Bahl, I. J. , Bhartia, P. , Microstrip Antennas, Artech House, Dedham, MA, 1980.

[3] Braasch, M. S. , "Multipath effects, " Chapter 14 in Parkinson, B. W. , Spilker, J. J. Jr. , Global Positioning System:Theory and Applications, vols. 1 and 2, American Institute of Aeronautics and Astronautics, 370 L'Enfant Promenade, SW, Washington, DC, 1996.

[4] Spilker, J. J. Jr. , "GPS signal structure and theoretical performance, " Chapter 3 in Parkinson, B. W. , Spilker, J. J. Jr. , Global Positioning System:Theory and Applications, vols. 1 and 2, American Institute of Aeronautics and Astronautics, 370 L'Enfant Promenade, SW, Washington, DC, 1996.

[5] Tsui, J. B. Y. , Akos, D. M. , "Comparison of direct and downconverted digitization in GPS receiver front end designs, " IEEE MTT-S International Microwave Symposium, pp. 1343–1346, San Francisco, CA, June 17–21, 1996.

[6] Akos, D. M. , Tsui, J. B. Y. , "Design and implementation of a direct digitization GPS receiver front end, " IEEE Trans. Microwave Theory and Techniques, vol. 44, no. 12, pp. 2334–2339, December 1996.

[7] Tsui, J. B. Y. , Digital Techniques for Wideband Receivers, Artech House, Boston, 1995.

[8] Chang, H. , "Presampling filtering, sampling and quantization effects on the digital matched filter performance, " Proceedings of International Telemetering Conference, pp. 889–915, San Diego, CA, September 28–30, 1982.

[9] 陈军，潘高峰. GPS 软件接收机基础. 北京：电子工业出版社，2007.

[10] 刘钝，曹冲．GPS 软件接收机．全球定位系统，2003.
[11] 董绪荣，唐斌，蒋德．卫星导航软件接收机原理与设计．北京：国防工业出版社，2008.
[12] 沈超．双频 GPS 软件接收机及其系统仿真平台．北京交通大学硕士学位论文，2006.
[13] 杨晓娟．GPS 软件接收机信号仿真与捕获跟踪算法验证．北京交通大学硕士学位论文，2006.
[14] 鲁郁．GPS 全球定位接收机——原理与软件实现．北京：电子工业出版社，2009.
[15] 王婵．GPS 软件接收机基带处理算法的研究与实现．上海交通大学硕士学位论文，2008.
[16] 杨东凯，张飞舟，张波译．软件定义的 GPS 和伽利略接收机．北京：国防工业出版社，2009.

第 6 章　卫星导航系统中的干扰技术

GNSS 的应用范围极其广泛，应用领域不断拓宽。它在军事方面的应用已经得到证实，在现代战争中的重要意义不言而喻。随着其研制与应用的发展，系统的对抗和反对抗技术也同时在产生和发展，成为受到高度关注的领域。为了更好地利用 GNSS，就要深入研究 GNSS 干扰技术，分析系统受干扰的机理，为研究 GNSS 抗干扰技术，提高接收机抗干扰能力提供支撑。本章针对发展成熟的 GPS 系统，分析其脆弱性和潜在干扰，并以电子对抗为重点对 GPS 干扰技术进行了全面、系统的描述。

6.1　卫星导航系统的脆弱性

卫星导航系统一般由空间、运行与控制、用户区段三部分组成，其中任何一个区段理论上都可能受到攻击，而且只要一个区段受到攻击、受到影响，导航系统便会全部或局部停止工作，或降低性能。但是要威胁空间区段及运行与控制区段也不是很容易的，在技术上和资源方面都有相当高的要求。在一般情况下，GPS 所受到的威胁主要是对用户区段的。在 GPS 设计时，干扰环境下的工作能力不是优先考虑的因素，它最初只是作为一种导航的辅助工具，而不是用于精确制导武器。所以，该系统在信息化战争中面临的安全问题就非常突出。现有 GPS 信号是在众所周知的频率上发射的，其调制特征广为人知，信噪比又低，因而对于敌方来说，进行干扰或欺骗是一件比较容易的事。

6.1.1　卫星信号发射功率

首先，由于卫星的信号发射功率不可能很大，卫星距地球表面又远，信号到达地球表面时已很弱，很容易受干扰。例如，L1 信号到达地球表面的最小信号功率电平为-160dBW，L2 信号到达地面的最小信号电平为-166dBW，这些功率电平相当低，信号强度仅相当于 16 000km 外一个 25W 的灯泡发出的光，或者说，它比电视机天线所接收到的功率的 10 亿分之一还要低，因此，易受低功率干扰的影响，即使是无意发射的信号，也可能干扰接收机。GPS 在地面上接收到的最低信号功率分别如表 6.1 所示。

表 6.1　在右旋圆极化 0dB 天线输出端接收到的 GPS 最低信号功率电平

链路	GPS 信号分量（最低强度）规范值		预期的最大值不超过如下电平（考虑了 0.6dB 大气层损耗）	
	P	C/A	P	C/A
L1	−163dBW	−160dBW	−155dBW	−153dBW
L2	−166dBW	−166dBW	−158dBW	−158dBW

6.1.2　抗干扰容限

GPS 信号的抗干扰容限不大，如 C/A 码的处理增益虽然是 43dB，但 C/A 码的码速率为 1.023Mbps，码长为 1023 位，而周期仅 1ms，通过解扩只能获得 30dB 的处理增益，另外的 13dB 增益是通过 20 个相关峰的积累形成的，所以整个环路的处理增益不会有 43dB。同时，接收通道的信噪比一般要求大于 10dB，才能正常工作，此外，接收机的相关损耗会大于 1dB。英国防御研究局的试验证明：使用干扰功率为 1W 的干扰机，在 1.6GHz 频带上实施调频噪声干扰，就使接收机在 22km 范围内不能工作，干扰功率每增加 6dB，有效干扰距离就增加 1 倍。综上所述，C/A 码接收机的抗干扰容限应在 30dB 以下，一般认为是 25dB。P 码的处理增益为 53dB，抗干扰容限应在 43dB 左右。

6.1.3　卫星信号码元和载波

飞行试验证明，飞机上的 GPS 在干扰信号为-125dBW～-130dBW 时就会丢失卫星信号的码元和载波，从而失去定位能力。而在干扰信号大于-130dBW 时，在卫星信号完全丢失以前，导航能力就明显减弱，最终导致接收机失效。

6.1.4　其他弱点

GPS 系统也有其固有的弱点。因为系统用户需要接收卫星发射的信号才能完成导航定位，只要卫星发射信号，干扰一方就能侦察截获导航信号，经分析处理后再发射相应的干扰信号，使之进入用户的接收机，从而实现对用户接收系统的电子干扰。近年来，在美国已形成了广泛的共识：GPS 会被干扰，在某些情况下，可以说是很容易被干扰。一些欧洲防务团体对过度依赖 GPS 系统也持谨慎态度。

GNSS 在用户区段受到的电磁干扰，从来源上可以分为人为干扰和潜在干扰，从技术上可以分为欺骗干扰和压制干扰。一般说来，潜在干扰都属于压制干扰；而人为干扰则可能是欺骗干扰，也可能是压制干扰。

6.2 潜在干扰

6.2.1 潜在干扰概述

GPS 接收机受到的潜在干扰包括带内射频干扰（1565 MHz～1586 MHz）、带外射频干扰和环境干扰。带内射频干扰包括谐波、寄生振荡和交叉调制分量等。带外射频干扰是靠近 GPS 额定频段的强信号干扰，它可以通过接收机的射频滤波器对接收机造成影响。环境干扰包括多径、遮蔽、地形遮拦和其他由自然环境造成的干扰。对 GPS 接收机造成影响的各种潜在干扰源如表 6.2 所示。

表 6.2　对 GPS 接收机造成影响的各种潜在干扰源

高效干扰源	类　型
甚高频通信谐波和无源交叉调制分量	带内
卫星通信	带内/带外
ACARS 谐波	带内
飞行电话服务	带外
DME（测距系统）	带外
高频谐波	带内
S 模式	带内/带外
业余无线电	带内
调频谐波和无源 IM	带内
电视谐波	带内
甚高频/超高频陆地移动谐波	带内
VOR 谐波	带内
私人电子设备	带内
移动卫星服务	带内/带外

其中，移动卫星服务（MSS）是新发展起来的通信链，其手持式设备在 1610MHz～1626.5MHz 频段发射大约 0.5W 的信号来实现地面与低轨道卫星网的上行通信，然后由卫星转发信号到其他手持式设备上，或借助地面站送到标准电话网。手持式设备的发射泄漏会进入邻近的 GPS 频段，有可能对 GPS 接收机造成一定程度的干扰，下面对其干扰情况进行分析。

6.2.2 MSS 对 GPS 接收机的干扰分析

1997 年，WRC 建议把 1559MHz～1567MHz 频段分配给 MSS 使用，作为空间向地面发射的频率。而 1559～1610MHz 频段的较低部分被 GPS 的 L1 载频（1575.42MHz）

占用，(1575.42±10)MHz 均属于 GPS 的使用频率范围，这样 MSS 与 GPS 有约 3.6MHz 的交叠，MSS 有可能对 GPS 的使用产生干扰。

用于评估对 GPS 接收机干扰效果的信号形式有：宽带噪声、21kbps 随机数据 QPSK、1kbps 数据 BPSK 及 CW 线谱。若 MSS 在地球表面上的功率通量密度（PFD）取为 $-122\,\mathrm{dBW/m^2/MHz}$，转换成功率谱密度（PSD）：

$$S_{MSS} = \mathrm{PFD}\left(\frac{\lambda^2}{4\pi}\right)G_r \tag{6.1}$$

式中，G_r 为 GPS 接收天线增益。若 $G_r = 7\,\mathrm{dB}$，在 1555MHz～1567MHz 频段内 MSS 功率谱密度是 $-130\,\mathrm{dBW/MHz}$。

1. GPS 信号的频谱模型

GPS 信号的频谱可以近似表示为：

$$S_c(f) = \tau\left\{\frac{\sin\left[\pi(f-f_0)\tau\right]}{\pi(f-f_0)\tau}\right\}^2 \tag{6.2}$$

对 C/A 码来说，$\tau = 9.775\times10^{-7}\,\mathrm{s}$；对于 P(Y)码来说，$\tau = 9.775\times10^{-8}\,\mathrm{s}$，$f_0$=1575.42 MHz。C/A 码的周期为 0.1ms，它的谱是间隔为 1kHz 的谱线，其幅度与理想线谱有较大的差异，在相同码速率时更容易受到窄带干扰。

2. MSS 干扰的频谱模型

（1）MSS 的离散谱模型

MSS 的离散谱模型为：

$$s(t) = \sum_k s_k \mathrm{e}^{\mathrm{j}2\pi\Delta f k t} \tag{6.3}$$

式中，$\Delta f = 1\mathrm{kHz}$。产生 MSS 离散谱模型的方法是，先确定各卫星通道调制的 s_k 值，以适当的通道间隔（通道之间相位是随机的）反复求得各通道的频谱，从而得到多通道的复合谱，然后对功率谱做变换，求出相应的功率谱密度。

模型一：假定 MSS 卫星通道带有 CW 或窄带调制，通道的频谱可以用一根谱线来近似，以 10kHz 增量将各根谱线排列起来，就构成复合的 MSS 卫星发射谱，如图 6.1 所示。因为 MSS 信号在 1MHz 带宽内的总功率为-130dBW，平均到带内的 100 根谱线上，每根谱线的功率为-150dBW，代表了窄带卫星信号的情形。

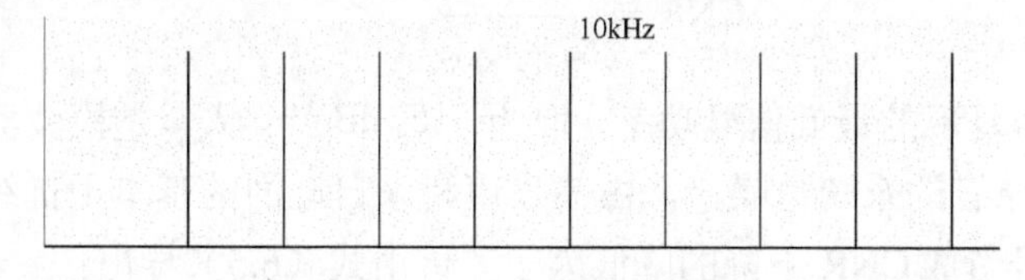

图 6.1　CW 干扰频谱模型

模型二：假定 MSS 信号是由确定的 1kbps 数据经 BPSK 调制的，其构成的复合卫星谱见图 6.2 所示，这是对国际海事卫星组织（INMARSAT）的标准 C 通道的近似。

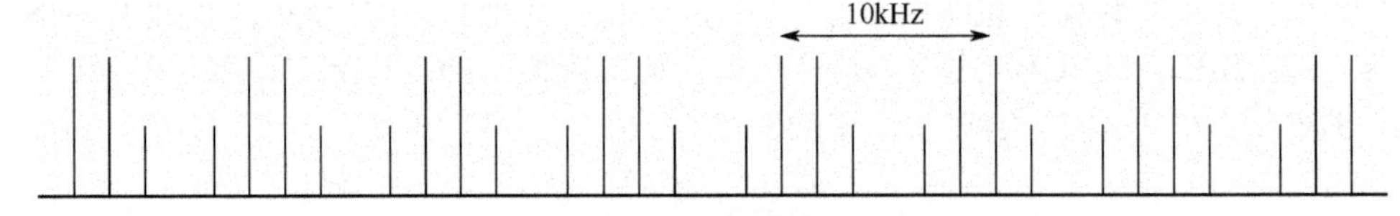

图 6.2　1kbps 确定数据经 BPSK 调制的干扰频谱模型

模型三：假定第一个 MSS 通道以 21kbps 的随机数据经 QPSK 调制后发射，形成的复合谱线见图 6.3 所示。每隔 25kHz 以随机相位复现一个通道频谱，进行换算后，复合频谱达到-130dBW/MHz。

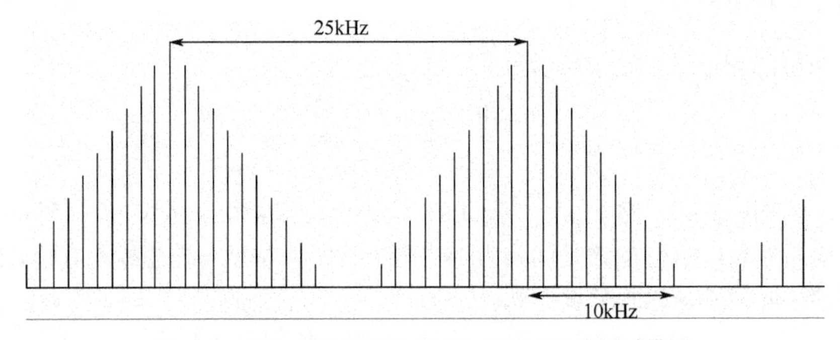

图 6.3　21kbps 随机数经 QPSK 调制的干扰频谱模型

（2）MSS 的连续谱模型

将 MSS 卫星发射的信号模拟成有限带宽高斯噪声谱，该噪声谱在 1559MHz～1567MHz 频段内的功率谱密度保持不变：

$$S_{MSS} = -130\text{dBW/MHz}$$

这是具有多个高速数据通道的复合 MSS 卫星信号的限制条件。

3. MSS 干扰的分析

通过计算噪声加干扰功率超出用户规定电平的量，可以定量地确定 MSS 发射对 GPS 性能的影响程度。GPS 接收机的误码率和周跳率等参数主要取决于检波器的载噪比（CNR）：

$$\text{CNR} = \frac{C}{N_t + I_{MSS}} \tag{6.4}$$

式中，C 为检波器复现的最低信号功率，取为 $-167\,\text{dBW}$；I_{MSS} 是检波器受到的 MSS 干扰；N_t 为检波器原有的系统总噪声，由热噪声和来自地面的基本干扰组成。MSS 空对地发射的干扰信号造成CNR 下降的降低因子 γ 可由式（6.5）导出：

$$\mathrm{CNR}=\left[\frac{1}{1+I_{MSS}/N_t}\right]\left[\frac{C}{N_t}\right]=\frac{1}{\gamma}\mathrm{CNR}_0 \tag{6.5}$$

通过计算上述不同干扰模型下的γ值，可以估算出 GPS 接收机的性能损失。

4．分析结果

利用上述方法，可得到不同的噪声门限下各种干扰造成的 GPS 接收机 C/A 码信噪比下降程度，见表 6.3。分析可见，当 MSS 进行宽带发射而不考虑信息漏失时，MSS 使 GPS 接收机捕获低仰角卫星的能力有所下降；当考虑信息漏失时，会使 GPS 接收机的捕获性能明显下降（>0.2dB）。如果 MSS 发射中带有较大的窄带频谱分量，这些分量会与 CA 码谱线相互作用，使 GPS 的信噪比显著下降（1dB～2dB）。总之，在现有的频率分配条件下，MSS 将会对 GPS 在较低频段的工作产生较大的干扰。

表 6.3　不同噪声门限下各干扰模型造成的 C/A 码信噪比损失

干扰模型		平均跟踪损失（dB）	平均捕获损失（dB）	10^{-3} 概率的跟踪损失（dB）	10^{-3} 概率的捕获损失（dB）
连续		0.1	0.1	—	—
线	1ms	0.1	0.1	0.6	1.0
	20ms	1.3	2.1	5.9	7.7
BPSK	1ms	0.1	0.1	0.5	0.8
	20ms	1.3	2.1	5.4	7.1
QPSK	1ms	0.1	0.1	0.4	0.7
	20ms	1.1	1.7	4.9	6.6

6.3　人 为 干 扰

GPS 在现代战争中的应用范围相当广泛，而且还在不断拓宽，各国军方除了研究如何更有效地使 GPS 服务于各种军事用途外，还研究了许多干扰如何破坏或干扰对方 GPS 系统的技术和装备，对 GPS 实施人为干扰，使其无法正常工作。

6.3.1　干扰技术体制

GPS 人为干扰的目的是使对方无法或错误地使用 GPS 系统提供的信息。对 GPS 用户接收机的干扰技术体制主要有压制式和欺骗式两种。下面分别对其进行介绍。

1. 压制式干扰

压制式干扰就是发射干扰信号以压制在 GPS 接收机前端的 GPS 卫星信号，使 GPS 接收机接收不到 GPS 卫星信号，从而达到干扰的目的。一些研究机构的研究结果表明：在所有对 GPS 信号的潜在威胁中，压制性干扰是最大的威胁。GPS 信号的特点使压制性干扰具有一定的优势。对 GPS 接收机的压制式干扰有相关干扰、调频噪声或锯齿波扫频等。

由于直接序列扩频信号对随机噪声有很大的处理增益，GPS 信号采用了直接序列扩频信号。一般认为，相关干扰是对直扩信号的最佳干扰。若采用相关压制干扰方式，干扰噪声信号采用与军用码相关性较强的伪随机码，使它在经过扩谱处理后得到 20dB 增益的改善效果，发射机发射功率就会降至 35.48W。

普通军用接收机的抗干扰能力约为 43dB，当采用自适应调零天线、自适应滤波及增加信号发射功率等抗干扰措施后，干信比大概要提高到 100dB，干扰才可能有效。P（Y）码信号到达地面的最大信号强度约为-155.5dBW，那么要求接收机输入端的噪声强度至少为-55.5dBW，如果干扰机在 100km 外，那么所需发射功率至少为 35.4kW，设干扰机天线的增益为 20dB，那么发射机的发射功率要求为 3.55kW。

2. 欺骗式干扰

欺骗式干扰是指发射与 GPS 信号具有相同参数（只有信息码不同）的假信号，干扰 GPS 接收机，使其产生错误的定位信息。欺骗式干扰信号的产生可以采用生成式，也可以采用转发式。

所谓生成式，是指由干扰机产生能被 GPS 接收的高逼真的欺骗信号。生成式干扰需要知道 GPS 的码型，以及卫星的电文数据，由于军用码序列长，且可加密成 Y 码，要从侦收中破译军用码从而产生能被 GPS 接收的高逼真的欺骗信号，其技术难度非常大。

转发式就是将干扰机接收到的 GPS 卫星信号经过一定的延时放大后，直接发送出去。转发式干扰利用信号的自然延时，因此干扰信号与导航信号完全相同，只是延时不同，GPS 接收机容易被欺骗。另外，转发式干扰信号经过放大，信号的幅度大于导航信号的幅度，GPS 接收机完全有可能将转发的干扰信号捕获到，从而获得错误的伪距。而且转发式干扰利用信号的自然延时，不需要产生高逼真信号，技术上相对容易实现。

实际上，在接收端即使欺骗信号被识别以后，欺骗干扰仍然起到压制的效果，而且由于其相关性还使之成为一种比较好的压制干扰样式。

除了以上的两种“软杀伤”手段外，对 GPS 系统的硬摧毁也是人为干扰的主要手段。GPS 系统虽然采用中高度卫星、多星配置、卫星机动、航天飞机补充等措施来增强其生存能力，但该系统本质上是一个信息集中系统，系统的主控站、注入站、监测站均是整个系统的节点，节点一旦被摧毁，整个系统便会失效。为提高整个系统的可靠性，系统中设置了两个注入站，甚至设置了备份主控站。即使如此，这种信息集中系统易被敌方破坏，在战争中如何生存仍成为问题。不断发展的反卫星武器、激光和粒子束武器将是GPS系统的致命克星。

6.3.2　干扰途径

随着干扰技术的发展和干扰需求的不断增加，各国对GPS干扰平台、干扰途径的研究也日趋丰富。目前，对GPS的干扰主要有升空平台干扰、星载GPS干扰和地基GPS干扰3种，下面简要介绍这些干扰。

1. 升空干扰

为获得较好的干扰效果，减少干扰损耗，可以采用升空干扰技术对GPS实施干扰。升空干扰可以采用直升机、专用电子对抗飞机、无人驾驶飞机、系留气球等，升空高度应不低于一定值，以保证干扰信号能够进入GPS接收机的天线。

（1）机载（无人）干扰机

机载干扰机机动灵活，可获得独特的地理位置优势，甚至可让干扰信号以GPS信号方向到达接收机。升空干扰也能够使干扰信号传播损耗减小，取得相当的升空增益。此外，无人干扰机具有很强的突防和战场生存能力，可进入敌纵深地带，贴近目标完成干扰任务，使远距离干扰成为可能，并使干扰不殃及我方武器设备。另外，无人机生产成本低、机动性好，可以很好地支持分布式干扰的实施。

（2）平流层飞艇载干扰机

平流层离地面10km~50km，基本恒温，风向水平且稳定。平流层平台视野开阔，控制范围大，从平流层平台发射的干扰信号通过电离层的路径短，大气衰减也小，可以获得可观的升空增益，能实现对远距离GPS接收机平台的干扰。平流层飞艇不需要依靠运载火箭，凭自身的动力系统即可移动至世界各地，并稳定在合适的时间、合适的地点实施干扰，因此，它是一种理想的GPS干扰升空平台。此外，平流层飞艇遥控方便，可回收维护，使用寿命长，与地面移动系统比较，投入也不高。

（3）气球载干扰机

气球载干扰机使用起来方便灵活，价格低廉，可以辅助组成严密的干扰辐射网，支持重点目标的防护和国土防空任务的完成。

2. 星载GPS干扰

当干扰远距离敌方空中目标GPS接收机时，干扰机的升空高度难以达到有效干扰所需的理想高度，普通的机载升空方式干扰机已无能为力，此时可采用星载干扰机进行有效干扰。考虑到减少干扰信号传播路径损耗的因素，运载卫星的运行轨道一般采用低轨道，以减少实施有效干扰所需的功率。但是，低轨道卫星相对于地球上的某一点是运动的而并非静止的，不能进行定点干扰，只有当它通过目标上空时，才能实施干扰，因此其时效性受到限制。

3. 地基 GPS 干扰

地面干扰是对 GPS 接收机干扰的常用方式，多部陆基或舰载 GPS 干扰机可以采用空间功率合成技术汇聚足够的干扰功率，组成强干扰压制，以确保重点攻防方向干扰任务的完成，使敌前沿作战飞机和超低空飞行的导弹不能进行精确 GPS 定位。

6.3.3 对 GPS 接收机的干扰装备

俄罗斯从 20 世纪 80 年代起就开展了 GPS 干扰技术的研究，已研制成功数代压制式、欺骗式 GPS 干扰机。这些干扰机曾在展览会上多次公开展出，其压制式干扰机还在科索沃和伊拉克战场上得到运用。

在 1999 年巴黎航展上展出了由俄罗斯莫斯科 Aviaconversiya 公司生产的一套设备，能有效干扰美国的 GPS 及俄罗斯的导航系统 GLONASS。这种干扰机体积小（120 mm × 190 mm × 70 mm）、质量轻（3 kg），能在两个 GPS 频段和两个 GLONASS 频段（1.250 MHz 和 1.607 MHz）提供 8 W 的干扰功率，价格为 4 万美元。该公司声称若采用干扰机所提供的高增益和全向天线，则在假定与敌方导航接收机处于同一视野内的情况下，其有效干扰距离为几百公里。在那次航展上散发的宣传资料重点描述了该干扰机的各种应用情况，其中包括利用全向天线成功阻止“战斧”巡航导弹的定位。

俄罗斯组织的航空展览上出售一种 4W 的干扰机，其质量为 8 kg ~ 10 kg，可用来对付 GPS 和 GLONASS。这种设备据称能有效覆盖 150km～200km 的范围，价格低于 4000 美元/台。

值得注意的是，上述 GPS 干扰机仅限于干扰 C/A 码接收机。

美军的导航战计划，其内容也包括对卫星导航的干扰技术研究，还包括导航战战法研究。麻省理工学院林肯实验室系统分析小组的肖恩·吉尔默博士在 1997 年的一次会议上作了“军事应用的挑战”的讲话，间接提到一种功率 1W、直径 3 英寸、由电池供电的“曲棍球精灵”干扰机。当在汉斯科姆空军基地进行试验时，该设备有效地干扰了 GPS 信号，其有效范围达 70km。这种设备可以分布于地面，或者悬挂在一个小气球下。美军在考虑了各种可能的因素之后，准备发展便携、车载、气球载、机载 GPS 干扰机，甚至星载干扰机，干扰功率从数瓦到数百千瓦，并配合灵活的战术，阻止敌方对 GPS 的利用。

6.4 压制干扰效果分析

6.4.1 压制干扰对 GPS 信号的影响

GPS 接收机进行定位就是通过捕获、跟踪 GPS 卫星信号实时解算接收机天线位置的过程。因为 GPS 接收机依赖于外部射频（RF）信号，所以它易受到 RF 干扰的影响。RF 干扰对 GPS 接收机的影响主要体现在接收机捕获和跟踪卫星信号上。

对 GPS 接收机进行压制干扰的目的是降低到达接收机天线的信号噪声功率比（SNR）。但是噪声功率 N 与带宽 B 成正比，而且 GPS 接收机的延迟锁定环（DLL）、载波锁相跟踪环（PLL）和数据鉴别器的带宽各不相同，这些带宽可用软件调校到预期的动态视线上。所以，这里将 SNR 归一化到 1Hz 的带宽上，用信号/噪声功率密度比（C/N_0）来描述信号质量。

1. 压制干扰对 GPS 信号捕获的影响

前面已经描述过，GPS 信号的捕获是一个二维搜索过程。为了捕获到卫星信号，接收机需要同时复现卫星信号的码和载波。其中，距离维是与复现码相关联的，而多普勒维则与复现载波相关联。在进行信号捕获时，接收机分别在码搜索方向和多普勒搜索方向进行二维搜索。在搜索过程中，分别对同相和正交信号进行积分和累加，并且计算或估计包络，将包络与门限相比较，以确定卫星信号存在或不存在。

假设有信号时的概率密度函数（PDF）为 $p_s(z)$，其均值不为 0；只有噪声时的概率密度函数（PDF）为 $p_n(z)$，其均值为 0，则可得到单次试验的检测概率 P_d 和虚警概率 P_{fa}：

$$P_d = \int_{V_t}^{\infty} p_s(z)\mathrm{d}z \qquad P_{fa} = \int_{V_t}^{\infty} p_n(z)\mathrm{d}z$$

则检测概率 P_d 和虚警概率 P_{fa} 分别与载波噪声功率密度比 C/N_0 有如下关系：

$$p_s(z) = \frac{z}{\sigma_n^2}\exp\left[-(\frac{z^2}{2\sigma_n^2} + s/n)\right] I_0(\frac{z\sqrt{2s/n}}{\sigma_n}) \tag{6.6}$$

$$p_n(z) = \frac{z}{\sigma_n^2}\exp\left[-\frac{z^2}{2\sigma_n^2}\right] \tag{6.7}$$

式中，z 为随机变量；σ_n 为均方根噪声功率；s/n 为预检测信号与噪声之比，$s/n = C/N_0 + 10\log T(\mathrm{dB})$；$I_0(\frac{z\sqrt{2s/n}}{\sigma_n})$ 为零阶修正的贝塞尔函数；C/N_0 为载波噪声功率密度比；T 为预检测积分时间。

对式（6.7）进行积分，可得：

$$P_{fa} = \int_{V_t}^{\infty} p_n(z)\mathrm{d}z = \exp\left[-\frac{V_t^2}{2\sigma_n^2}\right] \tag{6.8}$$

则检测门限值为：

$$V_t = \sigma_n \sqrt{-2\ln P_{fa}} = K\sigma_n \tag{6.9}$$

检测概率 P_d 可表示为：

$$P_d = \int_{K_t\sigma_n}^{\infty} \frac{z}{\sigma_n^2} \exp\left[-(\frac{z^2}{2\sigma_n^2} + s/n)\right] I_0(\frac{z\sqrt{2s/n}}{\sigma_n})\mathrm{d}z \tag{6.10}$$

由式（6.8）及式（6.10）可知，检测概率与 C/N_0 成正比，当 C/N_0 增大时，检测概率将相应会增大；而 C/N_0 受干扰而减小时，检测概率将会随之降低。检测概率的降低，又将使接收机在进行卫星 GPS 信号捕获时不能正常捕获到信号，导致捕获失败。

2. 压制干扰对 GPS 信号跟踪的影响

（1）压制干扰对载波跟踪环的影响分析

通常，GPS 接收机中使用 Costas 环作为载波跟踪环。载波跟踪环的跟踪门限和测量误差是紧密相关的，当测量误差超过一定界限时，跟踪环就会失锁。也就是说，当干扰信号功率比超过跟踪门限时，测量误差就会超过允许的误差界限，从而导致载波跟踪环失锁。

Costas 环的主要相位误差是相位颤动和动态应力误差。相位颤动主要取决于热噪声和振荡器噪声等误差源的影响，而动态应力误差则取决于环路带宽和阶数。跟踪环的 1σ 经验方法门限可由下式计算：

$$\sigma_{\mathrm{PLL}} = \sqrt{\sigma_{t\mathrm{PLL}}{}^2 + \sigma_v^2 + \theta_A^2} + \frac{\theta_e}{3} \leqslant 15° \tag{6.11}$$

式中，σ_{PLL} 是 1σ 锁相环相位误差；$\sigma_{t\mathrm{PLL}}$ 是 1σ 锁相环热噪声引起的相位颤动误差；σ_v 是 1σ 由振动引起的相位颤动误差；θ_A 是由阿仑方差引起的相位颤动误差。

由于振荡器引起的 σ_v 和 θ_A 误差均在 1 度左右，可忽略，而热噪声的影响对相位颤动是起决定性的。由文献[1]得其计算公式如下：

$$\sigma_{t\mathrm{PLL}} = \frac{360}{2\pi}\sqrt{\frac{B_{np}}{[C/N_0]}(1 + \frac{1}{2T\cdot[C/N_0]})} \tag{6.12}$$

式中，B_{np} 是载波环噪声带宽；1σ 是载波功率和噪声功率谱密度比；T 为预检测积分时间。

由式（6.12）可以看出，在载波环噪声带宽 B_{np} 和预检测积分时间 T 一定的情况下，$\sigma_{t\mathrm{PLL}}$ 取决于 C/N_0。也就是说，若保证环路不失锁，要求 C/N_0 不能超出一个门限值。

对于 GPS 接收机，假设 B_{np} 取 18Hz，T 取 20ms；对于有外界信息辅助的 GPS 接收机，如惯导信息的辅助，可使 B_{np} 减小至 2Hz 以内。图 6.4 为 C/N_0 与 σ_{tPLL} 的关系曲线图。

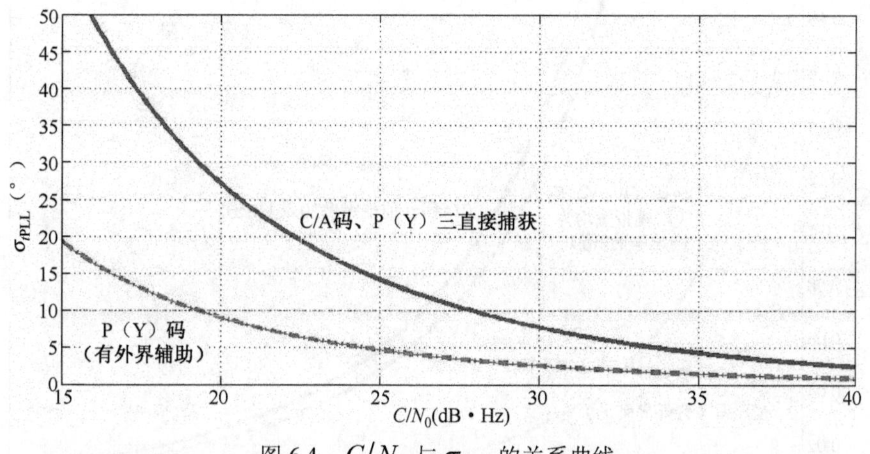

图 6.4　C/N_0 与 σ_{tPLL} 的关系曲线

（2）压制干扰对码跟踪环的影响分析

与载波跟踪环类似，码跟踪环的主要误差源是热噪声颤动和动态应力误差。其经验方法的跟踪门限的计算如下：

$$3\sigma_{\mathrm{DLL}}=3\sigma_{t\mathrm{DLL}}+R_e\leqslant D/2 \tag{6.13}$$

式中，$3\sigma_{\mathrm{DLL}}$ 为码环的测量误差（码片数）；$3\sigma_{t\mathrm{DLL}}$ 为热噪声引起的码跟踪颤动误差（码片数）；R_e 为码环的动态应力误差（码片数）；D 为超前与滞后相关器的间距（码片数）。

对于非相干 DLL 鉴别器，σ_{tDLL} 的计算，由文献[2]可得：

$$\begin{aligned}\sigma_{t\mathrm{DLL}}\approx&\frac{1}{T_c}\sqrt{\frac{B_{nd}\cdot\int_{-B_{fe}/2}^{B_{fe}/2}S(f)\sin^2(\pi fDT_c)\mathrm{d}f}{(2\pi)^2(C/N_0)\int_{-B_{fe}/2}^{B_{fe}/2}fS(f)\sin(\pi fDT_c)\mathrm{d}f}}\\&\times\sqrt{1+\frac{\int_{-B_{fe}/2}^{B_{fe}/2}S(f)\cos^2(\pi fDT_c)\mathrm{d}f}{T(C/N_0)\left[\int_{-B_{fe}/2}^{B_{fe}/2}fS(f)\cos(\pi fDT_c)\mathrm{d}f\right]^2}}\quad\text{（码片数）}\end{aligned} \tag{6.14}$$

式中，B_{nd} 为码环噪声带宽（Hz）；$S(f)$ 为信号功率谱密度；B_{fe} 为双边前端带宽（Hz）；T_c 为码片周期（s）。

由式(6.14)可以看出，在码环噪声带宽 B_{nd} 和预检测积分时间 T 一定的情况下，$\sigma_{t\mathrm{DLL}}$ 同样取决于 C/N_0 。也就是说，若保证环路不失锁，要求 C/N_0 不能超出一个门限值。

对于 GPS 接收机，假设 B_{nd} 取 2Hz，T 取 20ms；对于有外界信息辅助的 GPS 接收机，如惯导信息的辅助，可使 B_{nd} 减小至 0.1Hz 以内。图 6.5 为 C/N_0 与 $\sigma_{t\mathrm{DLL}}$ 的关系曲线

图。比较图 6.4 和图 6.5，GPS 接收机的载波环要比码环脆弱。

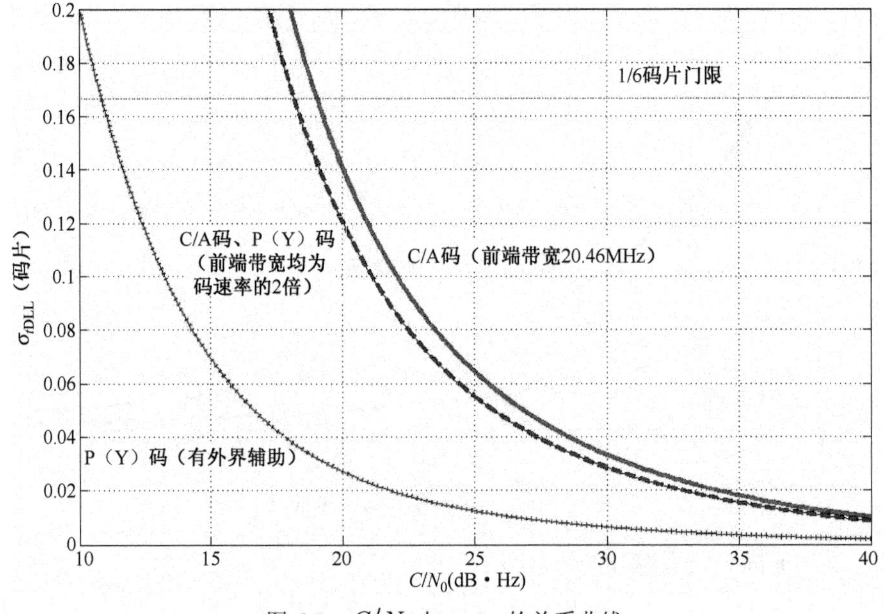

图 6.5　C/N_0 与 $\sigma_{t\mathrm{DLL}}$ 的关系曲线

6.4.2　干扰样式对干扰效果的影响

可用 GPS 接收机中每个相关器输出端的 SINR 评价 RF 干扰对 GPS 的干扰效果。当干扰建模为统计平稳过程时，由文献[3]相关器输出的 SINR 为：

$$\mathrm{SINR}(\tau,\theta)=\frac{2T(C/N_0)_{\mathrm{eff}}\left\{\mathrm{Re}\left[\mathrm{e}^{\mathrm{j}\theta}\int_{-\infty}^{\infty}S(f)H_T(f)H_R(f)\mathrm{e}^{\mathrm{j}2\pi f\tau}\mathrm{d}f\right]\right\}^2}{\int_{-\infty}^{\infty}\left|H_R(f)\right|^2S(f)\mathrm{d}f+(J_R/N_0)\int_{-\infty}^{\infty}\left|H_R(f)\right|^2J_R(f)S(f)\mathrm{d}f} \tag{6.15}$$

式中，τ 是本地产生的复制码相对于所接收空中信号的真实 TOA 的时延；θ 是复制载波信号相对于所接收信号相位的载波相位；T 是相关器的积分时间；$(C/N_0)_{\mathrm{eff}}$ 是有干扰时的信号功率与噪声功率谱密度比；$S(f)$ 是归一化为无穷带宽上单位面积内的信号功率谱密度；$H_T(f)$ 是卫星信号发射机的传输函数；$H_R(f)$ 是接收机滤波器的传输函数；J_R/N_0 是接收到的干扰信号与噪声的功率谱密度比。

当无干扰时：

$$\mathrm{SINR}(\tau,\theta)=\frac{2T(C/N_0)\left\{\mathrm{Re}\left[\mathrm{e}^{\mathrm{j}\theta}\int_{-\infty}^{\infty}S(f)H_T(f)H_R(f)\mathrm{e}^{\mathrm{j}2\pi f\tau}\mathrm{d}f\right]\right\}^2}{\int_{-\infty}^{\infty}\left|H_R(f)\right|^2S(f)\mathrm{d}f} \tag{6.16}$$

则

$$
\begin{aligned}
(C/N_0)_{\mathrm{eff}} &= \frac{(C/N_0)\int_{-\infty}^{\infty}|H_R(f)|^2 S(f)\mathrm{d}f}{\int_{-\infty}^{\infty}|H_R(f)|^2 S(f)\mathrm{d}f + (J_R/N_0)\int_{-\infty}^{\infty}|H_R(f)|^2 J_R(f)S(f)\mathrm{d}f} \\
&= \frac{1}{\dfrac{1}{(C/N_0)} + \dfrac{(J_R/C)}{\dfrac{\int_{-\infty}^{\infty}|H_R(f)|^2 S(f)\mathrm{d}f}{\int_{-\infty}^{\infty}|H_R(f)|^2 J_R(f)S(f)\mathrm{d}f}}}
\end{aligned} \tag{6.17}
$$

将式（6.17）用 dB 表示：

$$
(J_R/C)_{\mathrm{dB}} = 10\lg\left[\frac{\int_{-\infty}^{\infty}|H_R(f)|^2 S(f)\mathrm{d}f}{\int_{-\infty}^{\infty}|H_R(f)|^2 J_R(f)S(f)\mathrm{d}f}\left(10^{-\frac{(C/N_0)_{\mathrm{eff,dB}}}{10}} - 10^{-\frac{(C/N_0)_{\mathrm{dB}}}{10}}\right)\right] \tag{6.18}
$$

定义干扰/抗干扰系数 F（单位 dB·Hz）：

$$
F = 10\lg\frac{\int_{-\infty}^{\infty}|H_R(f)|^2 J_{\mathrm{R}}(f)S(f)\mathrm{d}f}{\int_{-\infty}^{\infty}|H_R(f)|^2 S(f)\mathrm{d}f} \tag{6.19}
$$

则

$$
(J_{\mathrm{R}}/C)_{\mathrm{dB}} = 10\lg\left[10^{-\frac{(C/N_0)_{\mathrm{eff,dB}}}{10}} - 10^{-\frac{(C/N_0)_{\mathrm{dB}}}{10}}\right] - F \tag{6.20}
$$

从式（6.20）可以看出，干扰/抗干扰系数 F 影响着 $(C/N_0)_{\mathrm{eff}}$，F 值越小则 $(C/N_0)_{\mathrm{eff}}$ 越高，表明对接收机的影响越小，抗干扰能力越强。

对于不同的干扰样式，也可以通过 F 值来分析，F 值越大则 $(C/N_0)_{\mathrm{eff}}$ 越低，表明干扰对接收机的干扰效果好；反之，F 值越小则 $(C/N_0)_{\mathrm{eff}}$ 越高，表明干扰对接收机的干扰效果差。

假定接收机的滤波器带宽很大，且对 F 值定义的积分限是无穷大，则 F 值可近似为：

$$
F \approx 10\lg\left[\int_{-\infty}^{\infty} J_R(f)S(f)\mathrm{d}f\right] \tag{6.21}
$$

1．窄带干扰

窄带干扰的功率谱可建模为 $J_R(f) = f - f_J$，代入 F 值公式可得：

$$
F \approx 10\lg[S(f_J)] \tag{6.22}
$$

从式（6.22）可以看出，干扰信号的频率 f_J 在信号功率谱包络峰值对应的频率上时，

F 值最大，表明干扰效果好。

下面分析几种卫星导航信号典型码的 F 值。

GPS C/A 码和 P（Y）码信号的功率谱密度为：

$$S_{\text{BPSK-R}}(f)=T_c\sin c^2(\pi fT_c) \tag{6.23}$$

很显然，当干扰信号的频率 f_J 在 C/A 码和 P（Y）码信号的中心频率时，F 为 $-10\lg(R_c)$，值最大，干扰效果好；若干扰不在中心频率处，F 值小于 $-10\lg(R_c)$，干扰效果差。

由文献[4]副载波调制 $\text{BOC}(m,n)$ 功率谱密度如下。

正弦相位且 $k=2f_sT_c$ 为偶数时的 BOC 调制功率谱密度：

$$S_{\text{BOC}}(f)=T_c\sin c^2(\pi fT_c)\tan^2(\frac{\pi f}{2f_s}) \tag{6.24}$$

正弦相位且 $k=2f_sT_c$ 为奇数时的 BOC 调制功率谱密度：

$$S_{\text{BOC}}(f)=T_\text{c}\frac{\cos^2(\pi fT_\text{c})}{(\pi fT_\text{c})^2}\tan^2(\frac{\pi f}{2f_s}) \tag{6.25}$$

余弦相位且 $k=2f_sT_c$ 为偶数时的 BOC 调制功率谱密度：

$$S_{\text{BOC}}(f)=4T_c\sin c^2(\pi fT_c)\left[\frac{\sin^2(\frac{\pi f}{4f_s})}{\cos(\frac{\pi f}{2f_s})}\right]^2 \tag{6.26}$$

余弦相位且 $k=2f_sT_c$ 为奇数时的 BOC 调制功率谱密度：

$$S_{\text{BOC}}(f)=4T_c\frac{\cos^2(\pi fT_c)}{(\pi fT_c)^2}\left[\frac{\sin^2(\frac{\pi f}{4f_s})}{\cos(\frac{\pi f}{2f_s})}\right]^2 \tag{6.27}$$

M 码信号为副载波调制，表示为 $\text{BOC}(m,n)=\text{BOC}(10,5)$。

当 M 码为正弦相位时，信号功率谱包络峰值为：

$$S_{\text{BOC-M-S}}(f)_{f=k/2T_c}=T_c\sin c^2(\frac{k\pi}{2})\tan^2(\frac{\pi}{2})=\frac{4}{\pi^2R_c} \tag{6.28}$$

当其为余弦相位时，M 码信号功率谱包络峰值为：

$$S_{\text{BOC-M-S}}(f)_{f=k/2T_c}=4T_c\sin \text{c}^2(\frac{k\pi}{2})\left[\frac{\sin^2(\frac{\pi}{4})}{\cos(\frac{\pi}{2})}\right]^2=\frac{4}{\pi^2R_c} \tag{6.29}$$

则，对于 C/A 码，$F_{\text{C/A}}=-60.1\text{dB}\cdot\text{Hz}$；对于 P（Y）码，$F_{\text{P(Y)}}=-70.1\text{dB}\cdot\text{Hz}$；对于 M

码，$F_{\mathrm{M}}=-71.01\mathrm{dB}\cdot\mathrm{Hz}$。

2. 匹配谱干扰

匹配谱干扰是指干扰与信号有相同的功率谱（除相干干扰），多址信号产生的干扰也属于此类干扰。

$$F=10\lg\left[\int_{-\infty}^{\infty}[S(f)]^2\,\mathrm{d}f\right] \tag{6.30}$$

对 C/A 码和 P（Y）码信号：

$$F=10\lg\left[\int_{-\infty}^{\infty}T_c^{\,2}\operatorname{sinc}^4(\pi f T_c)\mathrm{d}f\right]=10\lg\frac{2}{3R_c} \tag{6.31}$$

对 M 码信号，正弦相位时：

$$F=10\lg\left[\int_{-\infty}^{\infty}T_c^2\operatorname{sinc}^4(\pi f T_c)\tan^4\left(\frac{\pi f}{2f_s}\right)\,\mathrm{d}f\right]=10\lg\frac{1}{4R_c} \tag{6.32}$$

余弦相位时：

$$F=10\lg\left[\int_{-\infty}^{\infty}8T_c^2\operatorname{sinc}^4(\pi f T_c)\left(\frac{\sin^2\left(\frac{\pi f}{4f_s}\right)}{\cos\left(\frac{\pi f}{2f_s}\right)}\right)^4\mathrm{d}f\right]=10\lg\frac{1}{4.36R_c} \tag{6.33}$$

则，对于 C/A 码，$F_{\mathrm{C/A}}=-60.1\mathrm{dB{\bullet}Hz}$；对于 P（Y）码，$F_{\mathrm{P(Y)}}=-71.86\ \mathrm{dB{\bullet}Hz}$；对于 M 码，$F_{\mathrm{M}}=-73.1\ \mathrm{dB{\bullet}Hz}$（正弦相位），$F_{\mathrm{M}}=-73.48\ \mathrm{dB{\bullet}Hz}$（余弦相位）。

3. 带限白噪声干扰

对于干扰用带限白噪声建模要比简单地用白噪声建模更真实。带限白噪声的功率谱密度为：

$$J_R(f)=\begin{cases}\dfrac{1}{\beta} & f_{J_R}-\beta/2\leqslant f\leqslant f_{J_R}+\beta/2\\ 0 & \text{其他}\end{cases} \tag{6.34}$$

则 F 值为：

$$F=10\lg\left[\frac{1}{\beta}\int_{f_{J_R}-\beta/2}^{f_{J_R}+\beta/2}S(f)\mathrm{d}f\right] \tag{6.35}$$

对于 C/A 码和 P（Y）码信号，若干扰以信号中心频率为中心，且 $\beta=2R_c$，则：

$$F=10\lg\frac{\int_{-R_c}^{R_c}T_c\operatorname{sinc}^2(\pi f T_c)\mathrm{d}f}{2R_c}\approx 10\lg\frac{0.45}{R_c} \tag{6.36}$$

对 M 码信号，若干扰以信号中心频率为中心，且 $\beta=6R_c$，正弦相位时，则

$$F=10\lg\frac{\int_{-3R_c}^{3R_c}T_c\,\mathrm{sinc}^2(\pi fT_c)\tan^2(\frac{\pi f}{2f_s})\mathrm{d}f}{6R_c}\approx 10\lg\frac{1}{7.22R_c} \tag{6.37}$$

余弦相位时：

$$F=10\lg\frac{\int_{-3R_c}^{3R_c}4T_c\,\mathrm{sinc}^2(\pi fT_c)\left(\frac{\sin^2(\frac{\pi f}{4f_s})}{\cos(\frac{\pi f}{2f_s})}\right)^2\mathrm{d}f}{6R_c}\approx 10\lg\frac{1}{8.16R_c} \tag{6.38}$$

则，对于 C/A 码，$F_{\text{C/A}}=-63.56\ \text{dB•Hz}$；对于 P（Y）码，$F_{\text{P(Y)}}=-73.56\ \text{dB•Hz}$；对于 M 码，$F_{\text{M}}=-75.67\ \text{dB•Hz}$（正弦相位），$F_{\text{M}}=-76.2\ \text{dB•Hz}$（余弦相位）。

4．J_R/C 与 J_T 的计算

定义：

$$(J_T)_{\text{dB}}\triangleq(G_{\text{SVi}})_{\text{dB}}-(G_J)_{\text{dB}}+(J_R/C)_{\text{dB}}+(S)_{\text{dB}} \tag{6.39}$$

式中，$(G_{\text{SVi}})_{\text{dB}}$ 为卫星信号入射方向天线增益，$(G_J)_{\text{dB}}$ 为接收机指向干扰源的天线增益，$(J_R/C)_{\text{dB}}$ 由式（6.20）计算，$(S)_{\text{dB}}$ 为地面最小接收信号功率电平。

按式（6.20）计算 $(J_R/C)_{\text{dB}}$，先计算 $(C/N_0)_{\text{dB}}$，对于 C/A 码，地面最小接收信号功率电平 $(S)_{\text{dB}}=-158.5\text{dBW}$，考虑卫星信号入射方向天线增益 $(G_{\text{SVi}})_{\text{dB}}$ 为 1.5dB，接收机前端损耗 2dB，$(C)_{\text{dB}}=-159\text{dBW}$；假定 290K 时接收机噪声系数为 4.3dB，则接收机噪声温度为 $T_{\text{amp}}=290\times(10^{0.43}-1)=490.5\text{K}$。假定天线噪声温度为 100K，则可计算热噪声：$N_0=10\lg(k\times(100+490.5))=-200.9\text{dBW}$，因此，无干扰时，$(C/N_0)_{\text{dB}}=-159+200.9=41.9\text{dB•Hz}$。

对于 P（Y）码，地面最小接收信号功率电平为 $(S)_{\text{dB}}=-161.5\text{dBW}$，无干扰时 $(C/N_0)_{\text{dB}}=38.9\text{dB•Hz}$；M 码地面最小接收信号功率电平为 $(S)_{\text{dB}}=-158.0\text{dBW}$，无干扰时 $(C/N_0)_{\text{dB}}=42.4\text{dB•Hz}$。假定接收机为了保证定位精度，跟踪门限为 $(C/N_0)_{\text{eff,dB}}=30\text{dB•Hz}$，接收机指向干扰源的天线增益 $(G_J)_{\text{dB}}$ 为−3dB，利用式（6.20）和式（6.39），计算出 $(J_R/C)_{\text{dB}}$ 和 $(J_T)_{\text{dB}}$，见表 6.4。

表 6.4　$(J_R/C)_{dB}$ 和 $(J_T)_{dB}$ 的计算

干扰源类型		谱峰处的窄带干扰	匹配谱干扰	带限白噪声
L1 C/A 码	$(J_R/C)_{dB}$（dB）	29.81	31.57	33.27
	$(J_T)_{dB}$（dBW）	−124.19	−122.43	−120.73
	F（dB • Hz）	−60.1	−61.86	−63.56
L1 P（Y）码	$(J_R/C)_{dB}$（dB）	39.5	41.26	42.96
	$(J_T)_{dB}$（dBW）	−117.5	−115.74	−114.04
	F（dB • Hz）	−70.1	−71.86	−73.56
M 码	$(J_R/C)_{dB}$（dB）	40.75	42.84（正弦相位）	45.41（正弦相位）
			43.22（余弦相位）	45.94（余弦相位）
	$(J_T)_{dB}$（dBW）	−112.75	−110.66（正弦相位）	−108.09（正弦相位）
			−110.28（余弦相位）	−107.56（余弦相位）
	F（dB-Hz）	−71.01	−73.1（正弦相位）	−75.67（正弦相位）
			−73.48（余弦相位）	−76.2（余弦相位）

从表 6.4 中可得，一般情况下，窄带干扰对 GPS 有较明显的干扰效果，而由于抗干扰技术（如自适应频率对消等技术）的发展，窄带干扰能够被较好地抑制。综合而言，匹配谱干扰的对抗效果更好，是攻击方经常采用的方法。

这里需要说明的是，跟踪门限暂取 30dB • Hz，若环路带宽变窄或积分时间加长，跟踪门限会更低，抗干扰能力会增强。有资料表明，宽带干扰 P（Y）接收机的 $(J_R/C)_{dB}$ 也可达 60dB 以上。

参 考 文 献

[1] Elliott D.Kaplan, Christopher J. Hegarty, Understanding GPS Principles and Applications, Second Edition, 2006 ARTECH HOUSE.

[2] Betz, J. W., Effect of Narrowband Interference on GPS Code Tracking Accuracy, Proceedings of National Technical Meeting of the Institute of Navigation, 2000：16-27.

[3] Betz, J., Binary Offset Carrier Modulations for Radionavigation, NAVIGATION:

Journal of the Institute of Navigation, Vol.48, No.4, Winter 2001-2002.
[4] 陈军，葛海龙．通信对抗装备试验．北京：国防工业出版社，2009.
[5] 张中华．GPS 抗干扰，全球定位系统，April 2002.
[6] 干国强，邱致和．导航与定位一现代战争的北斗星．北京：国防工业出版社，2000.
[7] 费华年．导航战中的 GPS 干扰与抗干扰技术．航空电子技术，2001.
[8] 郭艳丽，林象平．GPS 抗干扰技术浅析．航天电子对抗，2001.
[9] 王婷婷，王圣东，陈欣．GPS 干扰与抗干扰技术发展现状分析．指挥控制与仿真，2008.
[10] 侯者非，王学东，陈国军．GPS 干扰与抗干扰技术研究．现代电子科技，2004.
[11] 费华连．导航站中的 GPS 干扰与抗干扰技术．航空电子技术，2001.
[12] 孟凡科，武拥军．对 GPS 接收机的干扰信号分析．航天电子对抗，2004.
[13] 焦逊，陈永光．对 GPS 接收机实施压制干扰的效能评估研究．航天电子对抗，2003.
[14] 苏继杰，李征航．GPS 人为干扰问题研究．航天电子对抗，2004.

第 7 章　卫星导航系统中的抗干扰技术

卫星导航在各行各业起着不可忽视的作用，通信、军事、交通、广播、娱乐领域都需要卫星导航提供各种信息。此外，卫星导航系统还能给军事行动带来显著效益，并由此产生了对卫星导航系统的干扰及抗干扰的电子攻防对抗。目前，各国军方对此都十分重视。如何提高卫星导航定位系统的抗干扰能力，成为各国卫星导航定位系统研制和应用中的重要问题。目前，在 GPS 现代化和导航战计划中，研究者提出了一系列抗干扰措施。

7.1　卫星导航系统抗干扰技术概述

在电子战领域，敌方电子干扰能力越强，己方需要的电子防护水平就越高；反之，己方电子防护能力越强，敌方所需的干扰功率就越大。据计算，GPS 系统的抗干扰能力若提高 18dB，就可以增大固定阵地干扰机的非隐蔽性；而当抗干扰能力提高 40dB 时，固定阵地干扰机更容易暴露，从而可有效提高 GPS 系统的生存能力。电子防护能力提高的关键是效费比。若采用改进卫星星座或信号结构的方法，则至少需要 5～10 年的时间，而且只有 GPS 系统的拥有者美国才能实施。因此，目前最合适的方法是增强 GPS 接收机的抗干扰能力。本节重点介绍几种主要的 GPS 抗干扰技术，然后对军用 GPS 接收机采用的抗干扰技术进行描述。

针对卫星导航系统易受干扰这一弱点，需要采用一定的抗干扰技术，进一步改进 GPS 的性能。目前已开发出多种 GPS 抗干扰技术，包括调零天线技术、转换天线技术及基于接收机技术的窄带前端滤波技术和跟踪闭环辅助技术。调零天线（也称为控制辐射类型天线）是由一个体积大、成本高的自适应天线阵列组成的。转换天线用转换和组合网络来控制天线的有效区域。基于接收机技术的 GPS 抗干扰技术一般有抑制带内干扰能力，特别适用于带限干扰的某些类型（如 CW 和窄带干扰）。

任何一种抗干扰技术都不是完美的，每一项技术都有它的优点和不足。这些技术对 GPS 的影响，对不同干扰类型的抗干扰能力，技术的成本、体积，对于处理和控制的空间和功率的需要及更新的复杂性如表 7.1 所示。下面分别对几种主要的 GPS 抗干扰技术进行介绍。

1．频域滤波

参照表 7.1，频域滤波包括带通滤波和带阻滤波，此技术用于限定的窄带和 CW 干扰源，以及强的带外干扰。频域滤波技术被认为是一个在 GPS 接收机用户和 GPS 天线之间的单机设施。窄带天线设施能够减少某些弱点，然而，对于低噪声前置放大之前的天线装置和获得选择性目标的接收机前端，都需要另外的数字滤波器。调制带阻滤波器的自适应数字信号处理滤波技术能应用于处理中或配置于 GPS 接收机中。一般来说，这种滤波技术对窄带干扰的抑制可以达到 35dB 以上，并且成本低、体积小。滤波技术能够延迟 GPS 信号的获取和处理时间并削弱 GPS 信号。这种技术不适应于宽带噪声干扰或多个扫频瞄准式噪声干扰。

表 7.1　对不同 GPS 干扰措施的抗干扰技术的性能评估

干扰类型 / 抗干扰技术	宽带噪声		扫频瞄准式噪声/CW		音频 / CW		脉冲	
	1	*n*	1	*n*	1	*n*	1	*n*
频域滤波	×	×	√	L	√	L	√	√
时域滤波	×	×	√	L	√	L	√	√
空域滤波	√	L	√	L	√	L	√	L
空间波束形成/转换	√	L	√	L	√	L	√	L
幅度对消	√	×	√	×	√	×	√	√
轴向调零	√	L	√	L	√	L	√	L
ERI ISU 极化抗干扰	√	L	√	L	√	L	√	L
ERI 数字 ISU—综合方案	√	√	√	√	√	√	√	√
GPS/INSU 一体化	√	√	√	√	√	√	√	√

√：设计能力；L：有限能力；×：很小/无能力；*n*：多个干扰源（*n*>2）；1：1 个干扰源。

2．时域滤波

时域滤波在时间域内对信号特征进行处理，用数字信号处理（DSP）方法来实现可编程 IIR/FIR 滤波器和相关器。这种技术是单一孔径技术，用于多个窄带噪声干扰和 CW 干扰源，这种技术也能用于多路效应和回波抵消干扰问题。由于时域滤波技术同时应用了多阻带滤波器的标准，它对于有限干扰源很有效，可以配置在 GPS 接收机前端处理部分，或作为一个单一的部分置于 GPS 接收机之前。这种技术对窄带干扰的抑制大于 30dB，能处理多个窄带干扰，并且造价低、体积小。它对有效的 GPS 信号的处理具有抑制性。应用于 C/A 码和 P（Y）码带宽处理时，时间滤波技术需要不同的数字处理技术。应用于 C/A 码中（如 2MHz 带宽），时域滤波和相关的数字处理能同当前模数转换器（ADC）和 DSP 器件一起应用。应用于 P（Y）码中（如 20MHz 带宽），时域滤波需要最新水平的 ADC 和数字处理技术（如更多位和更宽带的线路），这需要高成本和高功率。

3．空间调零

空间调零技术一般应用一个环形微波传输带阵列来进行对有方向性的干扰源的自适应调零，微波传输带与处理器相连，处理器对从天线经微波带送来的信号进行处理后，反过来调整微波传输阵列，使各阵元的增益和/或相位发生改变，从而在天线阵的方向图中产生对着干扰源方向的零点，以减低干扰源的效能。由于干扰源方向的稳定性，调零技术性能较好，已被广泛应用于军事方面，如 CRPA（控制辐射类型天线）。自适应调零技术能够有效地处理宽频带的噪声和窄带干扰源，对每种干扰源的抑制可达 15dB～25dB，可以抵消的干扰数量等于阵元数减 1。这项技术需要一个庞大的天线阵列和许多成套的电子设备，一般造价很高。这项技术可用于复杂的军事环境，并能为高价值的航空武器提供可以选择的技术。波音公司改进的 JDAM（联合直接攻击弹药）、Block Ⅳ巡航导弹和 F-16 战斗机都安装了采用自适应调零天线技术的抗干扰接收机。

4．空间波束转换

空间波束转换一般利用自适应平面阵列，它根据 GPS 卫星选择性和干扰抑制的不同程度来提供波束控制。为了产生窄波束带宽，L 带内的平面阵列结构较大，通常需要对卫星有短暂而有效的跟踪能力。这项技术适用于很大的固定地面场所和大轮船，需要配备大型且昂贵的天线阵列和许多成套的电子设备，此外，转换技术也需要和 GPS 接收机卫星处理同步。

5．幅/相抵消

幅度和相位抵消方法一般采用双孔径技术，它利用直接的调制信号抵消或 QIFM（正交瞬时测频）相关技术。这项技术一般用于一个干扰源或位于赤道附近的多个干扰源。幅/相抵消技术一般用装置在飞机顶端和底端的两个不同的天线来接收干扰信号和 GPS+干扰信号的混合信号。这两个信号组合在一起来抵消 GPS+干扰路径中的干扰信号。这种技术产生的信号抑制为 20dB～30dB，用于宽带和窄带干扰源。为了处理多个干扰，两个孔径的装置必须安装于飞机顶部和底部的一条垂直线上。

6．轴向调零

轴向调零技术用在小的圆柱体上（如武器），它利用干涉仪和地面站的影响能在轴线方向形成一个可变调零。这项技术在轴线方向能产生 10dB～15dB 的干扰抑制。这种技术不能处理许多偏离轴线的干扰源。轴线技术是双孔径技术，应用固定的抵消网络可以使它造价低、体积小。

7．极化抗干扰

电子辐射有限公司（ERI）研制的干扰抑制单元（ISU）抗干扰技术是单一孔径技术，

它利用极化调零来消除干扰信号，而极化调零采用的是电场向量抵消。极化调零的实现：利用一个侦察和跟踪/控制通道来识别和跟踪干扰信号的相位和幅度，再用一个混合连接抵消电路来抵消复合接收信号中的干扰部分。理论上，这项技术能抑制所有类型的干扰，包括宽带噪声。ISU 技术为 GPS 提供了一个干扰抵消系统，它使 GPS 能处理复杂的干扰环境，包括各种各样的空间干扰和干扰波形、L1 和 L2 干扰、大量的干扰源和许多有不同极化类似程度的干扰源。ISU 抑制系统对宽带噪声干扰抑制可达 25dB 以上，对窄带干扰和 CW 干扰的抑制可达 40dB 以上。多干扰源的性能取决于源极化、地面站和实体掩饰效果。由于极化失谐和对于 GPS 的 C/N_0 有少许影响，ISU 技术会削弱卫星信号。ISU 适应于各种干扰源，这项技术造价低、体积小，易于和小的运输工具结合。

8. GPS 与惯性导航系统（INS）组合

GPS 和 IMU/INS（惯性测量单元/惯性导航系统）之间的组合为高速的操作平台（如导弹、精密制导武器和飞机）提供了一个好的解决方案。GPS 与 IMU/INS 组合后，当 GPS 受到射频干扰时，IMU/INS 系统可提供记忆功能，并使组合系统最终从所产生的任何导航误差中恢复，继续完成导航任务。GPS 用于周期性地校正 IMU/INS 以使系统误差最小。IMU/INS 能初始化 GPS 的位置以提高获取数据和跟踪时间，并处理起始时的多径效应。借助卡尔曼技术来组合 GPS 和 IMU/INS 系统，可以在短时间内处理 GPS 干扰，可得到的性能水平取决于 IMU/INS 准确度和 GPS 卫星可见性。使用 GPS 与 INS 组合技术可使系统的抗干扰能力提高 10%～15%。目前 GPS 与 INS 组合导航方式已在各类巡航导弹、精确制导炸弹等精确制导武器方面获得了广泛应用。

7.2　自适应调零天线抗干扰技术

由于卫星导航接收机中的天线处于整个系统抗干扰的最前端，天线抗干扰能力的好坏对于卫星导航接收机来说是至关重要的，因此有关自适应天线抗干扰技术的研究及其实现成为当前卫星导航抗干扰接收机中一个十分重要的研究课题。自适应调零技术因其能抗衰落、减小多径效应、抗干扰能力强而广泛应用于卫星导航系统。自适应调零天线技术是美国 GPS 接收机抗干扰的主要技术。

7.2.1　自适应调零天线原理

自适应调零天线系统的相关技术包含很多方面，根据侧重点不同可以分为：自适应调零天线阵、相控天线、空分多址、空间信号处理、数字赋形和自适应天线阵等。自适应调零天线系统的工作方式基本有两种：预多波束工作方式和自适应工作方式。根据其工作方式可将自适应调零天线系统划分两类：预多波束或切换波束（Switched Beam）

系统和自适应阵列（Adaptive Array）系统。

天线阵本身由 N 个空间分布的天线阵元组成。天线阵接收所有到达阵列的信号，通过自适应信号处理单元适当合并阵列输出，可以从接收的多个信号中提取出有用信号，通常又称作“空间滤波”。天线阵的功能依赖于所选的各阵元特性及其几何配置。天线阵根据阵元的排列情况可以分为直线阵、环形阵、平面阵等多种，其基本概念都是类似的。天线阵最简单的结构是直线阵排列。直线阵的阵元间隔一般取 $\lambda/2$，其中 λ 为载波信号的波长。每个天线阵元都连接到相应的收发信机上。收发信机的功能是把收到的射频信号解调到基带上，经过 A/D 转换器变为数字信号，进入信号处理器，或者将自适应处理器送出的基带信号经过 D/A 转换，然后调制到射频上。信号处理器所起的作用是自适应地调整权值以便实现所需的空间和频率的滤波，它是自适应调零天线处理系统的核心。信号处理部分又包括空间参数提取，上、下行自适应算法及波束赋形等单元。自适应调零天线技术的关键在于空间参数的提取和数字赋形的实现。

自适应调零天线波束赋形单元的结构框图如图 7.1 所示。

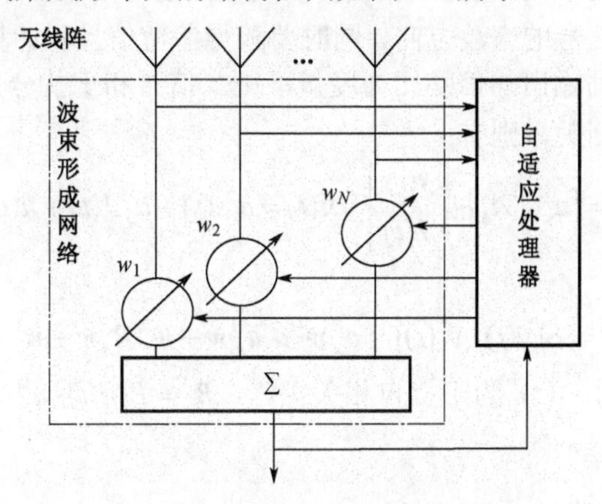

图 7.1　自适应调零天线的基本结构

天线阵由 N 个阵元组成，每个阵元对应一套权值 $\boldsymbol{w}$，根据设定的接收标准和自适应算法，使天线阵产生定向波束指向有用信号，或产生零陷指向干扰信号，减少其他干扰的影响，达到空间滤波的目的。

天线阵列的输入信号用矢量表示为：

$$\boldsymbol{x}(t)=\left[x_1(t),x_2(t),\cdots x_m(t),\cdots,x_N(t)\right]^{\mathrm{T}} \tag{7.1}$$

其中 $x_m(t)$ 表示第 m 个阵元的输入信号。

根据自适应算法得到的一组稳态加权值也用矢量表示为：

$$\boldsymbol{w}(t)=\left[w_1(t),w_2(t),\cdots,w_N(t)\right]^{\mathrm{T}} \tag{7.2}$$

则阵列输出的信号为：

$$y(t) = \boldsymbol{w}(t)^{\mathrm{H}} \boldsymbol{x}(t) \tag{7.3}$$

从自适应调零天线赋形系统可以看出，波束赋形单元的复加权系数矢量 $\boldsymbol{w}$ 是由自适应算法处理器来进行调整的。加权系数的选择对自适应调零天线自适应抑制干扰起着决定性的作用，自适应算法是其中的关键。自适应算法的选择决定了在环境变化时波束自适应控制的能力和反应速度及实现算法所需硬件的复杂性。在自适应调零天线系统中，常用的最佳加权系数准则有：最大信干噪比（MSINR）准则、最小均方误差（MMSE）准则、最小方差（MV）准则和最大似然（ML）准则等。

7.2.2　自适应调零天线常用的最佳加权系数准则

在自适应调零天线系统中，常用的最佳加权系数准则有以下四种。

1. 最大信干噪比准则

根据最大信干噪比准则，最佳加权使得阵列输出信号的信号干扰噪声比 SINR 最大，该准则需要事先知道信号的来波方向，同时要获得参考信号和计算干扰相关矩阵。最大信干噪比准则是以阵列输出的信噪比为度量准则。信号和干扰分别用 $s(t)$ 和 $J(t)$ 表示，并假设信号和干扰不相关，则有：

$$\boldsymbol{x}(t) = \begin{bmatrix} \boldsymbol{a}_{\mathrm{s}} & \boldsymbol{A}_{\mathrm{J}} \end{bmatrix} \cdot \begin{bmatrix} s(t) \\ J(t) \end{bmatrix} + \boldsymbol{n}(t) = \boldsymbol{a}_s s(t) + \boldsymbol{a}_J J(t) + \boldsymbol{n}(t) \tag{7.4}$$

阵列输出功率为：

$$P = E[y(t) \cdot y^*(t)] = \sigma_s^2 \boldsymbol{w}^{\mathrm{H}} \boldsymbol{a}_s \boldsymbol{a}_s^{\mathrm{H}} \boldsymbol{w} + \boldsymbol{w}^{\mathrm{H}} \boldsymbol{R}_J \boldsymbol{w} + \boldsymbol{w}^{\mathrm{H}} \boldsymbol{R}_n \boldsymbol{w} \tag{7.5}$$

式中，$\boldsymbol{R}_J \underline{\underline{\Delta}} E\left\{\boldsymbol{a}_J \boldsymbol{a}_J^{\mathrm{H}} J(t) J^*(t)\right\}$ 为干扰自相关矩阵，$\boldsymbol{R}_n = E[\boldsymbol{n}(t) \cdot \boldsymbol{n}^{\mathrm{H}}(t)]$ 为噪声协方差矩阵，$\sigma_s^2 = \lfloor s(t) \rfloor^2$ 为信号功率。

令 $\boldsymbol{R}_I = \boldsymbol{R}_J + \boldsymbol{R}_n$，则：

$$P = \sigma_s^2 \boldsymbol{w}^{\mathrm{H}} \boldsymbol{a}_s \boldsymbol{a}_s^{\mathrm{H}} \boldsymbol{w} + \boldsymbol{w}^{\mathrm{H}} \boldsymbol{R}_I \boldsymbol{w} \tag{7.6}$$

上式第一项为信号功率，第二项为干扰和噪声功率，阵列输出信噪比为：

$$\mathrm{SNR} = \sigma_s^2 \frac{\boldsymbol{w}^{\mathrm{H}} \boldsymbol{a}_s \boldsymbol{a}_s^{\mathrm{H}} \boldsymbol{w}}{\boldsymbol{w}^{\mathrm{H}} \boldsymbol{R}_I \boldsymbol{w}} \tag{7.7}$$

使SNR最大的 $\boldsymbol{w}$ 即为最优加权矢量。由于 $\boldsymbol{R}_I$ 为Hermit矩阵（可以证明），存在Hermit矩阵 $\boldsymbol{T}$，使：

$$\boldsymbol{R}_I = \boldsymbol{T} \cdot \boldsymbol{T} \tag{7.8}$$

令 $\boldsymbol{V} = \boldsymbol{T}\boldsymbol{w}$，则：

$$\mathrm{SNR} = \sigma_s^2 \frac{\boldsymbol{V}^{\mathrm{H}} \boldsymbol{T}^{-1} \boldsymbol{a}_s \boldsymbol{a}_s^{\mathrm{H}} \boldsymbol{T}^{-1} \boldsymbol{V}}{\boldsymbol{V}^{\mathrm{H}} \boldsymbol{V}} \tag{7.9}$$

令 $\boldsymbol{C}=\boldsymbol{T}^{-1}\boldsymbol{a}_s$，则：

$$\mathrm{SNR}=\sigma_s^2\frac{\boldsymbol{V}^{\mathrm{H}}\boldsymbol{C}\boldsymbol{C}^{\mathrm{H}}\boldsymbol{V}}{\boldsymbol{V}^{\mathrm{H}}\boldsymbol{V}} \tag{7.10}$$

从矩阵 $\boldsymbol{C}\boldsymbol{C}^{\mathrm{H}}$ 出发，根据特征分解关系，有：

$$\boldsymbol{C}\boldsymbol{C}^{\mathrm{H}}\boldsymbol{e}_{\max}=\lambda_{\max}\boldsymbol{e}_{\max} \tag{7.11}$$

式中，$\lambda_{\max}$ 和 $\boldsymbol{e}_{\max}$ 为最大特征值及相应的特征向量，若 $\boldsymbol{e}_{\max}=\boldsymbol{V}$，则有：

$$(\mathrm{SNR})_{\max}=\sigma_s^2\frac{\boldsymbol{V}^{\mathrm{H}}\lambda_{\max}\boldsymbol{V}}{\boldsymbol{V}^{\mathrm{H}}\boldsymbol{V}}=\sigma_s^2\lambda_{\max} \tag{7.12}$$

由于 $\boldsymbol{C}\boldsymbol{C}^{\mathrm{H}}$ 的秩为 1，$\boldsymbol{e}_{\max}$ 为 $\boldsymbol{C}\boldsymbol{C}^{\mathrm{H}}$ 的唯一非零特征值对应的特征向量，故 $\boldsymbol{C}$ 也是 $\boldsymbol{C}\boldsymbol{C}^{\mathrm{H}}$ 的特征向量，即：

$$\boldsymbol{e}_{\max}=u\boldsymbol{C}=u\boldsymbol{T}^{-1}\boldsymbol{a}_s \tag{7.13}$$

最优权矢量 $\boldsymbol{w}=\boldsymbol{T}^{-1}\boldsymbol{V}$，$\boldsymbol{V}=\boldsymbol{e}_{\max}$

$$\boldsymbol{w}_{\mathrm{MSNR}}=u\boldsymbol{T}^{-1}\boldsymbol{T}^{-1}\boldsymbol{a}_s=u\boldsymbol{R}_I^{-1}\boldsymbol{a}_s \tag{7.14}$$

u 为任意常数，阵列输出信噪比为：

$$(\mathrm{SNR})_{\max}=\sigma_s^2\boldsymbol{a}_s^{\mathrm{H}}\boldsymbol{R}_I^{-1}\boldsymbol{a}_s \tag{7.15}$$

2．最小均方误差准则

根据最小均方误差准则，最佳加权使得阵列输出和有用信号的均方误差最小，该准则需要设置参考信号。设参考信号为 $d(t)$，它与阵列输出误差为：

$$e(t)=d(t)-\boldsymbol{w}^{\mathrm{H}}\boldsymbol{x}(t) \tag{7.16}$$

均方误差为：

$$E[|e(t)|^2]=|d(t)|^2-\boldsymbol{w}^{\mathrm{H}}\boldsymbol{R}_{\mathrm{xd}}-\boldsymbol{w}^{\mathrm{T}}\boldsymbol{R}_{\mathrm{xd}}^*+\boldsymbol{w}^{\mathrm{H}}\boldsymbol{R}\boldsymbol{w} \tag{7.17}$$

式中，$\boldsymbol{R}_{\mathrm{xd}}=E[\boldsymbol{x}(t)d^*(t)]$，$\boldsymbol{R}=E[\boldsymbol{x}(t)\boldsymbol{x}^{\mathrm{H}}(t)]$。

求权向量 $\boldsymbol{w}$，使 $E[|e(t)|^2]$ 最小，须：

$$\nabla_W\{E[|e(t)|^2]\}=-2\boldsymbol{R}_{\mathrm{xd}}+2\boldsymbol{R}\boldsymbol{w}=0 \tag{7.18}$$

得到最优加权向量为：

$$\boldsymbol{w}_{\mathrm{LMS}}=\boldsymbol{R}^{-1}\boldsymbol{R}_{\mathrm{xd}} \tag{7.19}$$

如果 $d(t)=s(t)$，即期望输出就是所需信号，则：

$$\boldsymbol{R}_{\mathrm{xd}}=E\{[\boldsymbol{a}_s s(t)+\boldsymbol{A}_J J(t)+\boldsymbol{N}(t)]s^*(t)\}=\sigma_s^2\boldsymbol{a}_s \tag{7.20}$$

得到加权向量为：

$$\boldsymbol{w}_{\mathrm{LMS}}=\sigma_s^2\boldsymbol{R}^{-1}\boldsymbol{a}_s \tag{7.21}$$

3．最小方差准则

根据最小方差准则，最佳加权使得输出噪声的方差最小，该准则需要事先知道信号的来向。最小方差准则在使阵列在信号方向保持单位响应的同时使输出的噪声功率最小。阵列输出的噪声功率为：

$$P_I = \boldsymbol{w}^{\mathrm{H}} \boldsymbol{R}_I \boldsymbol{w} \tag{7.22}$$

在 $\boldsymbol{w}^{\mathrm{H}}\boldsymbol{a}_s = 1$ 约束下，使 P_I 最小得最优加权向量为：

$$\boldsymbol{w}_{\mathrm{MNV}} = \frac{1}{\boldsymbol{a}_s^{\mathrm{H}} \boldsymbol{R}_I^{-1} \boldsymbol{a}_s} \boldsymbol{R}_I^{-1} \boldsymbol{a}_s \tag{7.23}$$

4. 最大似然准则

根据最大似然准则，经过空时加权后的估计信号与期望信号有最大可能的相似，该准则不需要参考信号。最大似然比准则是把所需信号作为待估计的时间函数，以阵列的似然估计量作为性能量度，观测向量的似然函数为：

$$L[\boldsymbol{x}(t)] = -\ln[P\{\boldsymbol{x}(t) \mid \boldsymbol{x}(t) = \boldsymbol{a}_s s(t) + \boldsymbol{a}_J J(t) + \boldsymbol{n}(t)\}] \tag{7.24}$$

假设噪声（干扰）是均值为零、协方差矩阵为 $\mathbf{R}_I$ 的平稳高斯随机矢量，则 $\boldsymbol{x}(t)$ 也是平稳高斯随机矢量，其均值 $\boldsymbol{a}_s s(t)$，协方差矩阵为 $\boldsymbol{R}_I$，所以：

$$L[\boldsymbol{x}(t)] = c[\boldsymbol{x}(t) - \boldsymbol{a}_s s(t)]^{\mathrm{H}} \boldsymbol{R}_I^{-1} [\boldsymbol{x}(t) - \boldsymbol{a}_s s(t)] \tag{7.25}$$

c 为与 $\boldsymbol{x}(t)$ 和 $s(t)$ 均无关的标量，使 $L[\boldsymbol{x}(t)]$ 最大的 $s(t)$ 估计为：

$$\widehat{u}(t) = \frac{\boldsymbol{a}_s^{\mathrm{H}} \boldsymbol{R}_I^{-1}}{\boldsymbol{a}_s^{\mathrm{H}} \boldsymbol{R}_I^{-1} \boldsymbol{a}_s} \boldsymbol{x}(t) \tag{7.26}$$

由 $\widehat{u}(t) = \boldsymbol{w}_{\mathrm{MLR}}^{\mathrm{H}} \boldsymbol{x}(t)$，得到最优加权向量：

$$\boldsymbol{w}_{\mathrm{MLR}} = \frac{1}{\boldsymbol{a}_s^{\mathrm{H}} \boldsymbol{R}_I^{-1} \boldsymbol{a}_s} \boldsymbol{R}_I^{-1} \boldsymbol{a}_s \tag{7.27}$$

5. 常用最佳加权系数准则总结

采用这四种准则得到的最佳加权系数值都服从同一稳态解，见表 7.2。通过以上对四种准则的分析，我们发现，无论采用哪种准则，在理想情况下，四种不同准则下的最优加权向量都向 $\boldsymbol{w}_{\mathrm{opt}} = \boldsymbol{R}^{-1}\boldsymbol{a}_s$ 靠拢。

表 7.2　四种准则得到的最佳加权系数

MSINR 权向量	$\boldsymbol{w}_{\mathrm{MSNR}} = u\boldsymbol{R}_I^{-1}\boldsymbol{a}_s$
LMS 权向量	$\boldsymbol{w}_{\mathrm{LMS}} = \sigma_s^2 \boldsymbol{R}^{-1}\boldsymbol{a}_s$
MLR 权向量	$\boldsymbol{w}_{\mathrm{MLR}} = \frac{1}{\boldsymbol{a}_s^{\mathrm{H}} \boldsymbol{R}_I^{-1} \boldsymbol{a}_s} \boldsymbol{R}_I^{-1} \boldsymbol{a}_s$
MNV 权向量	$\boldsymbol{w}_{\mathrm{MNV}} = \frac{1}{\boldsymbol{a}_s^{\mathrm{H}} \boldsymbol{R}_I^{-1} \boldsymbol{a}_s} \boldsymbol{R}_I^{-1} \boldsymbol{a}_s$
最优权向量	$\boldsymbol{w}_{\mathrm{opt}} = \alpha \boldsymbol{R}^{-1}\boldsymbol{a}_s$

定义其通式为：

$$\boldsymbol{w}_{\text{opt}} = \alpha \boldsymbol{R}^{-1} \boldsymbol{a}_s \tag{7.28}$$

式中，α 为一标量因子。式（7.28）就是著名的 Wiener-Hopf 方程解，也称为“维纳解”。可见，当噪声是高斯白噪声时，四种最优准则是一致的。

7.2.3　典型自适应调零算法

根据以上准则，在数字赋形技术中，常用的自适应算法包括：① 最小均方（LMS）算法；② 递归最小二乘（RLS）算法；③ 功率倒置算法；④ 采样协方差矩阵求逆（DMI）算法等。这些自适应算法有各自的特点与不足，因此，在实际应用中应根据具体的情况选用合适的算法。

1. 最小均方（LMS）算法

LMS 算法是一种最普通但是有效的算法，它属于最陡梯度法。其基本思路是先任设一矢量解 $\boldsymbol{w}_N(0)$，再按照导出的递推（迭代）规则，得到 $\boldsymbol{w}_N(1)$，再得到 $\boldsymbol{w}_N(2)$，如此逐渐迭代，直到充分接近正确解 $\boldsymbol{w}_N^*$。$\boldsymbol{w}_N(\cdot)$ 中，$(\cdot)$ 内值代表所属迭代的次数。最陡梯度法对于求优化解（包括条件变动下的优化解，即自适应优化解）既有理论价值又有实用价值。根据此法导出的 LMS 算法所得到的优化结果常作为基准与其他方法所得的结果作比较。

LMS 算法是一种自适应的算法，以一种时间递归的方式来计算权值，推导步骤如下：

$$\begin{aligned} J(n) &= E\,|e(n)|^2 \\ \nabla(n) &= \partial(J(n))/\partial(\boldsymbol{w}(n)) = -2\boldsymbol{P} + 2\boldsymbol{R}\boldsymbol{w}_N(n) \end{aligned} \tag{7.29}$$

在 LMS 算法中：

$$\begin{aligned} \boldsymbol{P} &= \boldsymbol{x}_N(n)\boldsymbol{d}(n) \\ \boldsymbol{R} &= \boldsymbol{x}_N(n)\boldsymbol{x}_N^{\text{H}}(n) \end{aligned} \tag{7.30}$$

因此，LMS 算法形式为：

$$\boldsymbol{w}_N(n+1) = \boldsymbol{w}_N(n) + (1/2)\boldsymbol{x}_N(n)[-\nabla(n)] = \boldsymbol{w}_N(n) + \alpha \boldsymbol{x}_N(n)e(n) \tag{7.31}$$

$$e(n) = d(n) - {\boldsymbol{x}_N}^{\text{H}}(n)\boldsymbol{w}_N(n) \tag{7.32}$$

式（7.29）～式（7.32）中出现的符号定义：$\boldsymbol{x}_N(n)$ 为输入信号矢量；$\boldsymbol{R}$ 为自相关矩阵函数；$\boldsymbol{P}$ 为所需信号和输入信号的互相关矩阵矢量；$\boldsymbol{w}_N(n)$ 为自适应权值矢量；$J(n)$ 为平方误差。

在最陡梯度法中应用的是统计平均特性，所以解法属于确定方程解法，而现在所述的 LMS 法应用的是瞬时数据，只是在统计平均的意义下才与最陡梯度法等效，故解所反映的过程是随机的，即它为一随机自适应算法。虽说输入信号的二阶统计特性彼此相同，所得解（指权值）与最陡梯度法相比却呈现波动（或方差），且波动瞬时值随输入信号的不同而异。

LMS 算法的重要特点是将其期望值 $\mathrm{E}\{\bullet\}$ 近似为瞬时值 $\{\bullet\}$，所以会带来解的随机波动，因此常被认为是一种随机梯度法（或噪声梯度法）。此法可视为最陡梯度法的一种近似。LMS 算法的另一个特点是每次迭代的计算量小，所需的存储量也小。

现在分析 LMS 算法的收敛问题，即 $\boldsymbol{w}_N$ 是否及如何由起始设定的 $\boldsymbol{w}_N(0)$ 迭代变为最佳权值 $\boldsymbol{w}_N^*$。

$$\boldsymbol{w}_N(n+1)=\boldsymbol{w}_N(n)+\alpha e(n)\boldsymbol{x}_N(n) \tag{7.33}$$

将 $e(n)=d(n)-\boldsymbol{x}_N^{\mathrm{H}}(n)\boldsymbol{w}_N(n)$ 代入式（7.33），得：

$$\boldsymbol{w}_N(n+1)=\left[\boldsymbol{I}_{NN}-\alpha\boldsymbol{x}_N(n)\boldsymbol{x}_N^{\mathrm{H}}(n)\right]\boldsymbol{w}_N(n)+\alpha d(n)\boldsymbol{x}_N(n) \tag{7.34}$$

即

$$\boldsymbol{w}_N(n+1)=\left[\boldsymbol{I}_{NN}-\alpha\boldsymbol{R}_{NN}\right]\boldsymbol{w}_N(n)+\alpha\boldsymbol{p}_N \tag{7.35}$$

二者比较可见，若用 $\boldsymbol{x}_N(n)\boldsymbol{x}_N^{\mathrm{H}}(n)$ 阵代替 $\boldsymbol{R}_{NN}$，用 $d(n)\boldsymbol{x}_N(n)$ 向量代替 $\boldsymbol{p}_N$ 向量，则二者相同。而又知：

$$\boldsymbol{R}_{NN}=\mathrm{E}\left\{\boldsymbol{x}_N(n)\boldsymbol{x}_N^{\mathrm{H}}(n)\right\} \tag{7.36}$$

$$\boldsymbol{p}_N=\mathrm{E}\left\{d(n)\cdot\boldsymbol{x}_N(n)\right\} \tag{7.37}$$

可见 LMS 算法可视为将期望近似为瞬时值的最陡梯度法。由此可以想象，LMS 算法的一些平均特性仍与最陡梯度法相同，但其过程的特性会出现波动，这给分析带来了一定的困难。

先研究平均的 LMS 权向量的特性。为此，对式（7.34）两侧都取期望，得：

$$\begin{aligned}\mathrm{E}\left\{\boldsymbol{w}_N(n+1)\right\}&=\mathrm{E}\left\{\left[\boldsymbol{I}_{NN}-\alpha\boldsymbol{x}_N(n)\boldsymbol{x}_N^{\mathrm{H}}(n)\right]\boldsymbol{w}_N(n)+\alpha\cdot d(n)\boldsymbol{x}_N(n)\right\}\\&=\mathrm{E}\left\{\left[\boldsymbol{w}_N(n)\right]\right\}-\alpha\mathrm{E}\left\{\left[\boldsymbol{x}_N(n)\boldsymbol{x}_N^{\mathrm{H}}(n)\right]\boldsymbol{w}_N(n)\right\}+\alpha\mathrm{E}\left\{d(n)\boldsymbol{x}_N(n)\right\}\end{aligned} \tag{7.38}$$

式（7.38）右侧中第二项在假设 1 情况下得到简化。

假设 1：数据信号 $x(n)$ 及 LMS 的权 $\boldsymbol{w}_i(n)$ 彼此无关（不相关）。

由于权 $\boldsymbol{w}_N(n)$ 的变化和产生 $x(n)$ 的模型中参数或环境的变化一般都比 $x(n)$ 的变化慢，故上述假设在实用上一般可行。将假设 1 用于式（7.38），则该式可化为：

$$E\left\{\boldsymbol{w}_N(n+1)\right\}=\left[\boldsymbol{I}_{NN}-\alpha\boldsymbol{R}_{NN}\right]E\left\{\boldsymbol{w}_N(n)\right\}+\alpha\boldsymbol{p}_N \tag{7.39}$$

式（7.39）与式（7.35）相比较，可知，只要式（7.39）中的 $\mathrm{E}\left\{\mathbf{w}_N(n)\right\}$ 替换为 $\boldsymbol{w}_N(n)$，则该式成为式(7.35)。故得结论：将 LMS 算法中的平均 LMS 权 $\mathrm{E}\left\{\mathbf{w}_N(n)\right\}$ 表示为 $\tilde{\boldsymbol{w}}_N(n)$，即若令：

$$\tilde{\boldsymbol{w}}_N(n)=\mathrm{E}\left\{\boldsymbol{w}_N(n)\right\} \tag{7.40}$$

则 LMS 法中的 $\tilde{\boldsymbol{w}}_N(n)$ 的变化过程及收敛情况与最陡梯度法中 $\boldsymbol{w}_N(n)$ 相同。也就是说，对于 LMS 法，有：

$$\tilde{\boldsymbol{w}}_N(n+1)=\left[\boldsymbol{I}_{NN}-\alpha\boldsymbol{R}_{NN}\right]\tilde{\boldsymbol{w}}_N(n)+\alpha\,\boldsymbol{p}_N \tag{7.41}$$

这是个有实用价值的结论。

下面在加性白高斯噪声信道环境下对 LMS 算法进行仿真，分析 LMS 算法的收敛性能和波束形成的性能。

天线阵元数目设定为 4 元线性阵，信噪比是-19dB。假设接收 3 个信号，其中两个是干扰信号，水平入射角度是 30°、0°、–60°，干信比是 50dB。第一个是期望接收的信号。初始权值设定为一个全向天线，分为训练和调整两个阶段。训练阶段，已知参考信号来训练天线的权值。在调整阶段，利用训练得到的权值进行接收分析。仿真时利用 4 号星 C/A 码序列。

（1）训练状态的时候

利用 300 个随机产生的数据进行训练。

由图 7.2 可以看出，而在 0°和–60°入射角度的方向形成了零陷，显示出 LMS 算法的有效性。由图 7.3 可以看出，输出信号的平方误差曲线在训练数据是 150°的时候接近收敛。

（2）调整状态的时候

此时，阵列天线的初始权值是利用训练时已经得到的权值。在此基础上做进一步的调整。

由图 7.4 可以看出，同训练状态相比，调整状态时 LMS 算法可以在干扰的方向上面形成更深的零陷。图 7.5 揭示出在调整状态，由于有预先设定较为接近真实值的初始权值，所以输出信号的平方误差进一步减小，稳定在更低的水平上。

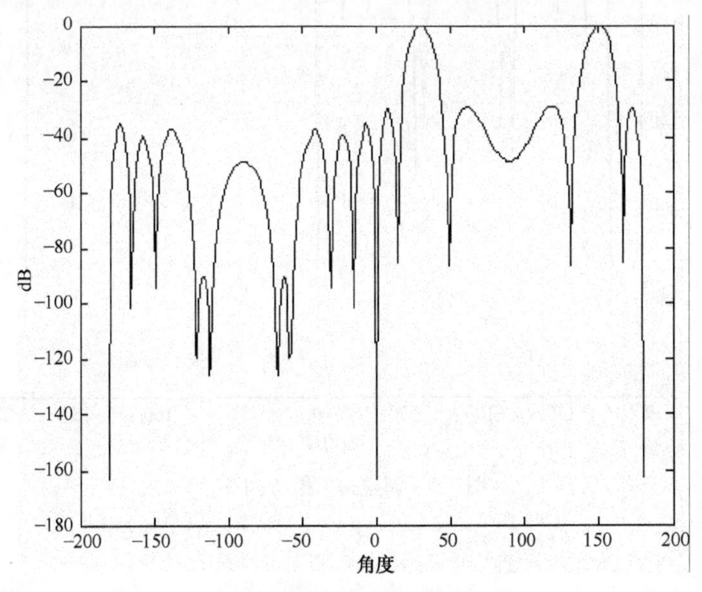

图 7.2　训练得到的方向图

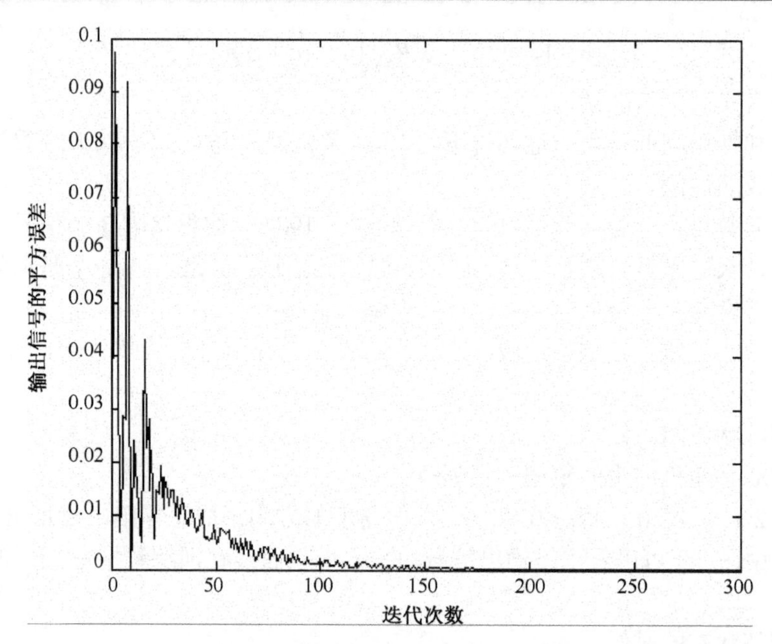

图 7.3　输出信号的平方误差曲线

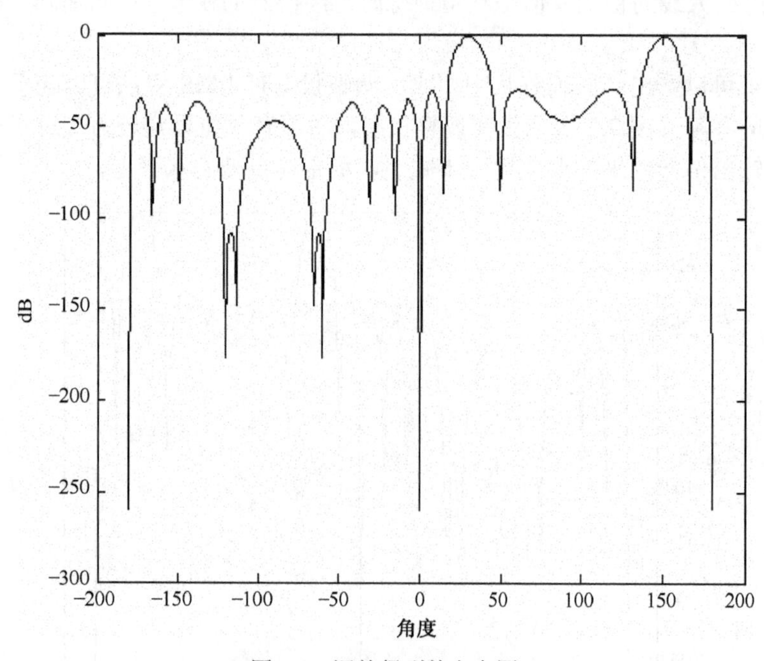

图 7.4　调整得到的方向图

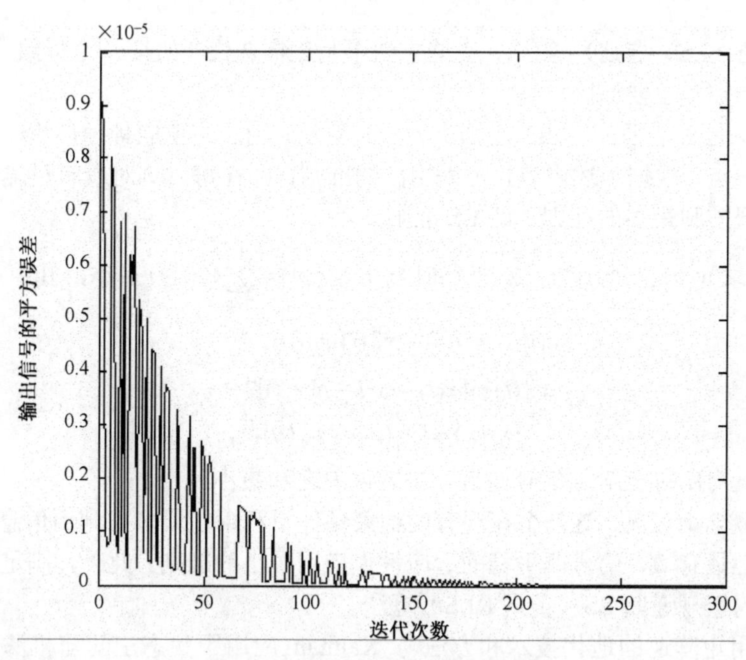

图 7.5　输出信号的平方误差曲线

2．递归最小二乘（RLS）算法

RLS 算法中最优权矢量的推导基于最小二乘（LS）准则，即使阵列输出误差平方最小。事实上，RLS 算法与卡尔曼滤波方法有着密切的联系。

RLS 算法步骤如下。

初始化：

$$
\begin{aligned}
&W_N(0)=0\\
&P(0)=(1/\delta)(\boldsymbol{I}_N);\delta>>1;\boldsymbol{I}_N=N*N
\end{aligned}
\tag{7.42}
$$

算法：

$$
\begin{aligned}
&v(k)=P(k-1)\boldsymbol{x}_N(k)\\
&\boldsymbol{K}(k)=(\lambda^{-1}\boldsymbol{v}(k))/(1+(\lambda^{-1}\boldsymbol{x}_N{}^*(k)\boldsymbol{v}(k)))\\
&\alpha(k)=y_d(k)-\boldsymbol{w}_N{}^*(k)\boldsymbol{x}_N(k)\\
&\boldsymbol{w}_N(k)=\boldsymbol{w}_N(k-1)+\boldsymbol{K}(k)\alpha^*(k)\\
&\boldsymbol{P}(k)=\lambda^{-1}\boldsymbol{P}(k-1)-(\lambda^{-1}\boldsymbol{K}(k)\boldsymbol{v}^{\mathrm{H}}(k))
\end{aligned}
\tag{7.43}
$$

LMS 算法及其他基于相同准则的各方法均有收敛速度较慢（收敛所需码元数多）、对非平稳信号的适应性差（且其中有些调整延时较大）的缺点。究其原因主要有：第一，因为它以各时刻的抽头变量等作为该时刻数据块估计平方误差最小的准则，而未用现时刻的抽头参量等来对以往各时刻的数据块做重新估计后的累计平方误差最小的准则（即所谓最小平方（LS）准则）；第二，有些方法不是逐样迭代（如按 N 个样组成的块迭代）的。其中第一点是主要原因。

RLS 算法是最小平方（LS）准则下的一种算法，为了克服收敛速度慢、信号非平稳适应性差的缺点，根据上述内容，可采用新的准则，即在每时刻对所有已输入信号而言重估的平方误差和最小的准则（即 LS 准则）。

LS 准则求 $\boldsymbol{w}(n)$，准则为：对于每时刻 n，$\varepsilon(n)=\sum_{i=1}^{n}e^2(i|n)$ 最小，其中：

$$e(i|n)=d(i)-\boldsymbol{x}_N^{\mathrm{H}}(i)\boldsymbol{w}_N(n) \tag{7.44}$$

$$\boldsymbol{x}_N(i)=[x(i)\cdots x(i-N+1)]^{\mathrm{H}} \tag{7.45}$$

$$\boldsymbol{w}_N(n)=[w_1(n)\cdots w_N(n)]^{\mathrm{H}}, \tag{7.46}$$

即在每时刻，对所有已输入信号而言，平方误差之和最小。

从物理概念上可见，这是个在现有的约束条件下利用了最多可利用信息的准则，即在一定意义上最有效，信号非平稳的适应性也应用最小的准则。此外，满足上述两点的迭代方法称为正规递归 LS（正规 RLS）算法。

这种利用矩阵逆的迭代技术和方法与 Kalman 应用于状态空间随机滤波的方法类似，故此正规 RLS 算法又常被称为广义 Kalman 自适应算法。

在本节中介绍的正规化 RLS 算法，在以上的基础上有一点补充，即其中的 $\varepsilon(n)$ 表示式、$\boldsymbol{R}_{NN}$ 定义式和 $\boldsymbol{p}_N$ 定义式中的“Σ”号内都添加 λ^{n-i} 因子（λ 为一略小于 1 的值）所得的算法步骤也稍有相应的改变。加入这个因子的物理含义是：在 $\boldsymbol{w}_N$ 所循准则内所用到的输入信号中，我们对距当前时刻较近的数据加以较大的权来考虑，距当前时刻较远的数据其权按指数规律减小。这样常可使算法更能反映当前的实际情况，从而加强对非平稳信号的适应性。λ 常被称为遗忘因子，一般取值在 $0.95\sim0.9995$ 之间。显然取 $\lambda=1$ 时，相当于上面所给出的步骤（此情况常称为“加前窗”情况，而 $\lambda\neq1$ 的情况则称为指数权情况）。

这里所述的方法虽能克服平均型准则各方法的缺点，但码元间所需的计算量较大（约正比于级数 N 的平方），所以在后面的分析中，在保留遵循 LS 准则的基础上，设法通过数学分析将正规 RLS 算法中的一些步骤替代或变形成为码元间计算量较小的方法（约为 $7N$ 个加法及 $7N$ 个乘法的方法等）。这其实就是 RLS 的变形算法。当然，还需要较为详细的分析与解决减少计算量后带来的新问题（如计算精度要求高的问题等），以及在实际应用中为了进一步提高各种性能，需要在结构上或算法上作些补充等。

RLS 的求解方法，从理论上说可以将直接求逆的方法应用于式（7.46）求解：

$$\boldsymbol{w}_N(n)=\boldsymbol{R}_{NN}^{-1}(n)\cdot\boldsymbol{p}_N(n) \tag{7.47}$$

但是这种方法极少实际应用，因为在每个时刻均需求逆运算，加之所需存储量 $\propto N^3$，而码元间计算量也 $\propto N^3$，总计算量甚大，难于实时实施。有一种与它等效的计算量较小（$\propto N^2$）的迭代求解法。推导过程略，可以得到适用的迭代式：

$$\boldsymbol{w}_N(n)=\boldsymbol{w}_N(n-1)+\boldsymbol{g}_N(n)e(n|n-1) \tag{7.48}$$

对比式（7.48）与 LMS 算法中的式（7.33），可以看出 $\boldsymbol{g}_N(n)$ 处于式中增益系数 $\alpha\cdot\boldsymbol{x}_N(n)$ 的位置，它为一向量，故称为增益向量。

由于正规 RLS 算法是迭代型，所以需要注意在计算的初始部分设置合理的初始值。原则上此设置有相当的随意性，但根据物理概念或经验来设置则一般可得到较快的收敛效果。

下面对RLS算法进行简单的仿真分析。设定信号的入射水平角度分别是 0°、10°、-80°，第一个信号为期望信号。其他仿真的条件和 LMS 仿真的条件一样。

（1）训练状态的时候

由图 7.6 可以看出，在 10°和-80°的入射角度的方向形成了零陷，显示出RLS算法的有效性。

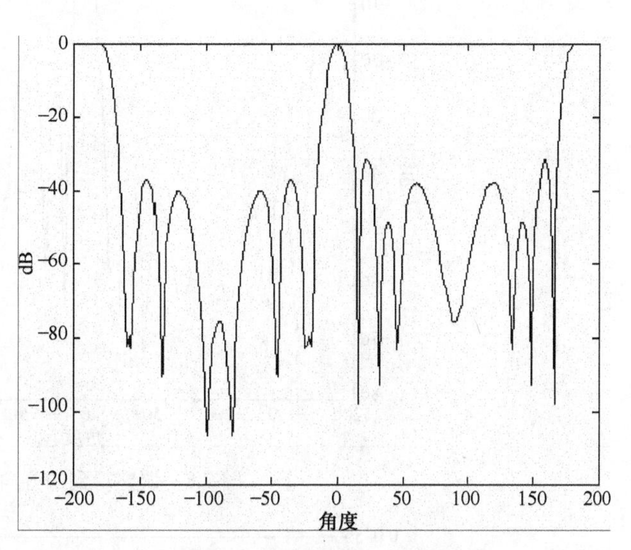

图 7.6　调整得到的方向图

输出信号的平方误差曲线如图 7.7 所示。

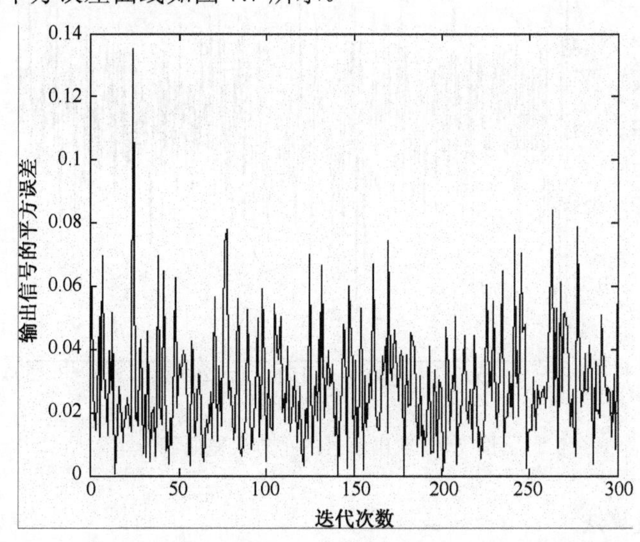

图 7.7　输出信号的平方误差曲线

（2）调整状态的时候

由图 7.8 和图 7.9 可以看出，同训练状态相比较，RLS 算法在静止环境的情况下，具有同训练情况近似的方向图和输出信号的平方误差性能。

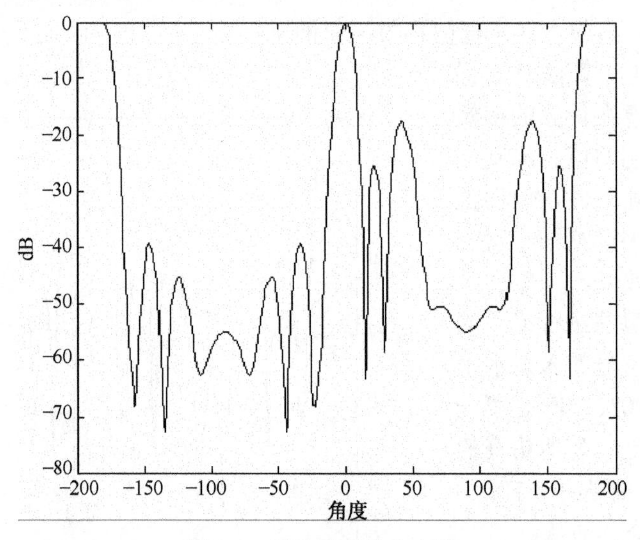

图 7.8　调整得到的方向图

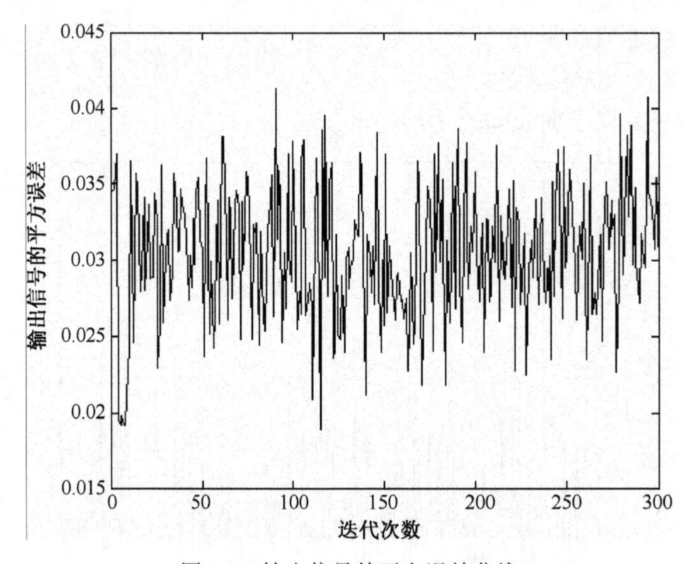

图 7.9　输出信号的平方误差曲线

3．功率倒置算法

由于到接收机天线的卫星导航信号一般情况下低于背景热噪声（20dB 左右），所以高于噪声的任何信号都可以被认为是干扰信号，由此可以根据输出功率最小准则引出功率倒置算法。这种算法实现较为简单，不需要知道有用信号或干扰信号的任何先验信息，并且非常适合于卫星导航信号特点，因此在卫星导航调零天线设计中被广泛采用。

先考虑 LMS 算法，它需要本地产生参考信号，其数学模型可写为：

$$\begin{aligned}\boldsymbol{w}_N(n+1) &= \boldsymbol{w}_N(n) + (1/2)\boldsymbol{x}_N(n)[-\nabla(n)] \\ &= \boldsymbol{w}_N(n) + \alpha\mathbf{x}_N(n)e(n)\end{aligned} \tag{7.49}$$

$$e(n) = d(n) - \boldsymbol{x}_N{}^H(n)\boldsymbol{w}_N(n) \tag{7.50}$$

即

$$\boldsymbol{w}_N(n+1) - \boldsymbol{w}_N(n) = \alpha\boldsymbol{x}_N(n)[d(n) - \boldsymbol{x}_N^{\mathrm{H}}(n)\boldsymbol{w}_N(n)] \tag{7.51}$$

如果去掉参考信号 $d(n)$，则上式变为：

$$\boldsymbol{w}_N(n+1) - \boldsymbol{w}_N(n) = -\alpha\boldsymbol{x}_N(n)\boldsymbol{x}_N^{\mathrm{H}}(n)\boldsymbol{w}_N(n) \tag{7.52}$$

这样的稳态结果显然为 $\boldsymbol{w}_N(n)$=0，因为稳态时 $\boldsymbol{w}_N(n+1) - \boldsymbol{w}_N(n) = 0$，即：

$$-\alpha\mathbf{x}_N(n)\mathbf{x}_N^H(n)\mathbf{w}_N(\infty) = 0 \tag{7.53}$$

上式的稳态解只能是 $\boldsymbol{w}_N(n)$=0，这样的解是无意义的。为了防止加权归零，引入偏置项 $\boldsymbol{w}_b$：

$$\boldsymbol{w}_N(n+1) - \boldsymbol{w}_N(n) = -\alpha\boldsymbol{x}_N(n)\boldsymbol{x}_N^{\mathrm{H}}(n)\boldsymbol{w}_N(n) + \boldsymbol{w}_b \tag{7.54}$$

引入偏置项后，有可能出现不稳定结果。例如当 $\boldsymbol{x} = 0$ 时，有：

$$\boldsymbol{w}_N(n+1) - \boldsymbol{w}_N(n) = \boldsymbol{w}_b \tag{7.55}$$

为此再加入平衡项 $\boldsymbol{w}_N(n)$，最后得出：

$$\boldsymbol{w}_N(n+1) - \boldsymbol{w}_N(n) + \alpha\boldsymbol{x}_N(n)\boldsymbol{x}_N^{\mathrm{H}}(n)\boldsymbol{w}_N(n) + \boldsymbol{w}_N(n) = \boldsymbol{w}_b \tag{7.56}$$

式（7.56）即是功率倒置算法的迭代公式。

功率倒置算法以阵列输出作为误差信号，因此均方误差最小，导致阵列输出最小。在自由度大于等于干扰信号个数且干扰强于有用信号的条件下，将对消干扰而保留有用信号。

下面对典型的四阵元功率倒置 GPS 自适应天线阵性能进行数学仿真。阵列结构为平面方阵，信噪比为-19dB，干信比为 70dB，仿真中模拟不同方向上单干扰信号及多干扰信号对自适应调零天线方向图的影响。

① 单干扰源信号干扰状态下，四阵元自适应调零天线方向图仿真。干扰源在 30°方向上干扰。如图 7.10 所示，自适应天线在 30°方向附近产生凹陷，抑制干扰信号。

② 双干扰源信号干扰状态下，四阵元自适应调零天线方向图仿真。一个干扰源信号在 0°方向上，另一干扰源在 45°方向上。如图 7.11 所示，自适应天线在 0°和 45°方向附近产生凹陷，抑制干扰信号。

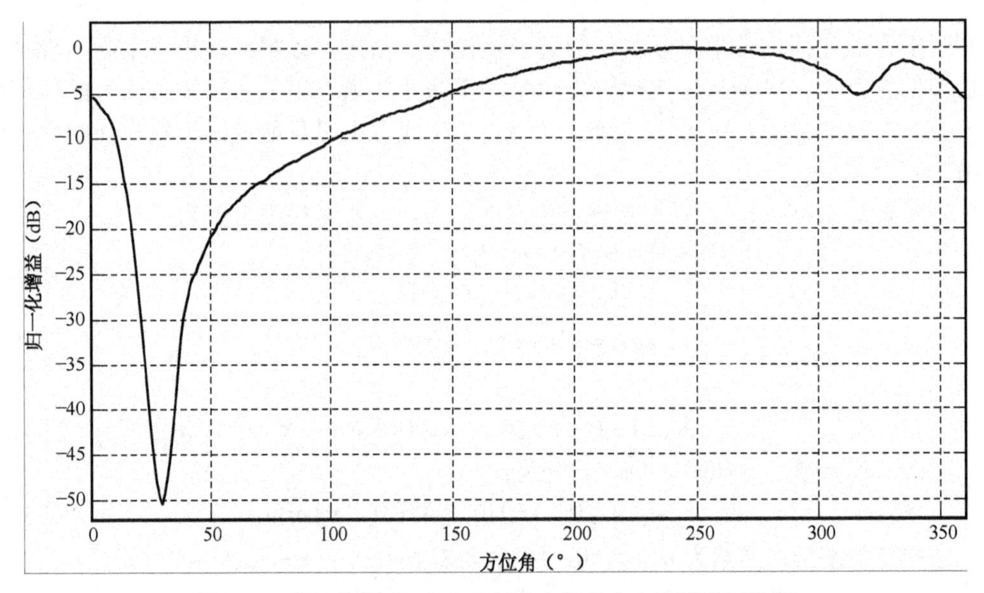

图 7.10　单干扰源 30°方向入射状态天线方向图零陷切片图

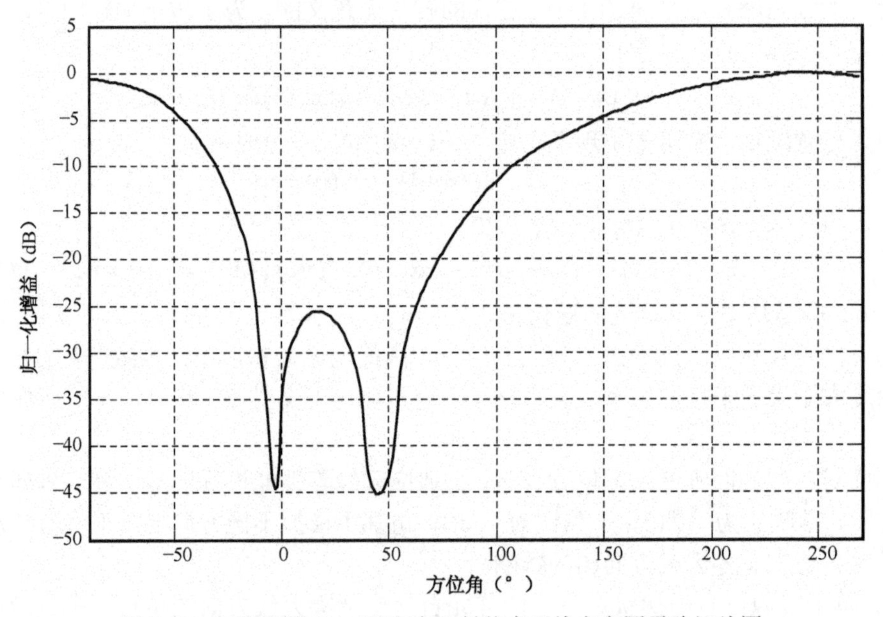

图 7.11　双干扰源 0°、45°方向入射状态天线方向图零陷切片图

③ 双干扰源信号干扰状态下，四阵元自适应调零天线方向图仿真。一个干扰源信号在 0°方向上，另一干扰源在 180°方向上干扰。如图 7.12 所示，自适应天线在 0°和 180°方向附近产生凹陷，抑制干扰信号。

④ 三干扰源信号干扰状态下，四阵元自适应调零天线方向图仿真。干扰源信号分

别在 0°、120°和 240°方向上干扰。如图 7.13 所示，自适应天线在 0°、120°和 240°方向附近产生凹陷，抑制干扰信号。

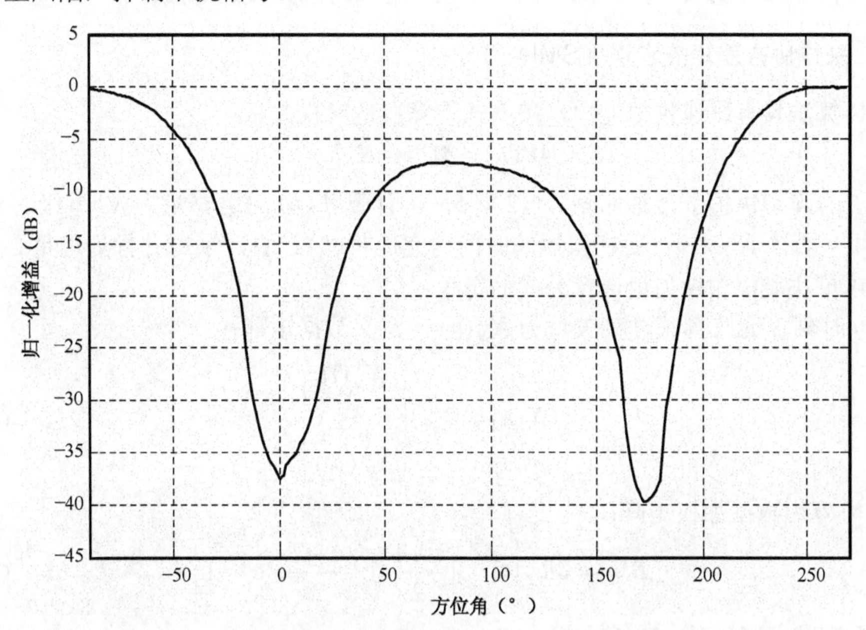

图 7.12　双干扰源 0°、180°方向入射状态天线方向图零陷切片图

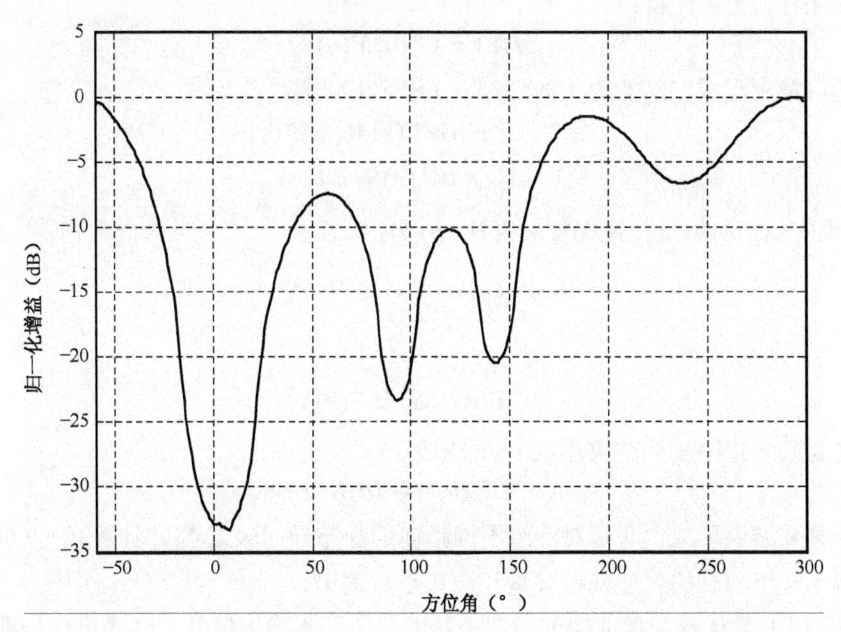

图 7.13　三干扰源 0°、120°、240°方向入射状态天线方向图零陷切片图

从以上仿真可以看出，该自适应调零天线对单干扰源干扰的调零深度可接近 50dB，而且能够较好地抑制双干扰和三干扰，形成与之相对应数目的零陷。

4．采样协方差矩阵求逆（SMI）算法

SMI 算法具有快速收敛能力，按下式计算自适应权矢量：

$$\boldsymbol{W}(L)=\boldsymbol{M}^{-1}(L)\boldsymbol{S}_q{}^*$$

式中，L 的阵列快拍数，通常取 $L=2N\sim5N$。计算 $W(L)$ 的运算量为 N^3 量级。对 N 较大的应用场合（N>30），要在很短的时间内完成 $W(L)$ 计算，采用并行处理是必要的。

SMI 算法最佳加权矢量计算公式的得来：

设 n 时刻 N 元阵列采样列矢量为 $\boldsymbol{X}_N(n)$，定义数据矩阵：

$$\boldsymbol{X}(n)=\boldsymbol{B}(n)\begin{bmatrix} X_N^{\mathrm{T}}(1) \\ \vdots \\ X_N^{\mathrm{T}}(N) \end{bmatrix} \tag{7.57}$$

式中，$\boldsymbol{B}(n)$ 为数据加权矩阵：

$$\boldsymbol{B}(n)=\operatorname{diag}\begin{bmatrix} \lambda & \lambda\dfrac{n-1}{2} & \lambda\dfrac{n-2}{2} & \cdots & 1 \end{bmatrix} \tag{7.58}$$

λ 为指数衰减因子，$0<\lambda<1$。

定义采样协方差矩阵：

$$\boldsymbol{M}(n)=\boldsymbol{X}^{\mathrm{H}}(n)\boldsymbol{X}(n) \tag{7.59}$$

自适应波束形成归结为如下线性约束 LS 优化问题：

$$\begin{cases} \min \boldsymbol{W}^{\mathrm{H}}(n)\boldsymbol{M}(n)\boldsymbol{W}(n) \\ s.t.\ \boldsymbol{W}^{\mathrm{T}}(n)\boldsymbol{S}_q=1 \end{cases} \tag{7.60}$$

$\boldsymbol{S}_q$ 为 N 维阵列指向矢量。最优权矢量 $\boldsymbol{W}_o(n)$ 为：

$$\boldsymbol{W}_o(n)=\frac{1}{\mathrm{E}(n)}\boldsymbol{M}^{-1}(n)\boldsymbol{S}_q^* \tag{7.61}$$

式中：

$$\mathrm{E}(n)=\boldsymbol{S}_q^{\mathrm{T}}\boldsymbol{M}^{-1}(n)\boldsymbol{S}_q^* \tag{7.62}$$

我们称之为归一化因子。波束形成 LS 输出为：

$$\boldsymbol{Z}_o(n)=\boldsymbol{W}(n)\boldsymbol{X}_N(n) \tag{7.63}$$

多个独立波束形成，即是对一组不同指向的静态导向矢量 $\boldsymbol{S}_q$，计算式（7.60）优化问题，得到一组独立的自适应权矢量和波束形成输出。

式（7.61）最优权矢量前面的系数不影响自适应阵输出信号干扰噪声比性能，只影响自适应阵增益，不考虑前面的系数直接计算非归一化权矢量：

$$\boldsymbol{W}(n)=\boldsymbol{M}^{-1}(n)S_q^* \tag{7.64}$$

这就是著名的 SMI 算法。当然，在利用$\boldsymbol{W}(n)$计算波束形成输出时，还需要加入一个固定常数因子，以保证输出具有适当的恒定增益。直接由式（7.64）计算$\boldsymbol{W}(L)$不易于处理实现，并且数值特性差。QR 分解算法是实现 SMI 算法的一条有效途径。

自适应波束形成有两种工作方式：一种是顺序计算式（7.63）LS 输出$\boldsymbol{Z}(n)$，称最小方差无失真响应（MVDR）自适应波束形成；另一种是批处理方式，即利用有限次快拍计算式（7.61）的最优权值，利用算得的自适应权矢量计算波束形成输出。

下面对采用 SMI 算法的七馈源 GPS 自适应调零天线阵性能进行数学仿真。期望信号来向为0.1°，信噪比（SNR）为 4dB，对该天线进行单干扰，干噪比为 20dB，干扰信号来向分别设为-1°，如图 7.14 所示，自适应天线在-1°方向附近产生凹陷，抑制干扰信号。

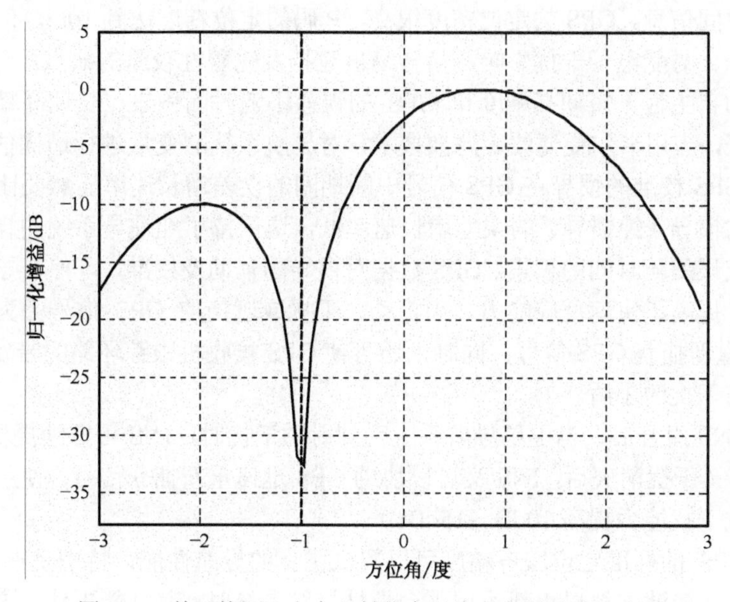

图 7.14　单干扰源 2 方向入射状态天线方向图零陷切片图

7.3　卫星导航/INS 组合导航抗干扰技术

在众多的抗干扰技术中，最引人注目而且实用效果较好的是卫星导航系统与其他导航系统的组合使用，这种组合不仅可以在导航能力方面取长补短，而且将使抗干扰能力得到加强。其中，应用最广泛、效果最佳的是 GPS 与惯性导航系统（INS）的组合。

INS 是一种既不依赖于外部信息又不发射能量的自主式导航系统，隐蔽性好，不怕干扰。INS在20世纪60年代得到迅速发展，开始在航空和军用飞机上应用，70年代INS进入加速发展阶段。INS所提供的导航数据较多，除了提供载体的位置和速度外，还能给出航向和姿态角，同时具有数据更新率高、短期精度高和稳定性好的特点。基于上述优点，INS在军事与民用导航领域发挥着越来越大的作用。然而，INS有其自身的缺点，单独使用时存在着定位误差随时间积累和每次使用之前初始对准时间较长等缺点，这对执行任务时间较长而又要求有快速反应能力的应用来说，无疑是致命的弱点。此外，INS存在时间漂移误差，漂移误差越小，导航性能越好，其导航精度就越高。然而，漂移误差小的INS通常价格极其昂贵。如果能保证GPS连续用于惯导系统的更新，限制惯导系统的误差增长，那么大多数军用惯导系统就可以使用普通导航性能的惯性系统，通常意味着装备成本的大大降低。

GPS可为陆、海、空、天的用户，全天候、全时间、连续地提供精确的三维位置、三维速度及时间信息。GPS的定位精度很高，P码的定位精度达到10m，但存在着动态响应能力较差、易受电子干扰影响、信号易被遮挡及完善性较差的缺点。

将惯导的自主性、短期高精度和GPS的误差不随时间积累、长期高精度性能特点有机结合起来，应用卡尔曼滤波等滤波技术，对导航系统的变量进行最优估计，获得修正信息。经GPS校准的惯导在GPS信号中断期间的误差增长速率显然要比没有校准、自由状态下的惯导（纯惯导）的误差增长速率低，这保持了纯惯导系统的自主性，克服了纯惯导系统误差随时间的积累。GPS数据对惯导的辅助及校准，可使惯导在运动中进行空中对准，提高了快速反应能力。当机动、干扰或遮挡使GPS信号丢失时，惯导可以辅助GPS重新捕获GPS信号，同时，还可使GPS接收机跟踪环路的带宽取得很窄，解决了动态与干扰的矛盾。

GPS与INS组合后，当卫星导航系统受到射频干扰时，INS可继续提供导航功能，完成导航任务。干扰消失后，INS又可以协助GPS迅速重新捕获信号。使用这种组合技术可使系统抗干扰能力提高10dB～15dB。

目前，GPS的标准定位服务精度可以提供优良的导航性能，特别是在将多个GPS测量组合入卡尔曼滤波器以更新军用平台惯性导航系统时，其性能更佳。这种组合导航技术已在各类飞机、军舰、巡航导弹、精确制导炸弹等武器方面获得应用。美国目前利用或计划利用GPS/INS的一些武器平台有：联合直接攻击弹药（JDAM）、防区外发射对地攻击导弹（SLAM）、“战斧”巡航导弹、战区外联合攻击武器（JSOW）等。

7.3.1　卫星导航/INS组合导航工作原理

卫星导航/INS组合接收机作为武器平台的主要应用导航系统，综合利用了惯性导航系统与卫星导航系统的双重优点，并形成互补，提高整个导航系统的精度与可靠性。卫星导航和INS具有良好的互补特性，具体如表7.3所示。

表 7.3　卫星导航和 INS 优缺点比较

	优　点	缺　点
卫星导航	定位、测速精度高 导航误差不随时间积累	易受电磁干扰 高动态时环路易失锁 不能输出姿态信息 数据更新率低 应用范围受限
INS	自主性强、不受干扰 适用范围广 短时精度和稳定性好 导航信息完备、数据更新率高	导航误差随时间累积 初始对准时间长

卫星导航系统/INS 组合接收机将惯性导航系统与卫星导航系统通过数据融合的方式集成在一起，如图 7.15 所示，将惯性导航系统与卫星导航系统分别作为组合导航系统的两个传感器，实现两个系统间的取长补短。一方面，使用卫星导航系统的误差不随时间积累的导航结果或观测数据来修正 INS 的导航结果，控制其误差随时间的迅速积累；另一方面，短时间内高精度、高稳定的 INS 导航结果又可以很好地解决卫星导航系统信号受到遮挡条件下的导航定位问题，而且更有利于发现卫星导航系统观测值中的粗差，提高整个导航系统的鲁棒性；此外，组合导航还可以将 INS 的加速度计零偏、陀螺零偏等常值误差项估计出来并反馈校正 INS 的加速度计、陀螺输出，实现对 INS 的在线标定。因此，将卫星导航系统与 INS 进行组合可以获得稳定可靠的、精度好、数据更新率高的三维位置、速度、姿态信息，在精度、实时性、数据输出率、系统初始化、抗干扰等方面得到明显的提高。

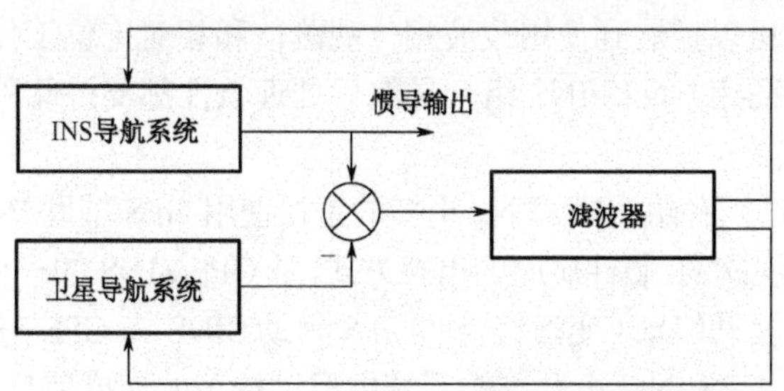

图 7.15　卫星导航系统/INS 组合导航系统原理图

下面以 GPS/INS 系统为例介绍其组合模式和增效作用。

1. GPS/INS 系统组合模式

根据所使用的观测值及 GPS 和 INS 间的相互辅助关系的不同，GPS/INS 的组合模式主要分为三种：基于 GPS 导出的位置速度的松组合、基于 GPS 原始观测值的紧组合和辅助 GPS 的深组合，如图 7.16 所示。

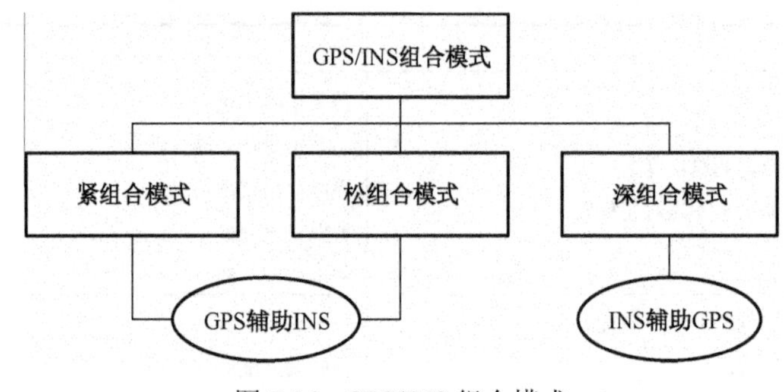

图 7.16　GPS/INS 组合模式

（1）松组合模式

松组合是将 GPS 解算得到的位置、速度和 INS 推算得到的位置、速度输入到卡尔曼滤波器中进行组合。在这种组合模式下，由于以 GPS 的导航解作为组合导航卡尔曼滤波器的观测值，所以当 GPS 接收机观测到的卫星数少于 4 颗时，因无法获得 GPS 解算出来的位置、速度，组合导航卡尔曼滤波器无法进行量测更新，此时只能进行 INS 单独导航。目前国内的研究仍然集中在松组合的模式下。

（2）紧组合模式

紧组合利用 GPS 接收机的伪距、多普勒频移导出的伪距率、载波相位等原始观测值作为组合导航卡尔曼滤波器的观测值进行组合导航解算。较松组合而言，在这种组合模式下，在可见卫星数小于 4 颗但不少于 1 颗的条件下，组合导航卡尔曼滤波器仍可进行量测更新，从而限制惯导误差的积累，因此紧组合更适合城市、峡谷等可见卫星较少的区域。研究表明紧组合比松组合具有更优越的抵抗粗差的能力。通常基于伪距、伪距率观测值的紧组合还可以扩展到使用载波相位观测值和相对定位工作模式下的紧组合，目前应用于测绘领域的商用 GNSS/INS 组合导航后处理软件都支持此种紧组合的工作模式。

（3）深组合模式

松组合、紧组合这两种组合模式下，更多的是在使用 GPS 辅助 INS，限制其误差积累。深组合则是一种更深层次的、硬件层面的组合方式，是 GPS/SINS 的一种高水平的组合模式。即引入了 INS 的速度辅助信息，变浅组合的 GPS 辅助 SINS 为 GPS 与 INS 相互辅助，这里的速度信息通常采用 GPS/INS 组合导航系统中经过校正的速度信息。根据对组合导航系统的分析，深组合可以实现 INS 和 GPS 的功能互补，这样必定可以提高系统的整体导航精度及导航性能，即使 INS 具有空中再对准的能力，也使得 GPS 接收机在 INS 位置和速度信息的辅助下，大大改善捕获、跟踪和再捕获的能力，并在卫星分布条件或可见星少的情况下，不至于严重影响导航精度，它适合应用于高动态的飞行器上。它利用 INS 输出的经修正的导航参数来辅助 GPS 的跟踪环路，因此具备更强的动态性能和抗干扰能力。

随着组合导航技术的发展，GPS/INS 深组合接收机已经陆续开始装备武器平台。在

GPS/INS 组合接收机的基础上，惯性导航系统与 GPS 卫星导航系统的组合程度更加深入，在紧组合基础上，充分利用惯性导航系统的动态性能，对 GPS 卫星导航系统形成反馈修正，使组合导航的模式由紧组合的对惯性测量单元的单环修正转换为对惯性测量单元与 GPS 卫星导航系统的双环修正。与紧组合接收机相比，系统的抗干扰能力与鲁棒性均得到明显增强。

2．GPS/INS 数据融合方法

下面以常见的位置、速度 GPS/INS 组合系统为例讨论 GPS/INS 数据融合方法。

（1）状态方程

定义捷联惯导误差模型中的误差状态变量 $\boldsymbol{X}_{ins}$ 为：

$$\boldsymbol{X}_{ins}=[\Delta v_n,\Delta v_u,\Delta v_e,\phi_n,\phi_u,\phi_e,\Delta\varphi,\Delta\lambda,\Delta h,\nabla_x,\nabla_y,\nabla_z,\varepsilon_x,\varepsilon_y,\varepsilon_z]^{\mathrm{T}}_{15\times1} \tag{7.65}$$

式中，Δv_n、Δv_u、Δv_e 为北、天、东向速度误差；ϕ_n、ϕ_u、ϕ_e 为姿态误差角；$\Delta\varphi$、$\Delta\lambda$、Δh 为纬度、经度、高度误差；∇_x、∇_y、∇_z 为三轴加速度计零偏，ε_x、ε_y、ε_z 对应三轴陀螺仪漂移误差。建立惯性导航系统误差模型如下：

$$\dot{\boldsymbol{X}}_{ins}(t)=\boldsymbol{H}_{ins}(t)\boldsymbol{X}_{ins}(t)+\boldsymbol{G}_{ins}(t)\boldsymbol{W}_{ins}(t) \tag{7.66}$$

式中，$\boldsymbol{G}_{ins}(t)$ 为：

$$\boldsymbol{G}_{ins}(t)=\begin{bmatrix}\boldsymbol{I}_6\\ \boldsymbol{O}_{9\times6}\end{bmatrix} \tag{7.67}$$

这里，$\boldsymbol{I}_6$ 为 6×6 的单位矩阵，$\boldsymbol{O}_{9\times6}$ 为 9×6 的零矩阵。

式（7.67）中 $\boldsymbol{W}_{ins}(t)=[w_{v_n},w_{v_u},w_{v_e},w_{\phi_n},w_{\phi_u},w_{\phi_e}]^{\mathrm{T}}$ 为建模噪声，$\boldsymbol{H}_{ins}(t)$ 为系统状态转移矩阵，具体表示形式如下

$$\boldsymbol{H}_{ins}=\begin{bmatrix}\boldsymbol{A}&\boldsymbol{B}&\boldsymbol{C}&\boldsymbol{C}_{\mathrm{b}}^{\mathrm{e}}&\boldsymbol{O}\\ \boldsymbol{G}&\boldsymbol{I}&\boldsymbol{J}&\boldsymbol{O}&\boldsymbol{C}_{\mathrm{b}}^{\mathrm{e}}\\ \boldsymbol{K}&\boldsymbol{O}&\boldsymbol{L}&\boldsymbol{O}&\boldsymbol{O}\\ \boldsymbol{O}&\boldsymbol{O}&\boldsymbol{O}&\boldsymbol{O}&\boldsymbol{O}\\ \boldsymbol{O}&\boldsymbol{O}&\boldsymbol{O}&\boldsymbol{O}&\boldsymbol{O}\end{bmatrix}_{15\times15} \tag{7.68}$$

式中，$\boldsymbol{O}$ 为 3×3 的零矩阵。$\boldsymbol{A}$、$\boldsymbol{B}$、$\boldsymbol{C}$、$\boldsymbol{G}$、$\boldsymbol{I}$、$\boldsymbol{J}$、$\boldsymbol{K}$、$\boldsymbol{L}$ 的具体形式为：

$$\boldsymbol{A}=\begin{bmatrix}-\dfrac{v_u}{R_n}&-\dfrac{v_n}{R_n}&-(2\omega_{ie}+\dfrac{v_e}{R_e\cos\varphi})\sin\varphi\\ \dfrac{2v_n}{R_n}&0&(2\omega_{ie}+\dfrac{v_e}{R_e\cos\varphi})\cos\varphi\\ (2\omega_{ie}+\dfrac{v_e}{R_e\cos\varphi})\sin\varphi&-(2\omega_{ie}+\dfrac{v_e}{R_e\cos\varphi})\cos\varphi&\dfrac{v_n}{R_n}\tan\varphi-\dfrac{v_u}{R_e}\end{bmatrix}$$

$$\boldsymbol{B}=\begin{bmatrix} 0 & -f_e & f_u \\ f_e & 0 & -f_n \\ -f_u & f_n & 0 \end{bmatrix}$$

$$\boldsymbol{C}=\begin{bmatrix} -(2\omega_{ie}\cos\varphi+\dfrac{v_e}{R_e}\sec^2\varphi)v_e & 0 & 0 \\ -2v_e\omega_{ie}\sin\varphi & 0 & 0 \\ (2\omega_{ie}\cos\varphi+\dfrac{v_e}{R_e}\sec^2\varphi)v_n+2v_u\omega_{ie}\sin\varphi & 0 & 0 \end{bmatrix}$$

$$\boldsymbol{G}=\begin{bmatrix} 0 & 0 & \dfrac{1}{R_e} \\ 0 & 0 & \dfrac{\tan\varphi}{R_e} \\ -\dfrac{1}{R_n} & 0 & 0 \end{bmatrix}$$

$$\boldsymbol{I}=\begin{bmatrix} 0 & -\dfrac{v_n}{R_n} & -(\omega_{ie}+\dfrac{v_n}{R_n})\sin\varphi \\ \dfrac{v_n}{R_n} & 0 & (\omega_{ie}+\dfrac{v_n}{R_n})\cos\varphi \\ (\omega_{ie}+\dfrac{v_n}{R_n})\sin\varphi & -(\omega_{ie}+\dfrac{v_n}{R_n})\cos\varphi & 0 \end{bmatrix}$$

$$\boldsymbol{J}=\begin{bmatrix} -\omega_{ie}\sin\varphi & 0 & 0 \\ \omega_{ie}\cos\varphi+\dfrac{v_e}{R_e}\sec^2\varphi & 0 & 0 \\ 0 & 0 & 0 \end{bmatrix}$$

$$\boldsymbol{K}=\begin{bmatrix} \dfrac{1}{R_n} & 0 & 0 \\ 0 & 0 & \dfrac{1}{R_e\cos\varphi} \\ 0 & 1 & 0 \end{bmatrix}$$

$$\boldsymbol{L}=\begin{bmatrix} 0 & 0 & 0 \\ \dfrac{v_e\tan\varphi}{R_e\cos\varphi} & 0 & 0 \\ 0 & 0 & 0 \end{bmatrix}$$

（2）量测方程

$$\boldsymbol{Z}=\begin{bmatrix}0_{3\times6} & \mathrm{diag}[R_M \quad R_N\cos L \quad 1] & 0_{3\times9}\\ 0_{3\times3} & \mathrm{diag}[1 \quad 1 \quad 1] & 0_{3\times12}\end{bmatrix}\boldsymbol{X}(t)+\boldsymbol{V}(t) \tag{7.69}$$

式中，$V(t)$ 的元素为互不相关的零均值高斯白噪声，其协方差阵为：

$$\mathrm{E}[V(t)V(\tau)^{\mathrm{T}}]=R(t)\delta(t-\tau) \tag{7.70}$$

$R(t)$ 的具体值根据 GPS 接收机的性能指标确定，diag[*] 表示对角矩阵。

这里以伪距和伪距率为例。惯导得到的伪距为：

$$\rho_I^i=\left[\left(x_I-x^i\right)^2+\left(y_I-y^i\right)^2+\left(z_I-z^i\right)^2\right]^{\frac{1}{2}} \tag{7.71}$$

在 (x,y,z) 处展开，取前二阶得：

$$\rho_I^i=\rho^i+\frac{\partial\rho_I^i}{\partial x}\mathrm{d}x+\frac{\partial\rho_I^i}{\partial y}\mathrm{d}y+\frac{\partial\rho_I^i}{\partial z}\mathrm{d}z \tag{7.72}$$

式中，ρ^i 为载体到第 i 颗卫星的真实距离，ρ_I^i 为载体到第 i 颗卫星的惯导伪距。

GPS 得到的伪距为：

$$\rho_G^i=\rho^i-D_{\mathrm{gps}}-\omega_{si}-g_r \tag{7.73}$$

D_{gps} 为 GPS 测量误差，ω_{si} 为 GPS 测量随机误差，g_r 为人为干扰 GPS 产生的伪距测量误差。则有：

$$\rho_I^i-\rho_G^i=C_x^i\mathrm{d}x+C_y^i\mathrm{d}y+C_z^i\mathrm{d}z+D_{\mathrm{gps}}+\omega_{si}+g_r \tag{7.74}$$

即

$$\delta\rho=\begin{bmatrix}C_x^1 & C_y^1 & C_z^1 & 1\\ C_x^2 & C_y^2 & C_z^2 & 1\\ C_x^3 & C_y^3 & C_z^3 & 1\\ C_x^4 & C_y^4 & C_z^4 & 1\end{bmatrix}\begin{bmatrix}\mathrm{d}x\\ \mathrm{d}y\\ \mathrm{d}z\\ D_{\mathrm{gps}}\end{bmatrix}+\begin{bmatrix}\omega_{s1}+gr\\ \omega_{s2}+gr\\ \omega_{s3}+gr\\ \omega_{s4}+gr\end{bmatrix}=\boldsymbol{CX}+\boldsymbol{W}_\rho \tag{7.75}$$

$(\mathrm{d}x,\mathrm{d}y,\mathrm{d}z)$ 为地球坐标系中的位置误差，与状态方程位置误差的转换矩阵为 $\boldsymbol{R}_j^Z$，则有：

$$\delta\rho=E\cdot R_J^z\cdot\left[\mathrm{d}L,\mathrm{d}A,\mathrm{d}h\right]^{\mathrm{T}}+\left[1,1,1,1\right]^{\mathrm{T}}\cdot D_{\mathrm{gps}}+W_\rho \tag{7.76}$$

可表示为：

$$Z_\rho(t)=\boldsymbol{H}_\rho(t)\boldsymbol{X}(t)+\boldsymbol{W}_\rho(t) \tag{7.77}$$

惯导得到的载体至第 i 颗卫星的伪距率为：

$$\dot{\rho}_I^i = \dot{\rho}^i + C_x^i \mathrm{d}\dot{x} + C_y^i \mathrm{d}\dot{y} + C_z^i \mathrm{d}\dot{z} + \frac{\left(\dot{x} - \dot{x}^i - \dot{\rho}^i C_x^i\right)}{\rho^i}\mathrm{d}x + \frac{\left(\dot{y} - \dot{y}^i - \dot{\rho}^i C_y^i\right)}{\rho^i}\mathrm{d}y + \frac{\left(\dot{z} - \dot{z}^i - \dot{\rho}^i C_z^i\right)}{\rho^i}\mathrm{d}z$$

$$= \dot{\rho}^i + C_x^i \mathrm{d}\dot{x} + C_y^i \mathrm{d}\dot{y} + C_z^i \mathrm{d}\dot{z} + \frac{\left(v_x - v_x{}^i - \left(\left(v_x - v_x{}^i\right) - \left(v_y - v_y{}^i\right) - \left(v_z - v_z{}^i\right)\right)C_x^i\right)}{\rho^i}\mathrm{d}x$$

$$+\frac{\left(v_y - v_y{}^i - \left(\left(v_x - v_x{}^i\right) - \left(v_y - v_y{}^i\right) - \left(v_z - v_z{}^i\right)\right)C_y^i\right)}{\rho^i}\mathrm{d}y$$

$$+\frac{\left(v_z - v_z{}^i - \left(\left(v_x - v_x{}^i\right) - \left(v_y - v_y{}^i\right) - \left(v_z - v_z{}^i\right)\right)C_z^i\right)}{\rho^i}\mathrm{d}z \tag{7.78}$$

式中，$[\mathrm{d}\dot{x}, \mathrm{d}\dot{y}, \mathrm{d}\dot{z}] = [\dot{x}_I - \dot{x}, \dot{y}_I - \dot{y}, \dot{z}_I - \dot{z}] = \boldsymbol{C}_{ne}(L, A)[\mathrm{d}v_e, \mathrm{d}v_n, \mathrm{d}v_u]^{\mathrm{T}}$，而 $\boldsymbol{C}_{ne}(L, A)$ 用下式表示：

$$\boldsymbol{C}_{ne}(L, A) = \begin{bmatrix} -\sin A & -\sin L\cos A & \cos L\cos A \\ \cos A & -\sin L\sin A & \cos L\sin A \\ 0 & \cos L & \sin L \end{bmatrix} \tag{7.79}$$

GPS 得到的载体至第 i 颗卫星的伪距率为：

$$\begin{aligned} \mathrm{d}\dot{\rho} &= \dot{\rho}_I^i - \dot{\rho}_G^i \\ &= \left[\boldsymbol{C}_x^i, \boldsymbol{C}_y^i, \boldsymbol{C}_z^i\right]\boldsymbol{C}_{ne}(L, A)[\mathrm{d}v_e, \mathrm{d}v_n, \mathrm{d}v_u] + [Ex, Ey, Ez]\cdot \boldsymbol{R}_J^Z \cdot [\mathrm{d}L, \mathrm{d}A, \mathrm{d}h]^{\mathrm{T}} + D_{tru} + \boldsymbol{W}_{\dot{\rho}} \end{aligned} \tag{7.80}$$

则伪距率测量方程为：

$$\boldsymbol{Z}_{\dot{\rho}}(t) = \boldsymbol{H}_{\dot{\rho}}(t)\boldsymbol{X}(t) + \boldsymbol{W}_{\dot{\rho}}(t) \tag{7.81}$$

（3）标准卡尔曼滤波

设离散型系统的方程为：

$$\boldsymbol{X}(k+1) = \boldsymbol{\varphi}(k+1, k)\boldsymbol{X}(k) + \boldsymbol{\Gamma}(k+1, k)\boldsymbol{W}(k) \tag{7.82}$$

$$\boldsymbol{Z}(k) = \boldsymbol{H}(k)\boldsymbol{X}(k) + \boldsymbol{V}(k) \tag{7.83}$$

卡尔曼滤波的基本方程包括：状态一步预测方程、状态最优估值方程、滤波增益方程、一步预测均方误差方程、估计均方误差方程等。

状态一步预测方程：

$$\hat{\boldsymbol{X}}(k+1/k) = \boldsymbol{\varphi}(k+1, k)\hat{\boldsymbol{X}}(k/k) \tag{7.84}$$

状态最优估值方程：

$$\hat{\boldsymbol{X}}(k+1/k+1) = \hat{\boldsymbol{X}}(k+1/k) + \boldsymbol{K}(k+1)[\boldsymbol{Z}(k+1) - \boldsymbol{H}(k+1)\hat{\boldsymbol{X}}(k+1/k)] \tag{7.85}$$

滤波增益方程：

$$\boldsymbol{K}(k+1) = \boldsymbol{P}(k+1/k)\boldsymbol{H}^{\mathrm{T}}(k+1)[\boldsymbol{H}(k+1)\boldsymbol{P}(k+1/k)\boldsymbol{H}^{\mathrm{T}}(k+!) + \boldsymbol{R}_{k+1}]^{-1} \tag{7.86}$$

一步预测均方误差方程：

$$\boldsymbol{P}(k+1/k)=\boldsymbol{\varphi}(k+1,k)\boldsymbol{P}(k/k)\boldsymbol{\varphi}^{\mathrm{T}}(k+1,k)+\boldsymbol{\Gamma}(k+1,k)\boldsymbol{Q}_k\boldsymbol{\Gamma}^{\mathrm{T}}(k+1,k) \tag{7.87}$$

估计均方误差方程：

$$\boldsymbol{P}(k+1/k+1)=[\boldsymbol{I}-\boldsymbol{K}(k+1)\boldsymbol{H}(k+1)]\boldsymbol{P}(k+1/k) \tag{7.88}$$

3. GPS/INS 的增效作用

GPS/INS 组合能够显著提高导航系统的性能，下面将从 3 个方面详细叙述其产生的增效作用。

① 使用惯性传感器来辅助接收机的载波和码跟踪环，可降低跟踪环的有效带宽，从而提高接收机在噪声环境下跟踪信号的能力。而且惯性信息越精确，环路带宽就能设计得越窄。这就使得在 GPS/INS 组合导航受干扰而丢失 GPS 信号之前，载体可以更接近受干扰及保护的目标。甚至在干扰环境以外，当 GPS 接收机导航解受到几何结构、信号强度变化和天线屏蔽所产生的短期中断影响时，惯导数据同样可提供“平滑”和精确的导航解。

② 在 GPS 信号不可用时，INS 能够提供唯一的导航信息。这些惯性位置和速度信息可以降低 GPS 信号中断后所要求的再捕获搜索时间，同时可在干扰环境下直接再捕获军用加密码。

③ 在执行任务期间，低噪声惯性传感器可以通过使用组合导航滤波器中的 GPS 测量来校准它们的偏移误差，从而进一步提高了①和②中列出的情况。GPS/INS 组合系统可以获得的精度应该能够超出单独 GPS 的标准定位精度。

图 7.17 给出了将惯性数据与 GPS 数据相结合的导航过程。

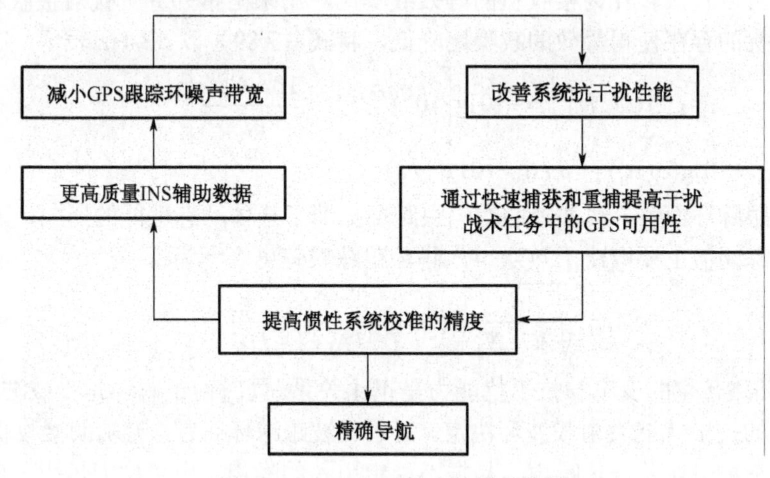

图 7.17　GPS/INS 组合的增效作用

7.3.2　卫星导航/INS 组合导航抗干扰能力分析

下面以 GPS/INS 组合导航为例分析卫星导航/INS 组合导航抗干扰能力。

首先分析紧耦合组合方式下的抗干扰能力。抗干扰性即接收机对干扰的容忍程度，对干扰的容忍程度越大，说明抗干扰性越强；对干扰的容忍程度越小，说明抗干扰性越差。为了确定组合导航接收机的抗干扰能力，必须确定接收机载波环的跟踪阈值，也就是说要看接收机载波环最低能跟踪到多大能量的信号。由跟踪阈值可以反算出干信比，用干信比来衡量接收机载波环的抗干扰性，跟踪阈值越小，则干信比越大，抗干扰性越强；跟踪阈值越大，则干信比越小，抗干扰性越差。

GPS 接收机的抗干扰能力直接由接收机内部环路的锁定状态反映。因此，从环路跟踪角度出发对紧耦合抗干扰指标进行论证。基于紧耦合的组合导航技术的显著特点是惯性导航系统对 GPS 接收机的动态辅助。惯导对接收机的动态辅助直接降低了 GPS 接收机的抗动态容限，同样降低了环路带宽，起到抗干扰的作用。环路的最优带宽由环路的误差项确定。干扰与信号功率比的表达式为：

$$J/S = 10\lg\left[Pf_c\left[\frac{1}{10^{[C/N_0]_{eq}/10}} - \frac{1}{10^{(C/N_0)/10}}\right]\right] \tag{7.89}$$

式中，$C/N_0 = 10\lg(c/n_0)$；$J/S = 10\lg(j/s)$；c/n_0 为无干扰时信号载波功率噪声密度比，$[c/n_0]_{eq}$ 为干扰出现时等价的载波功率噪声密度比，它可由接收机实际测得的信噪比得到，j/s 为干扰与信号功率比；f_c 为码速率；P 为调整系数（窄带干扰为 1，宽带干扰为 2）。

干信比可以直接转化为接收机的等效载噪比，用来衡量外界干扰对接收机的影响，这是因为干扰的存在使得等效的载噪比降低，将式（7.89）以 dB-Hz 表示，有

$$[C/N_0]_{eq} = -10\lg\left[10^{-(C/N_0)/10} + \frac{10^{(J/S)/10}}{Pf_c}\right] \tag{7.90}$$

式中，$C/N_0 = 10\lg(c/n_0)$；$J/S = 10\lg(j/s)$。

对于码跟踪环而言，载波辅助的码跟踪环抵消了载体动态性能的影响，因此码跟踪环的环路跟踪阈值主要取决于热噪声。码环跟踪误差可表示为：

$$\delta_{DLL} = \sqrt{\frac{B_n}{2C/N_0}D[1 + \frac{2}{TC/N_0(2-D)}]} \tag{7.91}$$

因此，环路带宽的变窄与抗干扰能力呈正比关系。同时由于码环是受载波环辅助的，GPS 接收机的抗干扰能力由载波环决定。对于载波跟踪环而言，无辅助接收机的跟踪环路需考虑动态牵引误差、热噪声、晶振不稳定引入的噪声、电离层闪烁引入的噪声等。INS 辅助接收机的跟踪环路不必考虑载体动态牵引误差，同时引入惯性信息和时钟误差项，最低带宽设计受此二者精度的限制。

为了确定 GPS 接收机的抗干扰性能，必须确定载波跟踪环的门限值。对于 Costas 型锁相环（PLL）鉴相器而言，其经验跟踪门限值是所有环路应力源引起的不超过 15 度的3σ抖动值，而 PLL 跟踪环的1σ门限值（以度为单位）为：

$$\sigma_{PLL}=\sqrt{\sigma_{PLLt}^2+\sigma_v^2+\theta_A^2}+\frac{\theta_e}{3}\leqslant 15° \tag{7.92}$$

在实际分析中，由振动和阿仑偏差引起的振荡器抖动值可忽略不计，那么由于热噪声而产生的载波跟踪抖动值则为：

$$\sigma_{PLLt}=\sqrt{\frac{B_n}{C/N_0}(1+\frac{1}{2T\,C/N_0})}\times\frac{360}{2\pi} \tag{7.93}$$

式中，B_n 表示载波环噪声带宽（Hz）；C/N_0 表示载噪比（Hz），$C/N_0=10^{\frac{(C/N_0)_{dB}}{10}}$；$(C/N_0)_{dB}$ 用 dB • Hz 表示；T 表示预检测时间（s）。

载体动态引入误差与载波环路滤波器的阶数和环路带宽关系为：

$$\theta_e=\frac{d^nR/dt^n}{\omega_0^n}=\frac{a^n\,d^nR/dt^n}{B_n^n} \tag{7.94}$$

各种误差对整个接收机的跟踪阈值受环路热噪声、振荡器相位噪声、阿伦偏差相位噪声、动态应力误差等的影响，同时与接收机载波环的环路阶数、积分时间相关。整个接收机总的载波环路跟踪误差如图 7.18 所示。

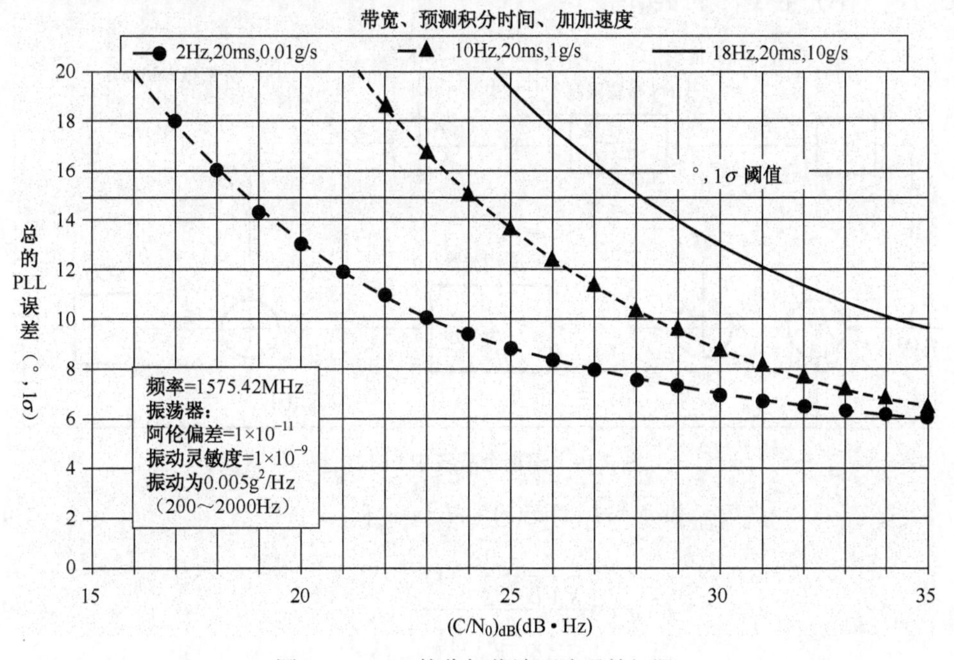

图 7.18　GPS 接收机载波环路误差门限

在紧耦合 GPS 接收机中，由载体运动引入的误差未通过 INS 测量多普勒频移将其引入到接收机跟踪环路，使得接收机的动态性与 INS 测量的多普勒频率误差无关。紧耦合条件下组合接收机的抗干扰能力直接由接收机自身决定。当接收灵敏度为-160dBW，加速度为 10g，晶振使用的是 OCXO，相干积分时间为 1ms，紧耦合三阶环路带宽为 18Hz 时，跟踪阈值为 33.5dB · Hz。当干扰为宽带，码速率采用 C/A 码码速率时，对应的干信比为 29.2dB，码速率采用 P 码码速率时，对应的干信比为 39.2dB。由于 GPS 的信息速率为 50bps，取积分时间为 2ms，则对应的干信比为 42.2dB。

由以上理论可知，深耦合的抗干扰能力同样由载波环的跟踪阈值决定。可以通过分析深耦合的载波环路来对整个组合接收机的抗干扰性能进行分析论证。深耦合 PLL 结构模型如图 7.19 所示，深耦合的载波环路含有一个前馈支路。建立前馈模型的前提是外部多普勒和时钟误差频率就是参考载波相位的改变速率，这两个频率之和就是控制器的精确测量值，用于控制 NCO 以保证相位锁定。前馈支路包括一个低通滤波器和附加误差 $\delta f_{ext}(s)$，设置低通滤波器是为了限制惯性传感器的带宽，而误差 $\delta f_{ext}(s)$ 则代表了外部频率估计时产生的误差。误差的产生可能有很多原因，如传感器的标定不精确，或者平台姿态测量误差和时钟误差频率。

图 7.19 所示的深耦合载波环路结构比传统结构在抑制噪声和跟踪带宽上更有优势，这是因为相关噪声和相位噪声不再由同一个传递函数来处理。需要说明的是，该图仅用来分析，并不完全代表环路实现。

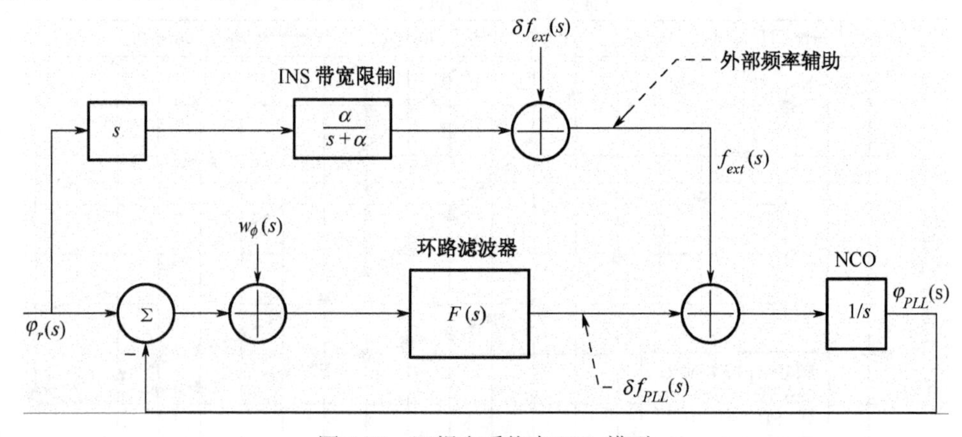

图 7.19　深耦合系统中 PLL 模型

$$\phi_{PLL}(s)=H_3(s)\varphi_r(s)+H_2(s)w_\phi(s) \tag{7.95}$$

$$H_3(s)=\frac{\dfrac{\alpha}{s+\alpha}+\dfrac{1}{s}F(s)}{1+\dfrac{1}{s}F(s)} \tag{7.96}$$

$$H_2(s)=\frac{F(s)}{s+F(s)} \tag{7.97}$$

式中，α 是 INS 带宽限制参数。

从式（7.97）可以看出，当 INS 带宽变得越来越宽时（$\alpha\to\infty$），$H_3(s)$趋向于单位传递函数。这个结果表明由于惯性传感器提供了足够的带宽，跟踪环可以跟踪到用户平台移动引起的相位动态。$\delta f_{PLL}(\mathrm{s})$即为跟踪误差$\delta f_{ext}(s)$的信号形式如下：

$$\delta f_{PLL}(\mathrm{s})=-\mathrm{H}_2(s)\delta f_{ext}(s) \tag{7.98}$$

这时环路滤波器不需要考虑用户高动态所需的带宽。同时，它还可以抑制外部频率估计产生的误差，但跟踪带宽和抑制噪声之间的权衡依然存在。不同的是，在深耦合结构下，跟踪用户平台动态所需的跟踪带宽变窄了，所以跟踪环的噪声抑制性能得到了改进。

在深耦合接收机中，多普勒频率可以通过 INS 和卫星星历数据来估算，所以 INS 辅助的卫星接收机的带宽主要与热噪声、组合导航滤波器估计的速度误差及钟频率误差有关，则总的环路跟踪误差可以表示为：

$$\varepsilon_\phi(s)=(1-H(s))\delta\phi_{ext}(s)+H(s)w_\phi(s) \tag{7.99}$$

式中，$\delta f_{ext}(\mathrm{s})$与$\delta\phi_{ext}(\mathrm{s})$是等价的，只是表达的是估计的多普勒频率误差和相位误差。该误差包含两部分：第一部分误差随着环路噪声带宽的增加而减少；第二部分误差随着环路噪声带宽的增加而增大。对上式的每一项区分处理，则方程可以表示成：

$$\varepsilon_\phi(s)=\varepsilon_{\phi ext}(s)+\varepsilon_{w\phi}(s) \tag{7.100}$$

式中

$$\varepsilon_{\phi ext}(s)=(1-H(s))\delta\phi_{ext}(s) \tag{7.101}$$

$$\varepsilon_{w\phi}(s)=H(s)w_\phi(s) \tag{7.102}$$

$\varepsilon_{\phi ext}(s)$为外部频率估计误差和晶振振动引入的误差；$\varepsilon_{w\phi}(s)$为热噪声和射频 RF 干扰引入的误差。而外部频率估计误差和晶振引入的误差的谱密度可表示如下：

$$S_{\delta\phi ext}(f)=S_{\delta\phi dopp}(f)+S_{\delta\phi A}(f)+S_{\delta\phi vib}(f)+S_{\delta\phi S}(f) \tag{7.103}$$

式中，$S_{\delta\phi dopp}(f)$、$S_{\delta\phi A}(f)$、$S_{\delta\phi vib}(f)$和$S_{\delta\phi S}(f)$分别为估计多普勒频率误差的谱密度函数、晶振相位噪声的功率谱密度、振动引起的相位噪声功率谱密度及电离层闪烁的相位噪声谱密度，后面将给出具体的表达式。

由于载体动态性能绝大部分可由 IMU 来抵消，所以辅助后的载波环路总的跟踪误差可以表示成：

$$\sigma_{PLL}=\sqrt{\sigma_{tPLL}^2+\sigma_A^2+\sigma_v^2+\sigma_S^2+\sigma_{MIMU}^2} \tag{7.104}$$

多普勒估计误差的谱密度模型可以表示为：

$$\sigma_{MIMU}^2=\int_0^\infty\left|1-H(\mathrm{j}w)\right|^2 S_{\delta\phi dopp}(w)\mathrm{d}w \tag{7.105}$$

$$S_{\delta fdopp}(w)=\frac{1}{\lambda_{L1}^2}\left(\frac{-2\left(\ln(\frac{1-k}{\Delta t})\right)\frac{k}{2-k}}{w^2+\left(\ln(\frac{1-k}{\Delta t})\right)^2}\right)3\Delta t_{GPS}\operatorname{var}(V_{GPS}) \tag{7.106}$$

$$S_{\delta\phi dopp}(f)=\frac{1}{f^2}S_{\delta fdopp}(f) \tag{7.107}$$

式中，对于 MEMS（微机电系统）惯导 $k=0.25$，对于战术级惯导 $k=0.01$；Δt 为滤波器更新时间；Δt_{GPS} 为 GPS 测量数据更新的周期；$\operatorname{var}(v_{GPS})$ 为 GPS 速度测量方差。

在深耦合 GPS 接收机中，由载体动态引入的误差可通过 INS 测量多普勒频移将其引入到接收机跟踪环路，使得接收机的动态性和 INS 测量的多普勒频率误差相关。在采用深耦合组合方式 INS 辅助 GPS 接收机载波跟踪环条件下，当载波跟踪环带宽从 18Hz 降到 4Hz 时，接收机的 Costas PLL 跟踪门限大约从 33.5dB · Hz 降到 24dB · Hz 的值上。可以看出，无论是对于宽带干扰还是窄带干扰，GPS 接收机的抗干扰能力都提高了大约 10dB。当接收灵敏度为-160dBW，加速度为 10g，晶振使用的是 OCXO，相干积分时间为 1ms，深耦合三阶环路带宽为 4Hz 时，跟踪阈值为 24dB · Hz。当干扰为宽带，码速率采用 C/A 码码速率时，对应的干信比为 39.1dB，码速率采用 P 码码速率时，对应的干信比为 49.1dB。取积分时间为 2ms，则对应的干信比为 52.1dB。深耦合三阶环路比紧耦合三阶环路抗干扰性提高了 9.9dB。

7.3.3 组合导航抗干扰能力仿真分析

接收机抗干扰性能直接由接收机载波环的跟踪阈值决定，接收机载波环的跟踪阈值与接收机载波环的测量误差直接相关。整个接收机的跟踪阈值受环路热噪声、振荡器相位噪声、阿伦偏差相位噪声、动态应力误差等的影响，同时与接收机载波环的环路阶数、积分时间相关。紧耦合与深耦合的抗干扰性能同样通过载波环路辅助实现的环路变窄、动态应力误差减小实现提高的。下面对不同条件下接收机的跟踪阈值进行分析，从而对紧耦合与深耦合的抗干扰能力进行比较。

紧耦合与深耦合抗干扰能力仿真主要围绕其在相同条件下的抗干扰性能开展分析。整个仿真的前提条件是载波环路阶数为三阶，相干积分时间是1ms，接收信号灵敏度为-160dBW，晶振使用的是 OCXO。

加加速度为 5g/s、紧耦合三阶环路带宽为 18Hz 时，跟踪阈值为 30.0dB · Hz，当干扰为宽带，码速率采用 C/A 码码速率时，对应的干信比为 32.9dB，码速率采用 P 码码速率时，对应的干信比为 42.9dB。深耦合三阶环路带宽在 4Hz 时，跟踪阈值为 24dB · Hz。当干扰为宽带，码速率采用 C/A 码码速率时，对应的干信比为 39.1dB，码速率采用 P 码码速率时，对应的干信比为 49.1dB。深耦合三阶环路比紧耦合三阶环路抗干扰性提高了 6.2dB。仿真结果如图 7.20 所示。

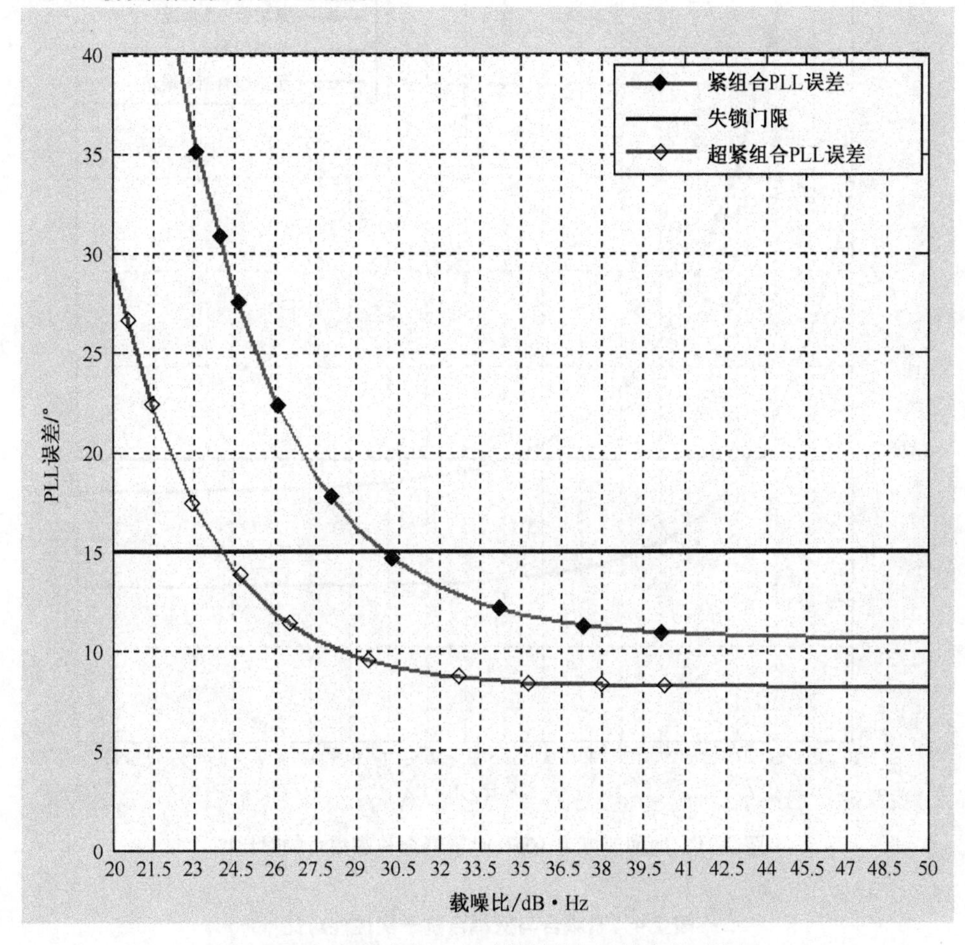

图 7.20　加加速度为 5g/s 时紧耦合与深耦合的对比图

加加速度为10g/s 时，紧耦合三阶环路带宽为 18Hz 时，跟踪阈值为 33.5Db · Hz。当干扰为宽带，码速率采用 C/A 码码速率时，对应的干信比为 29.2dB。码速率采用 P 码码速率时，对应的干信比为 39.2dB。深耦合三阶环路带宽为 4Hz 时，跟踪阈值为 24dB · Hz。当干扰为宽带、码速率采用 C/A 码码速率时，对应的干信比为 39.1dB。码速率采用 P 码码速率时，对应的干信比为 49.1dB。深耦合三阶环路比紧耦合三阶环路抗干扰性提高了 9.9dB。仿真结果如图 7.21 所示。

通过以上仿真分析，紧耦合与深耦合的抗干扰性能对比如表 7.4 所示。其中紧耦合是接收机本身的抗干扰能力，深耦合为组合后抗干扰能力的提高。

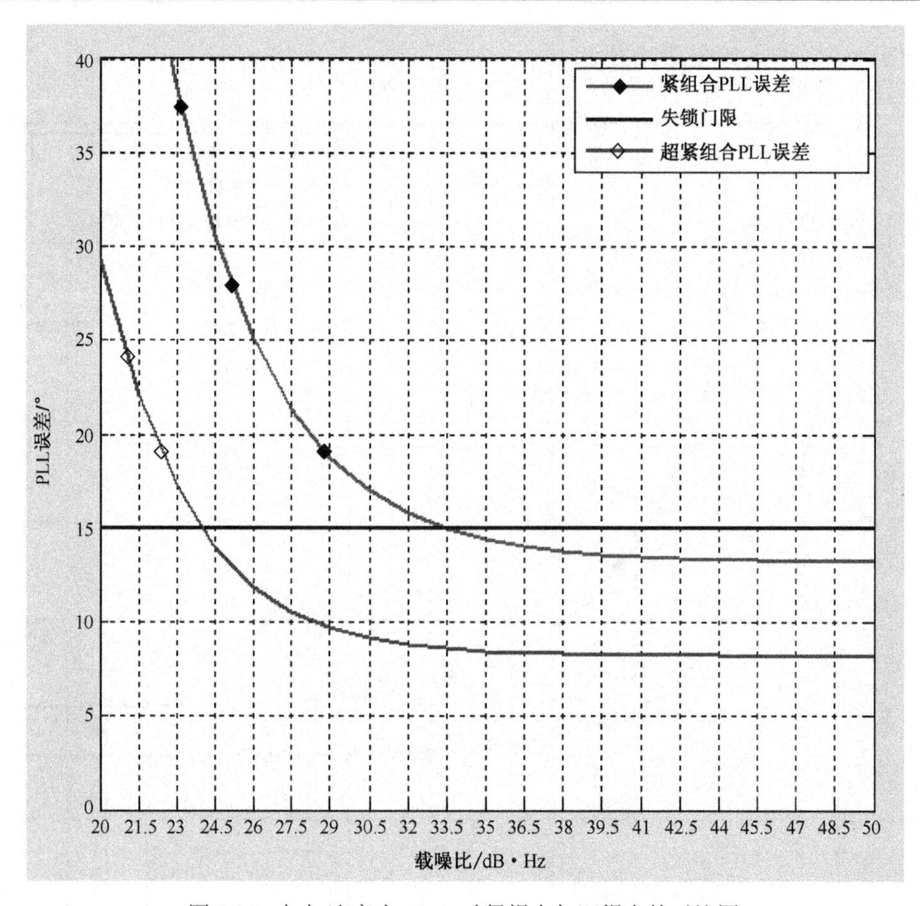

图 7.21　加加速度为 10g/s 时紧耦合与深耦合的对比图

表 7.4　紧耦合与深耦合抗干扰性能对比

辅助类型	加加速度	环路带宽	晶振类型	码类型	跟踪阈值	干信比
紧耦合	5g/s	18Hz	OCXO	C/A 码	30dB · Hz	32.9dB
深耦合	5g/s	4Hz	OCXO	C/A 码	24dB · Hz	39.1dB
紧耦合	10g/s	18Hz	OCXO	C/A 码	33.5dB · Hz	29.2dB
深耦合	10g/s	4Hz	OCXO	C/A 码	24dB · Hz	39.1dB

7.3.4　惯导精度对抗干扰影响分析

惯导精度对抗干扰性能影响分析为惯导测量单元及陀螺仪的选择提供直接参考。对于抗干扰性能的影响评估，仍然根据接收机跟踪的阈值来进行判决。当接收灵敏度为 -160dBW、加加速度为 10g/s、晶振使用的是 TCXO、相干积分时间为 1ms、深耦合三阶环路带宽在 4Hz、惯导使用精度为 0.005°/h 的激光惯导时，跟踪阈值为 28.046dB ·Hz;

当干扰为宽带、码速率采用 C/A 码码速率时，对应的干信比为 34.951dB；码速率采用 P 码码速率时，对应的干信比为 44.951dB。深耦合三阶环路带宽在 4Hz，惯导使用精度为 2.5°/h 的 MEMS 惯导时，跟踪阈值为 28.048dB · Hz。当干扰为宽带、码速率采用 C/A 码码速率时，对应的干信比为 34.949dB；码速率采用 P 码码速率时，对应的干信比为 44.949dB。仿真结果如图 7.22 所示，实线为惯导使用 MEMS 的抗干扰结果，星号为惯导使用高精度激光陀螺时的结果。

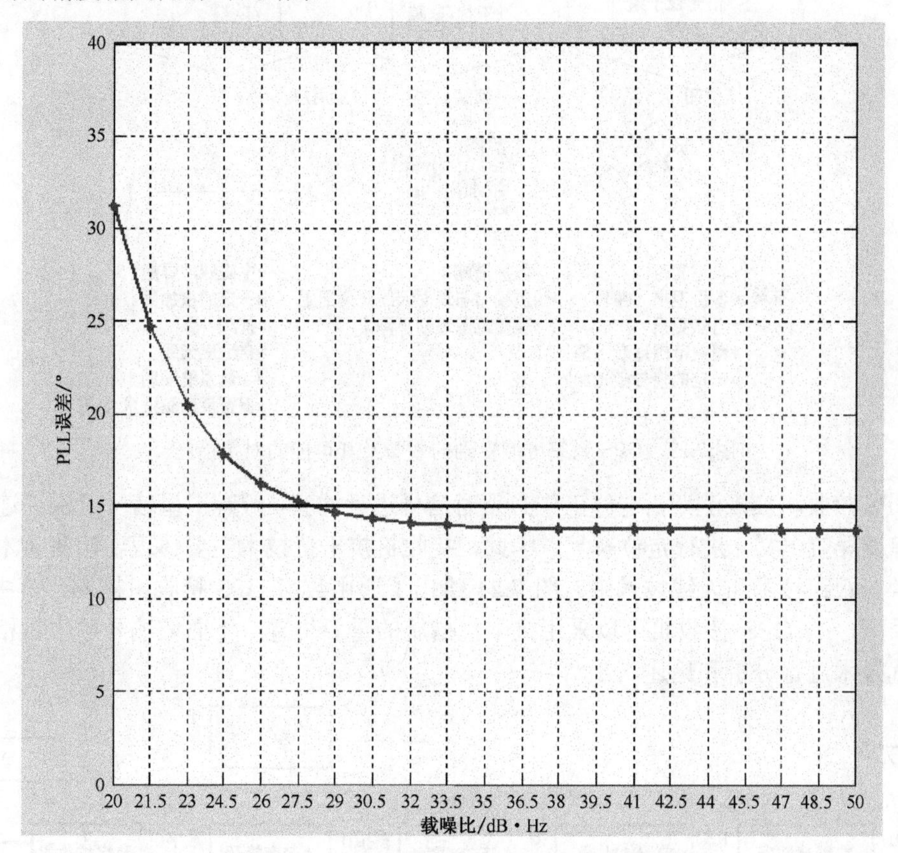

图 7.22　惯导精度对抗干扰影响对比图

由以上仿真可以看出，惯导的精度对抗干扰性能的影响很小，实际工程中也是这样的。惯导单元对接收机的动态辅助均为线速度，对角速度动态辅助不敏感，因此陀螺的经典对接收机抗干扰性能的影响非常小。

7.4　GPS 接收机的抗干扰技术

美国对 GPS 系统可能受到的威胁及其可能的对抗措施做了图 7.23 所示的分解，其中包括在空间段、控制段和用户段可能受到的威胁和相应的对策。从原则上来说，未来的导航战可能在所有这些方面展开。由于对 GPS 导航星进行干扰具有较大的难度，当前对 GPS 实施的干扰主要针对的是 GPS 接收机。因此，在 GPS 接收机的设计中采用一定的抗干扰措施至关重要，GPS 抗干扰技术研究的重点是如何增强 GPS 接收机的抗干扰能力。

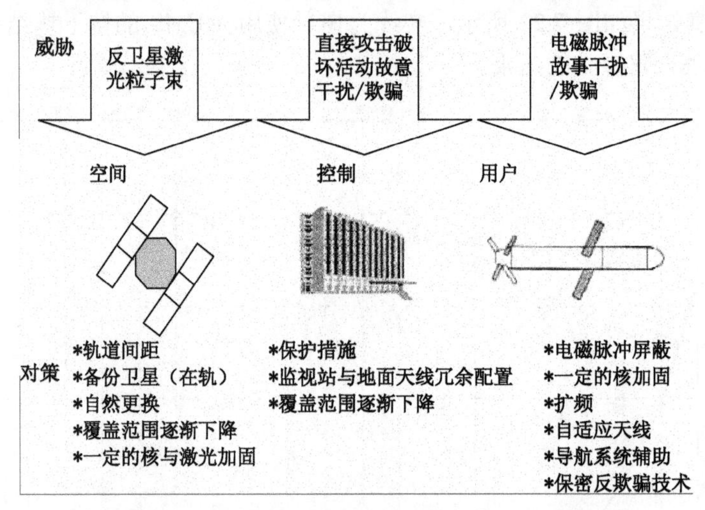

图 7.23　GPS 系统可能受到的威胁及其可能的对抗措施

GPS 接收机实现测距、定位工作必须对信号进行捕获，跟踪卫星信号以保证连续测距，解调导航电文，进行定位解算，因此，接收机抗干扰技术主要体现在检测技术、滤波技术、跟踪技术和天线技术中。图 7.24 给出了通用数字 GPS 接收机框图，其中有 5 个编号区，是 GPS 接收机可以采用抗干扰措施的重要位置。下面依编号顺序对相应的抗干扰技术进行分析和论述。

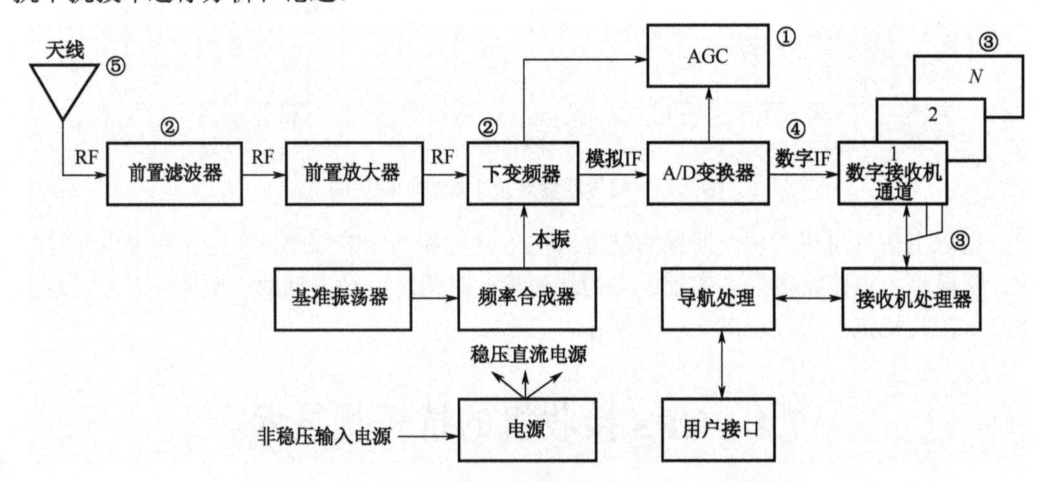

图 7.24　有 5 个抗干扰技术位置的通用数字 GPS 接收机

7.4.1 射频干扰检测技术

射频干扰检测技术用干扰/噪声功率比（J/N）计量表确定 J/N 的大小，并根据 J/N 的大小进行相应的参数控制。J/N 计量表是在图 7.24 中编号①所示的自动增益控制（AGC）区实现的。J/N 计量表测量的是正在通过 GPS 接收机天线和前端的综合射频干扰电平，是一种十分可靠的指示器。为了实现 J/N 计量表，必须把末级中频（IF）输出到 AGC 放大器上的 AGC 控制电平数字化，并使接收机具备相应的处理功能。

射频干扰检测工作原理如下。如果 AGC 控制电平与热噪声均方根（rms）电平不同，说明一些其他较强的信号正在控制 AGC。因为 GPS 信号全都大大低于热噪声电平，所以如果存在较强的信号，就应是射频干扰。只要精确地测量 AGC 控制电平提供的 J/N 值，就可以很好地估计出干扰/信号功率噪声比（J/S）。

J/N 计量表的设计应包括封闭输入信号的手段和内置的大、小功率测试音，这些手段和测试音可以在 AGC 的前面接入。信号封闭使校准 IF 热噪声背景成为可能。因为 AGC 必须补偿接收机前端的增益及噪声系数与输入信号的变化，所以校准是必要的。两种电平的测试音可用于校准 AGC 控制电压随信号功率电平的增加而变化的斜率。因为 AGC 控制电压斜率是易变化的，所以这种校准也是必要的。由于校准与跟踪 GPS 信号是不兼容的，每次接收机加电或重新初始化时都应进行校准。

从 AGC 控制电平获得的 J/N 测量值与接收机跟踪卫星无关。为了确定射频干扰的存在，接收机不必跟踪 GPS 卫星。在存在与卫星跟踪无关的射频干扰情况下，J/N 计量表使 GPS 接收机自适应地调节其搜索和跟踪策略成为可能。一部设计良好的具有抗干扰特性的 GPS 接收机，应具有使接收机捕获和跟踪策略最佳化的模式转换能力，以最好地对付检测到的射频干扰电平。

7.4.2 前端滤波技术

采用前端滤波技术能使 GPS 接收机免受大功率发射机的干扰，这种干扰相对 GPS L 频段频谱分配来说属于带外干扰。图 7.24 中编号②所示的无源前置滤波器应具有截止和抑制带外大功率的深带阻特性。在天线和前置放大器之间放置无源滤波器会导致性能降低。每 1dB 的插入损耗会使接收机噪声系数增加 1dB，使跟踪门限降低 1dB。腔体滤波器具有很低的插入损耗和极好的带阻抑制特性，可能是解决带外射频干扰问题效费比的最佳方法。

除前置滤波器之外，在每个本地振荡器（LO）混频级前后都需要滤波。当下变频过程接近末级中频时，可能综合出非常窄的滤波器带宽。理论上，接收机带宽必须是无限的，以便借助相关过程恢复所有的扩频能量。通常用于 GPS 接收机前端带宽的经验值是基码速率的两倍：C/A 码接收机的双边带宽为 2.046MHz，而 P（Y）码接收机的双边带宽为 20.46MHz。如果用锐截止滤波器把双边带宽从这些经验值降到 1.7MHz（C/A

码）和 17.0MHz（P（Y）码）的通带，信噪比损失还不到 0.1dB。下变频器的这种窄带滤波不仅能提高接收机的抗带外射频干扰性能，而且较窄的阻带频率还能降低中频 A/D 变换过程中的奈奎斯特采样限制。

在前端滤波技术中，比较典型的是脉冲干扰抑制技术。脉冲干扰源的特点是低占空比和高能量级。雷达发射机是脉冲干扰的一个典型例子。高能级因外部产生的谐波导致带内干扰。如果发射机靠近 GPS 天线，它的能量还能超过前置滤波器抑制带外射频干扰的能力。一种较好的设计方法是采用限幅器，一般把 PIN（微波）二极管放在前置放大器的前面，以防其受到过量的干扰。该限幅器对于正常信号和大多数射频干扰信号而言是开路的，但它能钳位大功率信号。只要接收机能很快从脉冲干扰中恢复过来，低占空比干扰的钳位动作一般不会对 GPS 接收机产生较大影响。

脉冲干扰机的限幅动作俘获 GPS 接收机前端，俘获信号压倒了 GPS 信号与随机噪声的信号统计性质，从而使 GPS 接收机无法成功地进行相关处理。由于这种限幅动作发生的时间仅占很小的百分比，如果接收机前端是防损伤的并且未进入饱和状态，脉冲干扰不会对 GPS 接收机产生较大影响。假定基带跟踪环鉴别器在信号波动很大期间是牢固的，C/N_0 的损失就与脉冲干扰机的占空比成正比。

7.4.3　码/载波跟踪环技术

码/载波跟踪环技术通过将接收机的预检测带宽和码及载波跟踪环滤波器带宽变窄的办法来提高抗干扰性能。码和载波跟踪环在图 7.24 的编号③所示的数字接收机通道和接收机处理器实现。

在减小这些带宽的同时也减小了每个通道能承受的视距动态范围。动态范围的损失可以通过外部导航系统提供的精确速度来补偿。如果把来自外部导航系统的精确速度辅助提供给跟踪环，将会完全消除来自接收机跟踪环的动态应力。对于未经辅助的接收机来说，可通过提高环路滤波器阶数得到一定程度的减轻。

1．内部辅助提高

码环载波辅助是 GPS 接收机设计中常见的内部辅助提高方法。因为在减小码环带宽的同时伪距测量的热噪声也降低了，从而提高了导航定位精度。为了使接收机通道工作，码环和载波环二者必须同时保持跟踪，所以码环载波辅助并不改善抗干扰性能。

2．外部导航辅助提高

GPS 接收机的外部辅助给其导航功能提供了附加解，从而在射频干扰条件下提高了系统的抗干扰能力。惯性测量单元（IMU）、多普勒雷达和空速/气压高度表/磁罗盘传感器都是能与 GPS 组合使用的导航传感器。

IMU 是自主式的，所以不受射频干扰的影响。其缺点是：IMU 必须进行初始对准，并且具有与时间 3 次方成正比的短期（小于 0.1 个舒勒周期）漂移。

多普勒雷达能提供真地速和真地平面以上的高度。多普勒雷达易受射频干扰的影响，必须进行初始化，而且它具有与时间成正比的短期漂移。

空速/气压高度表/磁罗盘传感器是自主式的，因而不受外部射频干扰的影响。它能提供海拔高度、空速和航向，但其精度很差。

水速指示器（电磁计程仪）、海底跟踪多普勒声呐和里程计/速度传感器在与航向传感器相结合时，可提供速度辅助。它们都不受外部射频干扰的影响。水速指示器的精度很差。用陀螺罗盘提供精确航向，多普勒声呐和里程计可提供中等的速度精度。

GPS 是一种绝对的三维导航系统。GPS 接收机利用在其载波跟踪环中实现的锁相环（PLL）工作，实际上没有漂移。在 GPS 接收机和其他外部导航传感器之间存在着自然的协作关系。例如，在紧耦合的 GPS 接收机和 IMU 之间可以分享一个导航滤波器。

GPS 能使 IMU 初始对准甚至实时地校准 IMU，以防由于 IMU 漂移而产生导航误差积累。IMU 能辅助 GPS 接收机，消除其跟踪环所产生的大部分载体的动态。由于降低了有效动态，由 IMU 辅助的 GPS 跟踪环能在噪声带宽很窄时工作，从而将其跟踪门限 C/N_0 降到较低的水平。较低水平的 C/N_0 跟踪门限提高了 GPS 接收机的抗干扰能力。当射频干扰严重致使 C/N_0 降到接收机的门限以下时，刚经校准和对准过的 IMU 在 GPS 信号暂时中断期间维持导航功能。与未经辅助的情况相比，距离和多普勒不确定性在 GPS 信号中断期间的增长很小，所以还能帮助 GPS 接收机在穿过射频干扰之后迅速重新捕获卫星信号。

3．载波跟踪闭环辅助

精密的外部导航辅助能给载波跟踪闭环提供精确的速度辅助（这又会辅助码跟踪环），因而能消除载波跟踪环的动态，从而允许将载波跟踪环的阶数降至二阶。另外，噪声带宽可能比无辅助情况窄得多，这将同时改善码和载波的跟踪门限。改善了的跟踪门限能在射频干扰电平较高的情况下提供精确的 GPS 速度测量值。因此，精密的 GPS 速度测量又使 IMU 在射频干扰电平较高的情况下继续得到精确 GPS 速度测量的校准。对于军事武器应用来说，干扰电平通常会随武器接近目标而增加。在干扰电平最终压倒 PPL（精确单点定位）GPS 接收机的任务末段期间，IMU 将不得不提供导航测量值。因为 IMU 最近才校准和对准过，所以，它会更精确地完成末段导航功能。对于商业 SPS（标准定位服务）GPS 接收机Ⅱ类和Ⅲ类着陆应用来说这种技术是重要的，因为在这类应用中，GPS 接收机的精密的载波多普勒相位测量可以坚持到更低的门限 C/N_0。

4．载波跟踪开环辅助

在干扰严重的情况下，更为可靠的弱信号捕获策略是打开接收机载波跟踪环，用精密的外部速度辅助维持载波数控振荡器（NCO），并继续向码跟踪环提供速度辅助。在这种情况下，接收机通道没有了 δ 距离测量值，校准 IMU 就不再可能了。利用外部速度辅助降低码环滤波器带宽可使抗宽带（高斯）干扰的能力得到改善。在有三个复相关器（I 和 Q）的常规接收机方案中，可利用 J/N 计量表使码跟踪环发生自适应的改变来完成。另一种 IMU 辅助器载波跟踪开环技术不用 J/N 计量表，自适应地改变码环带宽，叫作扩展距离自适应跟踪。这种技术使用了基于从复相关器中获得的统计量的协方差算法。这种算法根据干扰功率的瞬时值相应地调节码环滤波器带宽，同时又对因外部速度辅助中的误差引起的码环残差进行动态校正。两种技术同等有效。

7.4.4　窄带干扰处理技术

瞬时滤波采用与 J/N 计量表相同的原理来检测射频干扰的存在，即预料干扰信号会高于热噪声电平，而热噪声总是高于 GPS 信号电平。瞬时滤波是在图 7.24 中编号④所示的数字 IF 区实现的。这种设计只能有效地抗窄带射频干扰。

瞬时滤波处理是通过用横向滤波技术对数字化 IF 信号进行处理来完成的。时域信号处理的另一种变形叫作频谱幅值域处理。如果没有射频干扰，热噪声幅度将是十分均匀的。如果信号中有窄带干扰，它将通过幅度异常表现出来。这种异常能够用上述两种技术中的任何一种自适应地滤除掉，从而把窄带射频干扰有效地减少到热噪声电平。如果信号中有宽带射频干扰，即使用 J/N 计量表能检测出来，瞬时滤波也不能将其与热噪声区分开来。只有速率辅助的码/载波跟踪技术和天线抗干扰技术才能有效地阻止宽带射频干扰。

7.4.5　天线抗干扰技术

天线抗干扰技术可在图 7.24 中编号⑤所示的区域实现。这种技术通常要采用自适应天线阵。一种类型叫作波束控制阵，它使天线增益的窄波束指向所跟踪的每颗卫星，不但能消除干扰，而且可对卫星进行跟踪。这种技术比调零技术先进，抗干扰效果更好。但这种天线阵包含许多天线单元，十分昂贵，因为它对于大多数 GPS 应用来说是不实际的。

另一种类型叫作受控接收场形天线（CRPA）。CRPA 包括物理上排列成一个阵的多个天线单元，能使增益零点指向干扰机。与这种阵相关联的是每单元有一个低噪声前置放大器，以及综合的信号处理电子设备。CRPA 电子设备为该阵的每个单元提供相位控制。当无外部射频干扰时，CRPA 实际上建立起近乎均匀的半球增益方向图。

CRPA 电子设备以与前述 J/N 传感器相同的方式检测在 GPS L 波段范围存在的任何射频干扰。自适应天线阵的目标是使其半球增益图中的零点指向每个外部干扰源。它能控制的零点数受限于 CRPA 中的单元数。一般来说，有 N 个单元的 CRPA 能控制 $N-1$ 个零点。零点的深度受到同时受控的零点数的限制。对于军用航空 GPS 接收机来说，必须考虑会有多个干扰源，因此，需要采用多单元 CRPA。例如，如果某个军用 CRPA 含有 7 个单元，从理论上讲，它就能控制 6 个零点，指向 6 个不同的干扰源。在 CRPA 射频和中频电子线路的高度专用方案中，需要使用许多昂贵的器件。军用 CRPA 的价格一般比与其相对应的 GPS 接收机高许多倍。如果指向所跟踪卫星的视线正好处在指向干扰机的零点区内，卫星信号就会与干扰信号一起被抑制，但这比所有卫星信号都被干扰机淹没要好。

对消器也是一种天线零点控制技术，它采用一个基准天线和一个或几个感测天线。基准天线在指向包含卫星的区域的增益最大，而每个感测天线在指向预测有干扰源的区域增益最大。通过与每个感测天线所获得的同样一些干扰信号相减，基准天线中的干扰信号被对消。如果相对于含 GPS 卫星的（近乎半球）区域来说，含干扰源的区域是可预测的，并且它们重叠很少，那么，对消器技术的效费比是很高的。

参 考 文 献

[1] Cormen, T. , C. Leisersen, and R. Rivest, Introduction to Algorithms, Boston: MIT Press, 1990.

[2] Mattos, P. G. , Solutions to the Cross-Correlation and Oscillator Stability Problems for Indoor C/A Code GPS, Proceedings of International Technical Meeting of Satellite Division of the Institute of Navigation, 2003: 654-659.

[3] Psiaki, M. L. , Block Acquisition of Weak GPS Signals in a Software Receiver, ION GPS, Salt Lake City, 14th International Technical Meeting of Satellite Division of the Institute of Navigation, 2001: 2838-2850.

[4] Madhani, P. H. , etal. , Application of Successive interference Cancellation to the Pseudolite Near-Far Problem, IEEE Trans on Aerospace and Electronic Systems, Vol39 , No. 2 , April 2013: 481-488.

[5] Papoulis, A. Probability, Random Variables, and Stochastic Processes, 3rd ed. , New York: WCB McGraw-Hill , 1991.

[6] B. C. Arnold, and N. Balakrishnan, Relations, Bounds and Approximations for Order Statistics, New York: springer-Verlag, 1989.

[7] Van Trees, H. L. , Detection, Estimation, and Modulation Theory, New York: John Wilev&Sons, 1968.

[8] Brown, R. G. , and P. Y. C. Hwang, Introduction to Random Signals and Applied 1Calman Filtering, New York: John Wiley&Sons, 1992.

[9] A. J. Van Dierendonck, J. B. McGraw, and R. G. Brown, “Relationship between Allan

Variances and Kalman Filter Parameters, " Proc. 16th PTTI Application and Planning Meeting, NASA Goddard Space Flight Center, November 27-29 , 1984 , Greenbelt , MD: 273-293.

[10] Psiaki, M. L. , and H. Jung. Extended Kalman Filter Methods for Tracking Weak GPS Signals. Proc. ION GPS, Portland, OR, September 24 -27, 2002: 2539 -2553.

[11] Lin, D. M. , and J. B. Y. Tsui. A Software GPS Receiver for Weak Signals, Proc. IEEE MTTS Digest, 2001, Phoenix, AZ, May20-25. 2001: 2139-2142.

[12] Maybeek, P. S. , Stochastic Models, Estimation, and Control. Vol. 2, Burlington, MA: Academic Press, 1982.

[13] Maybeek, P. S. , Stochastic Models, Estimation, and Control. Vol. 1, Burlington, MA: Academic Press, 1979.

[14] NAVSTAR GPS Space Segraent, Navigation User Interface Control Document (ICD-GPS-200).

[15] Parkinson, B. , and J. Spilker. Global Positioning System: Theory and Applications, Washington, D. C. :AIAA, 1996.

[16] 陈军，易翔，梁高波．GPS 惯性导航组合．北京：电子工业出版社，2011.

[17] 陈军，葛海龙．通信对抗装备试验．北京：国防工业出版社，2009.

[18] 王婷婷．GPS 干扰与抗干扰技术发展现状分析．指挥控制与仿真，2008.

[19] 丁金军．GPS 干扰与抗干扰技术发展现状分析．硅谷，2012.

[20] 齐志强．全球定位系统的抗干扰技术研究．电子设计工程，2011.

[21] 刘海波，吴德伟，董成喜．GPS 抗干扰技术发展趋势．火力与指挥控制，2011.

[22] 陈志军，许坚，韩政．GPS 自适应天线阵在动态实时抗干扰中的应用研究．测绘信息与工程，2007.

[23] 党明杰．自适应调零天线技术在组合导航抗干扰中的应用．全球定位系统，2008.

第 8 章　卫星导航与定位技术的应用

几十年来，卫星导航系统取得了惊人的发展，展示出了全球覆盖、精度高、仪器设备简便、观测方便、全天候作业等优点，在各个领域获得了长足发展，远远超出了设计者的最初设想。从纯粹的商业到高端科学，卫星导航系统在不同的应用领域时时处处展示了优良的性能。本章以成熟的 GPS 为例，主要介绍卫星导航定位技术在各个领域的应用。

8.1　传 统 应 用

GPS 最初设计的目的是军事应用，更精确地说是为洲际导弹提供很好的发射位置。而实际上，早期的系统也规划并实施了民用能力，主要用于商业航海。但是在当时，因为接收机十分昂贵并且其性能不够好，所以没有在其他市场领域发展起来，只有航海领域对此感兴趣。后来，随着精度的提高和成本的降低，其他领域如陆上运输也开始对定位系统产生兴趣。

随着接收机的大批量售出，大量公众应用产生了巨大的经济利益。此外，一些专业领域，如测绘或民用工程，很快看到了定位系统高精度和测量的方便性等优势，也开始大量采用卫星导航定位系统。遗憾的是，当初由于 GPS 信号的选择可用性（SA）政策，使得系统的定位精度降低。此外，除了军用信号，在 L2 频点上没有民用信号（只有用于军用的 P 码），民用信号不能使用两个频率。因此，一些组织决定寻找一种克服 SA 和 P 码的方法。这就诞生了如差分方法或无码处理的技术，今天这些技术仍然广泛用于一些专业领域。

现在，全球导航卫星系统已经接近成熟。大量基于 GNSS 具有定位功能的产品进入市场，如高灵敏度接收机或 SBAS 的广泛使用和持续发展，促使 GNSS 更迅速地发展。

8.1.1　军用海事应用

在前面章节已经介绍，用于定位和导航的卫星系统，其发展是为了满足海上惯性洲际导弹的军事需求，为其发射起点提供足够精确的位置。当时的陆基系统（如罗兰）也能达到该目的，但是覆盖范围有限。

8.1.2　最初的商业海事应用

子午仪（TRANSIT）卫星系统军事投入使用三年之后，美国政府决定将子午系统对民用开放，特别是对商用海事舰船。使用自动定位装置的主要好处是可以优化海上航线，当然也能增加恶劣天气条件下的安全系数。

考虑到这一实际情况，美国发展的卫星定位系统从 1967 年开始对民用开放，而且是持续的免费使用。但是，快速增长的应用市场和经济需求使得军用系统已经不再令人非常满意了。

8.1.3　海事导航

最初对 GPS 感兴趣的应当是从事航海领域的人员。与先前的计算定位相比，GPS 定位系统的定位精度更精确，而且具有更高的安全性能。由于接收机的价格较低，GPS 技术在休闲娱乐的船只上也得到了广泛应用。

典型的海事应用（见图 8.1）包括近海平台营救和补给、巡航定位、航道挖掘或近海平台的定位和监控。

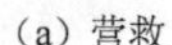

（a）营救　　（b）商业活动

图 8.1　典型的海事应用

其他的典型应用还包括将 GPS 接收机和专用传感器如雷达、回声测深器、鱼群探测仪等组合起来使用。因为不像在其他地方可以利用地图匹配等技术，海上使用的接收机通常是相当简单的。一个附加系统是 AIS（自动识别系统），所有超过 300 吨的船只和所有客船必须装备 AIS 转发器，持续发送船只身份、航线、位置和速度数据。所谓的 AIS 雷达的主要目的是使舰艇显示来自附近海域船只的信息。典型的屏幕显示如图 8.2 所示。通过单击屏幕上任何已知船只，能够获得该船只所有的相应数据。此系统能够显示船只的航线，执行机构能够相当容易地画出航线与船只尾波中任何可疑浮油间的平行线。

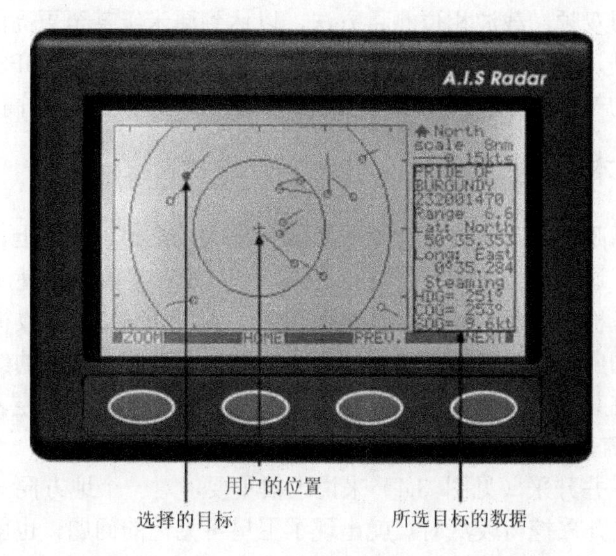

图 8.2　一个 AIS（自动识别系统）显示屏示例

8.1.4　时间相关应用

第一个关于时间要求的 GPS 规范出现于 20 世纪 70 年代早期。给定获取准确估计距离的技术方法，需要在所有卫星和地面站之间保持很好的时间同步。此外，位置解向量与接收机相对于 GPS 时间的时钟偏差有关。对于 GPS 接收机来说，时间精度和距离误差估计数量级是相当的，都是几十纳秒，实际的观测值甚至更好，通常小于 10ns。这就是 GPS 接收机是一种极好的同步工具的原因。

对时间同步要求很高的领域有地震研究、通信网络，还有银行或金融业等。时间和定位之间的紧密联系是人们日常生活未来变革的实质，不仅是因为要获得精确的定位就必须涉及精确时间，而且充分、合理地利用时间是现代生活中人们追求的主要目标。

以远距离通信为例，发射机将发射信号的时间发送给接收机，目前主要通过使用所谓“同步比特”或“序列”完成。没有同步，接收机就无法辨别信息。这种方法用于同步的比特位需要占用一定的资源，同时也需要足够的可用带宽。在需要时间同步达到微秒级的情况下，还是可以考虑的，但是若要时间同步达到纳秒级就不行了。现在假设每个移动电话都装配一个用于导航的 GPS 接收机，到时就可以实现纳秒级的时间同步功能，并且比现在的性能要好得多。

8.1.5 测地学

解决了坐标系问题，GPS 接收机就可以很方便地跟踪地震情况。GPS 接收机也是测地制图或地形测量（测绘）时一种非常有用的工具，但在这一应用领域需要一个高精度的接收机，如采用双频、载波相位测量方法，以达到厘米级甚至更高的精度。

值得注意的是，这些基于陆地的应用与最初的应用领域不同。GPS 的发展增加了潜在用户数量，而用户群体也为了满足自己的需求而提议改进技术，如高精度方面的需求。

8.1.6 土木工程

土木工程领域是使用高精度定位接收机的另一大用户群。事实上，在没有高精度定位接收机情况下，这一领域的工作也可以完成，但 GPS 接收机的使用大大简化了一些步骤，如用混凝土桅杆进行初始定位（见图 8.3）。高精度 GPS 接收机（达到厘米级）现在有了许多不同应用要求，如道路不同层（沙石、沥青等）高度的绝对定位，当前卫星导航定位系统在某点只有上面的道路层才能定位，而下面的道路层不可能进行定位，这时 GPS 系统覆盖范围的局限性就凸显出来了。

定位对地下矿井开采（见图 8.4）来说也很重要，对一个地方同一高度的挖掘开采有所帮助。当矿井开采挖得较深时，就出现了卫星可见性的问题，也就是说，没有足够多的可见卫星，或没有达到最少卫星数量或精度因子过大。在这样的情况下，可能需要使用伪卫星技术。

图 8.3　高精度 GPS 接收机的土木工程应用

图 8.4　矿井开采

8.1.7　其他陆基应用

高性能单频接收机的最初应用领域之一就是农业（还有渔业，它们对精度的需求相当）。其主要的应用是，优化化肥和其他药剂喷洒的分析工具，以及对休耕土地的管理。这些应用被安装到拖拉机或其他农用机械上，农用机械移动缓慢，有足够的电力供给接收机，接收机典型的精度为 1m。在这些应用中有一些特殊的应用软件，能够将农作情况用图形显示出来，也能对耕作进行自动时间提醒。

前面介绍的这些应用不是真正动态的，它们有的是静态的（土木工程、时间相关等），有的则移动十分缓慢（如海事或农业的）。当涉及道路领域，或者说是运输领域（见图 8.5）时，载体移动速度增加后，就不得不把速度因素考虑进去。

图 8.5　运输应用

汽车工业内 GNSS 技术的第一个陆基应用是导航系统，这将在 8.2 节中介绍。GNSS 接收机在交通运输领域的另一个用途就是今天仍在使用的车队管理系统，其思想是将 GNSS（最早使用 GPS）接收机和远程通信系统组合起来，卫星导航部分获得安装接收机的交通工具自身定位结果，远程通信部分将获得的所有定位数据传送到中心管理单元。因此，中心控制器可以实时显示车队的状况和定位报告。

交通运输领域中运用导航系统的首先是各种执行运送任务的货车车队，后来是出租车公司或公共汽车车队。就像本章后面所要介绍的，导航系统的首次尝试就导致了汽车工业的迅速发展。对于货车，使用导航系统的主要目标是跟踪货物并核查路线，以及监视和追回失窃的货物。对于出租车车队，导航系统的目标是优化对乘客的服务，优化他们的时间并确保出租车快速到达，调度系统掌握车队中所有出租车的位置，确保有一辆车迅速到乘客所在地。当然，要达到这样的目标，除了给出出租车定位的位置和时间信息之外，还需要许多其他数据，如出租车是否载客、相关的道路是否畅通等。在所有这些感兴趣的数据中，实时的交通路况信息非常重要。

与货车、出租车相比，公共汽车车队使用导航系统的目的有所不同。公共汽车管理系统缺少乘客方面的集中信息，乘客也很难计划所需乘坐的不同公共汽车路线。还有重要的一点是当公共汽车在专用车道（如目前在法国越来越普遍）行驶时，给出到达所有车站的准确时间是十分容易的；但在“开放”车道上行驶时做不到这一点。因此，当乘客到达一个公共汽车站，他不确定公共汽车是否已经离开。因此，需要有一个系统能提供给乘客关于车辆的某些信息，如下一辆公共汽车何时到达，或如何到达目的地、还要多长时间到达等信息。为了将所有这些数据传送给中心处理单元，要对所需传输的数据进行处理，特别是重复的位置数据，这就产生了通信链路问题。因此，在导航系统应用中还要考虑配套的信息传输和管理系统，用于信息的封装、同步、完好性核查和地址分配。

8.2　个 人 应 用

前面介绍的应用大部分是专业方面的。这是由于最初的接收机相当昂贵并且所能达到的定位精度没有对民用开放。因此，只有专业的或小范围的高科技群体有足够的资金、兴趣和技术投入到这一新的定位领域中。

截止到 20 世纪 90 年代，工业界发现涉及个人应用的主要市场：步行或骑行和汽车导航。步行或骑行中的应用不需要进行专门的开发，仅需要一个方便用户的界面，将定位信息储存并将旅行者的位移显示出来，这样很快就打开了市场。汽车导航的需求就有点严格了，它需要大量的地图和数据库储存地址。不过，使用 GPS 信号的早期，这个应用就已经在发展了，并已日趋成熟。同时，这一领域还出现了一些更特殊的应用（旅行信息系统、能在掌上电脑（PDA）上运行的蓝牙 GPS 接收机、集成到移动电话上的

GPS 接收机等）。随着基于民用的 Galileo 导航系统的出现，GNSS 应用有了新的提升。Galileo 系统设法寻找所谓的“杀手锏应用”，所有的应用均和 GPS 实现互操作，主要提供公共服务（OS）、生命安全服务（SoLS）、商业服务（CS）、公共特许服务（PRS）及搜救服务（SAR）。

8.2.1　汽车导航（引导和服务）

汽车导航系统一般由数字地图库、定位模块、路径引导模块、人机界面模块、路径规划模块、地图匹配模块等模块组成，前四个模块是系统的基础部分，后两个是附加模块。

数字地图更新的费用很高，目前只有少数大公司可以做到。数据库的花费取决于地图的大小，但它在总费用中仍占很高的比例。在商业应用中，开发者每三个月提供一次地图更新而工业上每六个月更新一次，大量市场用户实际上并不那么频繁地更新。

汽车导航系统不仅是个定位设备（并且只占系统总费用中很小的一部分），但是定位设备的质量决定了系统的性能。定位模块并不仅是 GNSS 接收机，汽车内置系统通常比便携设备要昂贵一些，也能够提供更多的功能，包括一个大的彩屏、进行推算定位的附加传感器，甚至还有附加的服务，如交通信息。在汽车应用中，定位基本上是二维的，海拔或高度不那么重要。因此，地图数据是二维的，地图数据库得到了简化。在定位模块中，如果可以获得全部或部分数据，就能够得到有用的位置估计。现在经常使用的传感器有里程计、磁力计、陀螺仪和加速度计。里程计能够测量行驶的距离，如果部署差分系统，也能给出运动的方向（每个前轮分配一个里程计的话，两个里程计输出的差值能指示汽车运动的方向）。磁力计可使人们能够以离散方式确定目标。陀螺仪能够确定汽车运动方向的变化，通常使用三个传感器以得到三维向量。加速度计能给出瞬时加速度矢量，通常也使用三个传感器给出三维值。这些传感器的主要缺点是瞬时值不能进行绝对位置的瞬时计算，只能进行相对位移的估算。因此，测量误差随时间累积，经过一段时间后会产生较大的累积误差。

路径引导和路径规划模块的算法很复杂，它们利用一些优化因子确定从出发点到目的地的最佳路线。当前主要优化目标是“距离最短路径”或“时间最短路径”。用户经常调整的主要参数是在不同道路上的平均速度及与道路类型有关参数选择。例如，用户可以指定不走小路或收费道路等。此外，道路以图形形式表示，因此，路径确定也是一个图形优化问题。每条路都是一条边，根据最终目标为每条边赋一个给定权值。最优路径就是使总价值函数最小的那条路径。

所有汽车导航系统，不管是嵌入式的还是便携式的，都需要进行地图匹配。地图匹配特征是解决定位模块（地图本身）不准确的好方法，但是它只适用于汽车导航，不适用于徒步旅行者。有时，GNSS 精度不足以向用户提供其准确位置，如当两街道距离很近且平行时，典型的10m～20m定位精度就会产生一定的难度。解决该问题的方法是进行所谓的地图匹配。地图匹配的主要思想是假设车辆（或定位模块）位于街道的某一位置，对定位模块提供的位置进行处理，与之前的位置、运动方向及实际地图进行对比，然后系统再次考虑定位模块和地图给出的位置，设法寻找最近的可能真实位置。这种方法非常有效，常被看作一种新的定位传感器。

8.2.2　旅行信息系统

旅行信息系统利用巨大的数据库和导航功能为旅行者提供出行建议。在陌生环境中活动的旅行者通常需要高效地找到某些地理位置，这时导航就发挥出极大的作用。这样的引导系统可以引导旅行者在旅游胜地游览一定数量的景点，进行一日快速游，也可以引导他们对某一旅游胜地进行彻底“观光”。旅行者可以根据自己的意愿选择是否按照其指示进行游览，但任何时候旅行信息系统这个“旅行伙伴”都可把他引导回到旅游线路上来。此外，依靠数据库，旅行信息系统还能提供关于停车场、宾馆、用餐、公共交通设施等方面的详细信息，为用户提供大范围的布局结构。随着存储技术的快速发展，存储容量实际上不会限制今天能想象的任何需求，反而真正的问题是信息的收集而不是信息的存储。

8.2.3　室内引导应用

在户外的某些场所已经使用了引导系统，而有些场所是在室内的。作为旅行信息系统的扩展，很容易想到对博物馆等场所的引导。目前，还没有和GNSS相似的技术广泛用于博物馆等的引导系统。然而，在博物馆引导系统中已经有利用蓝牙技术等进行室内定位的先例。尽管仍没有任何有效的方法能够提供精确的定位和定向，但这些特征通常是这类引导系统必须具有的。

8.2.4　基于位置的服务

据预测，GNSS应用的两个主要领域是运输和基于位置的服务（LBS），它们将占整个应用市场的70%之多。术语“LBS”被习惯性地用来表示必须使用用户位置作为输入数据的所有业务。通常，移动终端被认为是一个通信设备，如移动电话。LBS是种增值业务，用户可以使用服务，提供者可以经营服务，具有良好的盈利前景，所以该业务的竞争比较激烈。

国内外诸多大公司已经推出LBS，但实施起来好像比预测的缓慢得多。第一个实际困难是只利用现有定位技术实现个人导航的问题。我们知道，利用现有的GNSS星座或UWB、WLAN等无法完成室内定位。该问题直接导致当前的努力不是保守就是不切实际。“保守”表示那些业务都基于传统的应用，如“寻找朋友”、“到达感兴趣点（POI）”、

“查找天气预报”等。“不切实际”可以理解为这样的应用，如消防员进入一个有很多人被困的着火建筑物，在这种极恶劣环境条件下将人们的位置实时传入应急管理中心单元。在这种情况下，不管是室内还是室外，定位精度应在 1m 之内。一些技术可以在室外完成，但在室内绝对不行。

如图 8.6 所示为 Galileo 项目对潜在 LBS 应用的分类。LBS 大部分是集成位置和电信服务，而不是真正意义上的创新。这可能有两方面的原因：现有定位系统的技术局限和这一领域缺乏竞争。基本可以肯定的是，一旦技术成熟，许多应用就会相继出现。为了阐明前面提到的局限性，将图 8.6 中的应用给出另一种根据环境因素分类的方法（见图 8.7）。图 8.7 很显然地显示出许多应用需要进行室内定位。

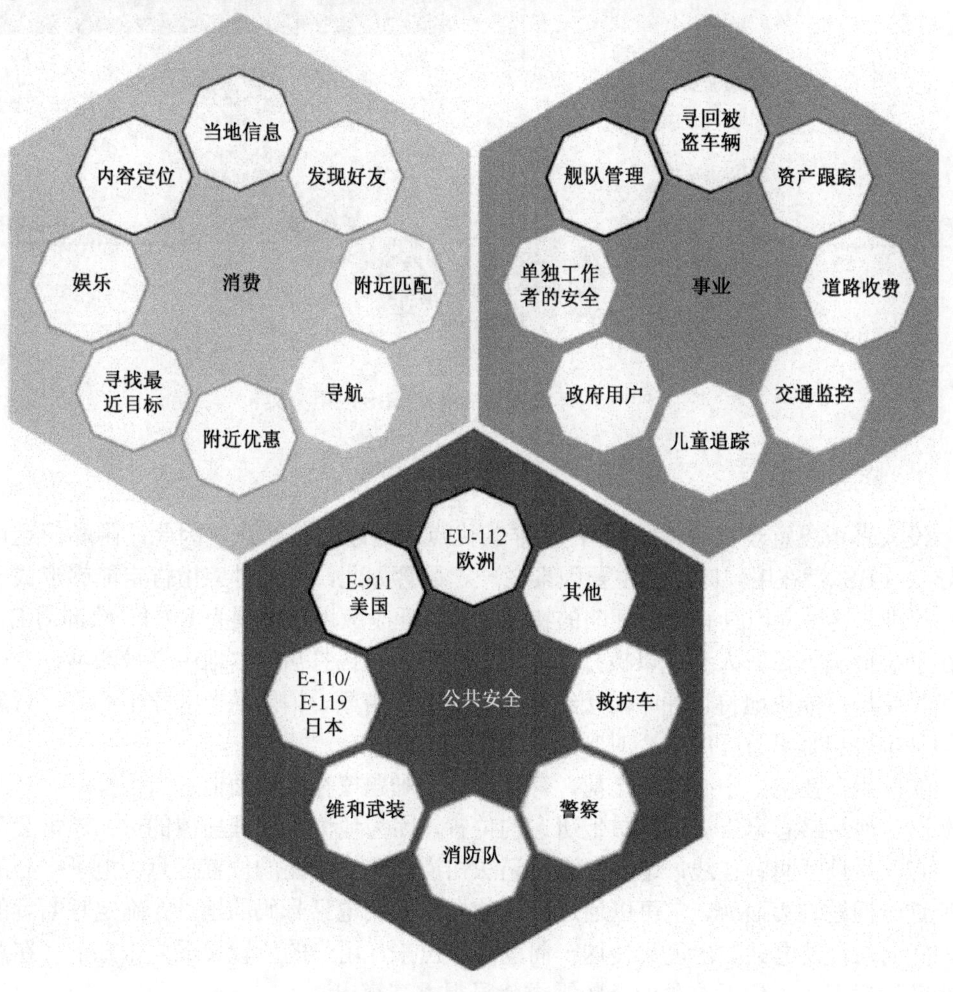

图 8.6　潜在 LBS 应用的分类

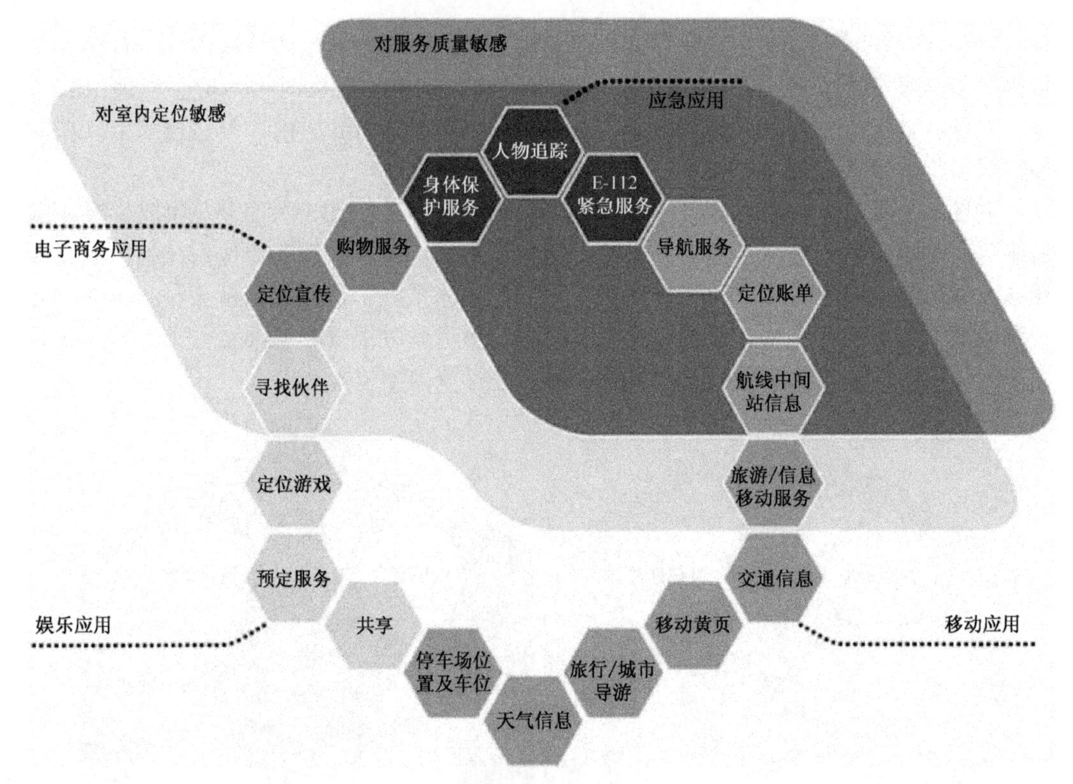

图 8.7　与环境有关的潜在 LBS 应用分类

1. 紧急呼叫

没人真正愿意被实时“跟踪”，除非其优点远远超过其缺点。因此，隐私问题可能是导致 LBS 潜在用户减少的主要因素之一。尽管如此，有一种应用肯定能够形成一种定位产业，这种应用具有紧急呼叫的特征。紧急呼叫应用在美国为 E911、欧洲为 E112，是在紧急情况下任何人都可以拨打的专用号码。用户拨打后，本地中继被激活，专门的接线员将尽可能快地将该呼叫转接给合适的服务如警察、消防队、医疗中心等。紧急呼叫的基本思想是紧急呼叫中心对呼叫者进行精确定位。

实际上，在电子中心出现之前，有这样一个难题摆在人们面前。当报警用户呼叫消防队时，他常常忘记告诉接线员他所在的位置，因为他忙于处理房屋的火，通常会疏忽这一点。一旦呼叫者挂线，这一接线员无法知道呼叫者所在的位置信息。电子中心的出现使这一问题迎刃而解，它可以通过查找数据库找到电话号码的地址，确定呼叫者的位置。然而，移动电话的出现又使这一问题凸现出来，用户的位置又成为未知的。在意外或紧急情况下，人们对这种业务的需求就显得尤其突出。

因此，美国联邦通信委员会（FCC）规定在紧急呼叫情况下电信接线员必须提供用户的位置，然而获取求救人员的位置的技术实施比较困难，这激励了导航工业寻找新的方法，也促使电信业开始考虑这一问题。在美国，由于美国联邦通信委员会（FCC）的强制性规定，一些公司决定发展辅助 GPS 领域并开发一整套产品。在欧洲，E112 有些不同，管理当局只要求“尽力而为服务”。因此，欧洲移动电话业定位的进展速度比美国慢得多。

2. 安全应用

安全应用是定位系统的一个目标，它包括各种领域：资产保护、跟踪儿童、团队管理、犯人监视、山中人员的定位。不管是对他们自己还是对其他人而言，掌握人或物资的位置信息有利于对他们实施保护。例如，人员管理系统能够将感兴趣人员的位置报告给中心管理单元。这在我们需要接近某个人但并不希望引起扰乱的情况下是很有意义的，中心管理单元能够根据这个人的地理定位给出受干扰的范围。

这一应用也可以扩展到个人市场，用于安全或娱乐目的。这对于那些想了解其成员位置的家庭非常有用：孩子是否从学校回来，或是父母是否离开他们的办公室等情况都能够由系统提供。这样家长可以“留心”他们的孩子情况，而孩子也可以“了解”父母离他们有多远。

3. 游戏应用

有一类游戏依托定位能力开展，在这些游戏中，玩家被定位，并且游戏的进展依赖于这些位置，如虚拟迷宫（Virtual Maze）、记忆比赛（Memory Race）等游戏。还有一种风靡全球的游戏是“地理藏宝”。这类游戏中某个用户在某一位置“隐藏”一个目标（不管它是什么），然后其他玩家去寻找这一目标。

8.3 科 学 应 用

通过采用多频相位测量等方法，GNSS 的定位精度能够变得很高甚至可达几毫米。因此，GNSS 还可以应用到科学领域，如可应用于地震学、气候学和地理物理学。

8.3.1 大气科学

GNSS 信号在大气层中传播时，不同大气层的折射指数不同。因此，通过 GNSS 测量可以分析不同的大气层——较低的对流层和平流层，还有较高的电离层。

1. 对流层分析

对流层是大气层的底层，位于地球表面和高度为 8km～15km 的大气层之间，高度和厚度通常随纬度和季节不同而变化。这一层占了大气总质量的90%，并且大部分气象也出现在这里。

对流层分析可通过GNSS固定站进行。根据静态GNSS双频接收机的连续相位测量可以估计对流层湿成分修正值的变化。该测量的精度可达 1mm～2mm。对流层干成分由本地压力测量来进行估计。如果站点足够多并且能同时观测多颗不同的卫星，也可以估计对流层的不对称性，尤其是在云经过天空时。

根据全球大量的信号站搜集的数据可以精确估计水蒸气含量及其变化。为了获得有效和更好的气象模型和传播模型，需尽量把获取相关数据的时延降到最小。互联网能迅速获取数据，也能够提供十分精确的轨道参数，它在对流层分析中的应用促进了这项应用的发展和应用扩展。

基于GNSS测量的主要优点是精度、可用性和连续性的提供，从而带来更高的可靠性。然而，这些测量获得的是局部数据而非全局数据，全局数据需要更多的模型。

2. 平流层分析

平流层在对流层之上，厚度大约为 15km。平流层有关的数据（如温度）适用于气象学及长期的气候研究。平流层分析主要是利用低轨卫星（通常是750km）分析掩星时段（指GNSS卫星运行到地球另一侧的时段），确定平流层三维的压强和温度的变化。

3. 电离层分析

电离层是大气层的较高层，通常位于海拔 60km～800km 之间。由于是电离层，因此GNSS信号和电离子碰撞会产生延迟。GNSS定位的原理是将时间测量转换为距离，故时间延迟实际是一种干扰。而信号的速率估计误差会引起相应的定位误差。

使用不同的频率可以修正电离层传播模型，也可以确定电离层总电子含量（TEC），它是改进模型的一个重要参数。通过地面静态接收机或低轨卫星进行测量，使用掩星法同样可以绘出局部或全球电离层地图。

8.3.2　构造地质学和地震学

非常精确的定位（几毫米）可以用来观测周期长、非常缓慢的运动——代表性的如地球表面位移。大陆以每年几厘米的速度移动；用固定接收机进行长期观测分析，可以精确确定大陆运动，也可以应用于有关的科学研究，如地球表面潮汐的影响。

对地震或更常规的地震学需要测定各种观测的日期以便进行相关分析。由于利用GNSS能精确测定日期，达到这些系统所要求的精确时间测量。因此，它有助于确定两个不同现象是否有关联，使用地下波传播模型估计有关事件发生的时间偏差。

电离层观测也能够预测地球事件。地震或海啸对电离层组成产生的变化能够从GNSS读数上观测到。多模组合接收机使可用卫星数量增加，故能增强观测能力。

8.3.3 自然科学

1．动物监视

定位系统在动物管理上有多种用途。首先，它能够帮助定义野生动物的迁徙活动。通过在动物身上安装与发射设备匹配的小型化 GNSS 接收机，研究者能够实时连续跟踪动物活动情况。其次，它对保护稀有物种也有很大帮助。通过持续监视，任何对动物有害的行为都可以被精确地定时和定位，帮助相关保护人员进行最有效的追捕。此应用也可以保护处于危险性野生动物附近的居民，监测动物的出没并解决人和动物能够在同一环境中生活的问题。另外，动物监视还可用于研究动物的特殊行为，如鸽子飞行的定向问题。安装小型化的记录接收机，就可以掌握被跟踪鸽子的行进路线。当然，尽管有了这些信息，飞行鸽子定向的奥秘仍未揭开，但 GNSS 接收机确实是一种很好的分析工具。

2．环境监视

时间和位置两个参数有助于精确确定某些环境的恶化状况。基于卫星的观测能通过不同的方式实现环境监视，特别是局部测量，能确保准确性。此外，航海浮标可以确定海洋水流，并能测量冰川变化和分析冰川位移。

8.4 公共监管应用

GPS 精密定位业务（PPS）信号、Galileo 的公共管制业务（PRS）信号具有很好的抗干扰性能，这种信号对军事应用来讲有非常实际的益处，也适用于有安全性要求的其他应用。

8.4.1 与完好性有关的应用

要求可靠性高（也就是抗干扰）的应用主要是运输系统的导航。人们乘坐的交通工具，如飞机、火车或轮船，要求定位系统能提供连续稳定的精度，也需要定位系统的任何部分发生故障时能够及时发出警报。后者通常称被为“完好性”。欧洲静地导航覆盖服务（EGONS）、广域增强系统（WAAS）和多功能卫星增强系统（MSAS）专门用于提高 GPS 可靠性，Galileo 也提供完好性信息。航空应用中有完好性方面的需求，城市中心运输系统导航也需要提供可靠性信息，但城市中心存在多径问题。

8.4.2 服刑人员管理

在一些国家或地区，对于某些罪责较轻或服刑表现较好的服刑人员，如果能够保证定期向警方汇报动向，在刑期的最后时期，他们可以被提前释放。通常的做法是要求被释放人员在约定时间必须出现在监狱、警察局。目前，得益于 GPS 系统的发展，某些国家或地区的警方实行了一种新的方法，利用 GPS 定位并通过 GSM 传送数据。整个系统包含在一个电子手环内，佩戴在提前释放人员的手腕上，这样他们就可以在一定范围内自由行动，而不需频繁地汇报或到特定地点汇报。

这一应用还出现了商业系统，也可用于其他需要跟踪、寻找或定位的人们，例如遭受阿尔茨海默病（又称老年痴呆症）折磨的人。患者会“迷路”，忘记自己在哪儿。在这样的情况下，即使距医院或住宅很近，他也有可能找不到回去的路，有时会遇到危险。患者带上这样的手环，他们的亲人或看护人就可以确定他们的位置，或利用安装的对话设备与他们对话。

对 GNSS 的应用还远不止这些，除了以上提到的已经实现的多种应用，还有其他一些基于 GNSS 信号的研究项目，其主要目的是寻找卫星导航信号的新用途和新方法。例如，先进驾驶员辅助系统（ADAS），主要用途有：自动漫游控制、前灯自动控制、危险弯道提醒、夜视帮助、减少油耗、制动帮助和轨道修正、十字路口防撞车、防止越线（睡着的情况下）、限速提醒。

参考文献

[1] Abwerzger G, Wasle E, Fridh M, Lem O, Hanley J, Jeannot M, Claverotte L. Hope beyond the hype — location based services and GNSS. InsideGNSS 2007, 2(4):54-63.

[2] Ashkenazi V. Geodesy and satellite navigation. Inside GNSS 2006, 1(3):44-49.

[3] Business in satellite navigation. GALILEO Joint Undertaking; Brussels, 2003.

[4] Coordination Group on Access to Location Information for Emergency Services (CGALIES). Report on implementation issues related to access to location information by emergency services (E112) in the European Union. Available at: http://europa. eu. int. Nov 15, 2007.

[5] Hanley J, Scarda S, Wasle E. Application of Galileo in the LBS environment (AGILE). In: ENC-GNSS 2006: Proceedings 2006, Manchester, UK.

[6] Kaplan ED, Hegarty C. Understanding GNSS: principles and applications. 2nd ed. Artech House, 2006. Norwood, MA, USA.

[7] Liu J, Hasegawa K, Wakamori M, Ogawara K, Ronning M, Fay L, Hayashi N, Osborn B, Duguid D. E911 implementation for automotive application. In: ION GNSS 2005; Proceedings, September 2005, Long Beach (CA).

[8] Onidi O. Directions 2004. GNSS World 2004, 15.

[9] Rowell J, Sabel H. ITS applications using GNSS–digital mapping industry opportunities. In: The European Navigation Conference, GNSS: Proceedings, 2003; Austria. Graz, 2003.

[10] Schleppe JB, Lachapelle G. GPS tracking performance under avalanche deposited snow. In: ION GNSS 2006: Proceedings, September 2006. Forth Worth (TX).

[11] Swann J, Chatre E, Ludwig D. Galileo: benefits for location-based services. In: ION GPS/ GNSS 2003: Proceedings, September 2003. Portland (OR).

[12] 干国强，邱致和．导航与定位：现代战争的北斗星．北京：国防工业出版社，2000.

[13] 方群，袁建平．卫星定位导航基础．西安：西北工业大学出版社，1999.

[14] 寇艳红．GPS 原理与应用（第 2 版）．北京：电子工业出版社，2007.

[15] 刘基余．GPS 卫星导航定位原理与方法（第 2 版）．北京：科学出版社，2008.

[16] 郝金明，吕志伟．卫星定位理论与方法．郑州：中国人民解放军信息工程大学.

[17] 李跃，邱致和．导航与定位（第 2 版）：信息化战争的北斗星．北京：国防工业出版社，2008.

[18] 黄丁发，熊永良．GPS 卫星导航定位技术与方法．北京：科学出版社，2009.

[19] 高成发．卫星导航定位原理与应用．北京：人民交通出版社，2011.

[20] 徐爱功．全球卫星导航定位系统原理与应用．徐州：中国矿业大学出版社，2009.

[21] 李天文．GPS 原理及应用（第 2 版）．北京：科学出版社，2010.

反侵权盗版声明

举报电话：（010）88254396；（010）88258888

传　　真：（010）88254397

E-mail：　dbqq@phei.com.cn

通信地址：北京市万寿路 173 信箱

　　　　　电子工业出版社总编办公室

邮　　编：100036